空间生命保障系统译丛

名誉主编 赵玉芬 主编 邓玉林

美国生物圈2号研究

Pushing Our Limits: Insights from Biosphere 2

[美] 马克 · 尼尔森 (Mark Nelson) 著

郭双生 译

北京理工大学出版社
BEIJING INSTITUTE OF TECHNOLOGY PRESS

图书在版编目(CIP)数据

美国生物圈2号研究 / (美) 马克·尼尔森著 ; 郭双生译. -- 北京 : 北京理工大学出版社, 2022.10

书名原文: Pushing Our Limits: Insights from Biosphere 2

ISBN 978-7-5763-1084-9

Ⅰ. ①美… Ⅱ. ①马… ②郭… Ⅲ. ①生物圈-研究 Ⅳ. ①Q148

中国版本图书馆CIP数据核字(2022)第036457号

北京市版权局著作权合同登记号　图字: 01-2021-7483

出版发行 / 北京理工大学出版社有限责任公司
社　　址 / 北京市海淀区中关村南大街5号
邮　　编 / 100081
电　　话 / (010) 68914775 (总编室)
(010) 82562903 (教材售后服务热线)
(010) 68944723 (其他图书服务热线)
网　　址 / http://www.bitpress.com.cn
经　　销 / 全国各地新华书店
印　　刷 / 三河市华骏印务包装有限公司
开　　本 / 710毫米×1000毫米　1/16
印　　张 / 19.25
彩　　插 / 5
字　　数 / 322千字
版　　次 / 2022年10月第1版　2022年10月第1次印刷
定　　价 / 96.00元

责任编辑 / 李玉昌
文案编辑 / 闫小惠
责任校对 / 周瑞红
责任印制 / 李志强

图书出现印装质量问题，请拨打售后服务热线，本社负责调换

美国生物圈 2 号研究

马克·尼尔森

（Mark Nelson）

亚利桑那大学出版社：www. uapress. arizona. edu

国际标准图书编号 -13：978 -0 -8165 -3732 -7（纸）

封面设计：凯瑞·豪斯（Carrie House）
封面照片：吉尔·C. 凯尼（Gill C. Kenny）

国会图书馆正在编目的数据可以在国会图书馆找到

在美国印刷
本著作符合 ANSI/NISO Z39. 48 -1992 的要求。

译者序

约 3 年前，看到了这本有关美国生物圈 2 号的新作出版，本人十分高兴，从此就一直想要进行翻译出版，以让我们中国人能够更多了解一个真实的生物圈 2 号。

生物圈 2 号是我们人类历史上第一个建成的大型人工生物圈，其中容纳了地球上所有的典型生态环境，目的在于通过这个小型生态圈的演变过程来推演我们地球生物圈的演替发展过程与未来，从而加深对地球生物圈的了解，并给我们人类发展带来启示。另外，拟为在外太空星球基地建立受控生态生命保障系统或叫生物再生生命保障系统奠定技术基础。

可以说，生物圈 2 号引起了国际社会的极大关注，其轰动效应不亚于当时的阿波罗登月计划。通过开展生物圈 2 号实验，取得了大量研究成果。据不完全统计，围绕生物圈 2 号先后发表了 80 余篇文章，出版了 6 部专著，并出版了一期学术专刊（1999 年发表在期刊 *Eco - engineering* 第 13 卷）。据称，尚有近 80% 的数据有待挖掘。

当然，生物圈 2 号在实验过程中，也遇到了前所未有的困难、挫折甚至是所谓的“失败”，因此遭到了舆论界甚至学术界的严厉批评。如上所述，在我们人类历史上首次建成的这样一个大型复杂的人工生物圈中第一次开展实验，遇到这样或那样的问题难道不正常吗？不应该吗？怎么可能会一蹴而就？失败是成功之母，做任何事情开始时都可能遭遇失败，但只要认真积累经验和教训，下一次就可能会取得成功。

事实上，通过开展生物圈 2 号实验研究，不仅积累了大量数据，还积累了丰富的经验和教训，包括乘员选拔、技术和行政管理、生存技能、健康食谱、人际关系处理等。另外，也带来了很多启示，包括唤醒保护我们地球生物圈的强烈意识——我们人类的一举一动都可能会影响我们地球生物圈的生态平衡关系（包括物质、能量和信息），从而让我们更加明白“绿水青山就是金山银山”这一基本道理。

本文作者马克·尼尔森博士是生物圈 2 号实验研究中的 8 名“生物圈人”之一，亲身经历了生物圈 2 号的建设和在其中的两年封闭实验。他主要负责其中的农业生产和生物污水处理技术，是与受控生态生命保障技术有关的最为重要的生物圈人。因此，他在本书中介绍了许多技术问题，也介绍了许多鲜为人知的感人故事，相信这为我们今后成功开展长期多人受控生态生命保障系统集成实验会发挥有益的启迪和借鉴作用。尼尔森博士尽管年事已高，但仍然活跃在学术界，目前是 *Life Sciences in Space Research* 期刊的副主编，而且主持了多届世界空间科学大会受控生态生命保障技术相关学术专题会议。

正如作者和很多有识之士所言，生物圈 2 号的研究结果已经发挥了很多重要作用，至今仍在发挥着积极作用，堪称“阿波罗登月计划”。因此，希望这本译著能够得到大家的认可与喜欢。当然，由于作者和译者水平有限，不妥之处在所难免，敬请广大读者批评指正！

本译著的出版，得到了中国航天员科研训练中心相关领导和同事的热情鼓励与大力支持；得到了人因工程国家级重点实验室的资助；得到了合肥高新区太空科技研究中心，特别是王鹏、熊姜玲和王振三位科技人员在翻译和校对工作中给予的鼎力支持；得到了家人的默默关心与支持。在此，一并表示衷心感谢。

译者：郭双生

2023 年 3 月于北京

作者序

我很高兴这本书现在能与中国读者见面。生物圈 2 号是一个具有历史性的独特实验，其重要性在日渐显现。1984 年启动，建立了一个研发中心，以支持该设施，并于 1991 年 9 月开始了第一个为期两年的封闭实验。

人们没有预料到生物圈 2 号会吸引全世界的想象力，但它确实如此。近 10 亿人观看了“重返”仪式的卫星转播，当时它的第一批乘组人员离开并重新加入“生物圈 1 号”（地球生物圈），尽管互联网仍在数年后。

在 20 世纪 80 年代，“生物圈”一词甚至还很少被公众使用或理解。除了有限的圈子之外，很少有人关心系统是“可持续的”，尽管短视的活动造成了越来越多的问题，如农田退化、荒野生态系统及其所支持的生物多样性丧失，以及我们的土壤、水和空气的广泛污染。

生物圈 2 号建立在 1969 年开始运行的生态技术研究所（美国/英国）几十年的工作基础上。生物圈 2 号的发明人约翰 · P. 艾伦（John P. Allen）和许多核心创意团队都曾与该研究所及其远洋研究船“赫拉克利特号”（R. V. Heraclitus）项目组合作。我们的共同目标是掌握使人类需求和活动与当地和全球生态系统的福祉相协调的方法。我们对地球上一些最受威胁的地区进行了深入了解，因此开始召集人们设计、建造、运营和研究生物圈 2 号。

生态技术研究所为生物群落（如雨林、热带草原和干旱草原）的具体项目实施提供咨询，并邀请顶尖科学家、艺术家、探险家和思想家等参加我们的年度系列会议。到 20 世纪 80 年代中期，我们已经就地球上一些最受威胁的地区获得了宝贵见解，而且召集了很多人来进行生物圈 2 号的设计、建造、运营和研究。

生物圈 2 号可能会不可避免地引起争议。以前，从来没有人试图建立一个足够大的封闭生态系统，包括小型的荒野生物群落、农场和保持我们的小生物圈健康所需的技术。该设施是经过百年的实验建成的，尽管第一次封闭两年在全世界引起了巨大的媒体关注和兴奋。其目的有：①创建一种新型实验室，研究全球生态的关键过程；②创造新的生态技术，以保持我们的食物、空气、水和土壤健康；③为学校和公众提供生态教育；④开始研究空间长期居住所需的复杂系统。

我们有幸与俄罗斯（当时的苏联）科学家会面并合作，他们在小型空间封闭生命保障系统研究方面开展了最为先进的工作。他们免费分享了自己的经验和见解，并意识到生物圈 2 号将会使科学家们在足够大的范围内深入了解我们星球生物圈的功能。

甚至在 4 年的设施建设完成之前，就有不少人来到亚利桑那州南部的项目现场。我们意识到我们可以成为教育人们了解生物圈的催化剂。首先是几十人，然后是几百人，最后是数千人，他们慢慢地在设施周围走来走去，看到了一个可以理解的生物圈模型，包括其中的工作人员和农场。

在关于如何称呼乘组人员的辩论中，“生物圈人”一词胜出，而不是“生物宇航员”或“生态宇航员”。生物圈人是生活在生物圈中并致力于保持生物圈健康的人，并充分认识到他们的健康取决于整个生物圈世界的健康。我很幸运被选为第一批生物圈人的一员。对我和其他乘员来说，学习成为生物圈人，以及我们对小生物圈系统深层次的本能依赖，是深刻而变革性的经历。

正如您在本书中所读到的，我们面临着一系列令人生畏的挑战，包括可预期的和意想不到的，对项目未来的权力斗争，以及个人和群体心理压力。但在这一切中，在戏剧、危机和庆祝活动中，我们继续合作，无论我们有什么分歧。我们热爱我们的小生物圈，并意识到保持它美丽、多样和健康的必要性。我们的生活完全依赖于它。

这就是为什么我相信生物圈 2 号仍然是有价值的和重要的。现在几乎每个人都知道地球生物圈是我们真正的生命保障系统，环境不是我们之外的东西，而是与我们紧密相关。当生态灾难的迹象变得不可忽视时，我们才认识到这一点。现在所出现的气候变化、空气和化学污染、大量动植物的生物多样性即将消失、洪水和野火等极端情况，尽管不是正常现象，但已经成为人们必须面对的事情。

生物圈 2 号是被建立在乐观的前提下，即我们人类可以学会在生存的同时好好生活。我们的生态学家和工程师相互学习对方的语言，共同合作，以便所有内部的技术都能够支持而不会损害生物圈 2 号内的生命。生物圈人与我们的“绿色盟友”合作，管理大气中的二氧化碳水平，并保护生态多样性。

我们正在进入人类世的概念时代，即一个认识到人类对我们世界的影响是前所未有的新时代。我们能解决我们造成的问题吗？我们能否团结一致，以前所未有的紧迫感和规模来采取行动？

像生物圈 2 号一样，我们的技术可以重新设计，并明白它们必须是我们全球生命保障系统的健康补充。认识到只有一个生物圈的人们可以再次爱上它，并努力保护和再生我们与我们所有同伴物种共享的自然资源。

我们是生物圈的孩子，我们可以学会偿还我们所欠的债务，因为我们享受到生活在美丽地球上的好运。未来将会有困难、障碍和挑战，但我们必须积极应对并学会成为好的守护者和负责任的地球生物圈人，否则我们没有未来。现在，我们的命运和生物圈的命运掌握在我们手中。

我希望这本关于生物圈 2 号的著作能给人们提供洞察力和灵感，并为我们今后的工作提供帮助。我们一起努力。

马克·尼尔森博士
生态技术研究所所长（美国/英国）
2022 年 9 月应邀撰写于美国新墨西哥州圣达菲市

作者序（英文）

I am delighted that this book will now reach Chinese readers. Biosphere 2 was an historic and unique experiment whose importance and relevance continue to increase. Launched in 1984, a research and development center was built to support the facility and in September 1991, its first two – year closure experiment was begun.

It was not anticipated that Biosphere 2 would capture the world's imagination, but it did. Nearly a billion people watched satellite uplinks of the "re – entry" ceremony when its first crew exited and rejoined "Biosphere 1" (Earth's biosphere), though the internet was still years in the future.

In the 1980s even the word "biosphere" was little used nor understood by the general public. Outside of limited circles, few worried about systems being "sustainable" despite the mounting problems caused by short – sighted activities which resulted in the degradation of agricultural lands, the loss of wilderness ecosystems and the biodiversity they support, as well as widespread pollution of our soils, waters and air.

Biosphere 2 built on several decades of work by the Institute of Ecotechnics (US/UK), which began work in 1969. John P. Allen, Biosphere 2's inventor, and much of the core creative team had worked with the Institute and its ocean – going research ship, RV Heraclitus. We shared the goal of putting into practical approaches which harmonize human needs and activities with the well – being of local and global ecosystems.

The Institute of Ecotechnics consulted to hands – on projects in biomes (like rainforest, tropical savannah and arid grasslands), and invited leading scientists, artists, explorers and thinkers to our annual series of conferences. By the mid – 1980s, we had gained invaluable insights into some of Earth's most threatened regions and a network of people we could call on to design, build, operate and research Biosphere 2.

It was perhaps inevitable that Biosphere 2 would be controversial. No one had ever attempted to build a large enough closed ecological system to include both small versions of wilderness biomes, a farm and the technology needed to keep our mini – biosphere healthy. The facility was built for a hundred years of experimentation, though the first 2 – year closure generated enormous media attention and excitement world – wide.

Its purposes were several – fold: to create a new kind of laboratory to study key processes of our global ecology, to create new eco – technologies needed to keep our food, air, water and soils healthy, ecological education for schools and the public, and to start work on the kind of complex systems needed for long – term habitation of space.

We were fortunate to meet and cooperate with the Russian (then Soviet) scientists who were doing the most advanced work on small closed systems for space life support. They freely shared their experiences and insights, appreciating that Biosphere 2 would put the discipline on a sufficient scale to gain insights into how our planetary biosphere functions.

Even before the four – year construction of the facility was complete, streams of people came to the project site in southern Arizona. We realized that we could be a catalyst for educating people about the biosphere. First dozens then hundreds and finally thousands of people came – slowly walking around the facility, seeing in miniature an understandable model of the biosphere, including its human crew and farm.

In the debate over what to call the crew, the term "biospherian" won out rather than "bionaut" or "econaut." A biospherian is someone who lives in a biosphere and works to keep it healthy, fully understanding that their health is dependent on the health of their world.

I was lucky enough to be selected as part of our first crew of biospherians. For me and the other crew, learning to become a biospherian and our deep visceral dependence on a small biospheric system were profound and transformative experiences.

As you' ll read in this book, we faced an array of daunting challenges, expected and unexpected, a power struggle over the future of the project, and personal and group psychological stresses. But through it all, the dramas, crises and celebratory occasions, we continued to work together, no matter our differences. We loved our mini – biosphere and were mindful of the necessity of keeping it beautiful, diverse and healthy. Our lives literally depended on it.

This is why I believe Biosphere 2 continues to be relevant and important. Now virtually everyone knows that Earth's biosphere is truly our life – support system. The environment is not something apart and "outside" of us.

We' ve come to know this at a time when signs of ecological catastrophe become impossible to ignore. Climate change, air and chemical pollution, the looming extinction of so much animal and plant biodiversity, floods, wildfires, extremes sadly now become expected though not normal.

Biosphere 2 was built on the optimistic premise that we humans can learn to live and live well while preserving natural ecosystems. Our design ecologists and engineers learned each other's language and worked together so that all the inside technology supported and did not harm the life inside Biosphere 2. The biospherian crew worked with our "green allies" to manage carbon dioxide levels in our atmosphere and to preserve ecological diversity.

We are entering the Anthropocene, a new era recognizing that human impacts on our world are unprecedented. Will we, can we solve the problems we have caused? Can we coalesce and with compassion act with an urgency and on a scale that has never been required before?

Like in Biosphere 2, our technologies can be redesigned understanding that they have to be healthy additions to our global life support system. People who appreciate that there is only one biosphere, can fall in love with it again and work to preserve and regenerate its natural resources that we and all our companion species share.

We are children of the biosphere and can learn to repay the debt we owe for the good fortune we enjoy living on our beautiful Earth. There will be difficulties, obstacles and challenges - but we have no future unless we embrace the necessity and learn to be good caretakers, responsible Earth biospherians. Our fate and the fate of our biosphere is now in our hands.

I hope this account of Biosphere 2 gives people insights and inspiration for the good work ahead of us. We are all in it together.

Mark Nelson, Ph. D.

Chairman, Institute of Ecotechnics (US/UK)

September 2022

Santa Fe, New Mexico

目 录

引　言

我让自己陷入什么境地

1993 年 1 月的一个冬夜，我一开门，体验到了一种惊人的生理复苏。我们离开了一个含氧量约为 14% 的世界，相当于在 15 000 英尺（4 572 m）高的山上。事实上，我们是在海拔 3 900 英尺（1 188. 72 m）的亚利桑那州南部，在那里，氧气已经慢慢消失了 16 个月，没人知道它去哪儿了。我们想慢慢地爬山，但哪儿也去不了。任务控制中心把氧气注入门另一侧的房间，这时大气的氧含量突然达到了 26%，比地球的氧含量高出 5%。几分钟后，我们感觉年轻了几十岁。几个月来，我第一次听到了奔跑的脚步声。

我们在作为“生物圈人”的两年时间里，有过许多奇异、令人不安、奇妙、强大和深刻的经历。我们 8 个人非常幸运地成为第一批入住微型生物圈的乘员，我们必须学会如何成为第一原住民。

生物圈 1 号（Biosphere 1）是地球生物圈，而生物圈 2 号是一个占地 3 英亩（12 140. 58 m^2）大的世界。生物圈 1 号是包括所有生命的全球生态系统，而生物圈 2 号是为了研究地球生物圈的工作原理而建立的一个全球生态过程实验室，以帮助生态学成为一门实验科学。另外，它还能够为设计太空长期生命保障系统提供基础信息。

在该设施中，包括实验人员、农业区域和技术设备。地球生物圈已支撑生命 40 亿年了，直到最近才增加了数十亿人口和现代工业。弄清楚如何在生物圈 2 号中生活，可能会对人类与全球生物圈之间能否以及如何建立和谐关系提供新的视角。

为期两年的实验于 1991 年 9 月 26 日开始，用了两个季节周期来研究生物圈 2 号的功能。相比之下，人类探索火星的太空飞行也需要两年时间。由于很多事情都会出问题，因此没人知道我们能否在里面待上两年。对该设施为 100 年的运行周期而进行优化设计，第一个密闭实验是“调整”（shake - down）任务，通过试运行，对发现的缺陷和漏洞进行纠正或更改。我们还决心收集尽可能多的数据，并尽可能多地与外部科学家开展合作研究。

即使是项目内部人士，也普遍倾向于认为提前退出的可能性大，理由是太多已知和未知的挑战可能会提前结束实验，甚至有人认为我们撑不过 3 个月。密闭生态系统的世界纪录是 6 个月，由苏联西伯利亚生物物理研究所的两名工作人员创造，但他们的地下室只有一间小公寓那么大，唯一的伙伴是粮食作物，由人造灯光提供光源。而我们是在阳光普照的世界里，有雨林、有珊瑚礁，并有 75 英尺（22.86 m）高的屋顶，而且每天成功地存活下来，并积累大量的研究数据。因此，我们进入一个未经实验过的设施和几乎完全未知的领域。

我们把地球生物多样性（biodiversity）的一小部分：盆景雨林、热带草原（稀树草原）、沙漠、红树林沼泽和珊瑚礁海洋，纳入我们的生物圈而共存于一个屋檐下。一些世界顶尖的生态学家和最具创新精神的工程师让这些成为可能，但没有人知道这些“生物群落”将如何发展。我们的实验是最前沿的科学，即有史以来最伟大的生态“自组织”（self - organization）实验。为了维持生物多样性，我们生物圈人会尽可能地干预。我们的雾沙漠决定走自己的路，并在实验中发生了改变，但为了保持其他生物群落的健康则付出了艰苦的工作和独到的智慧，尤其是对待珊瑚礁，更是如此。

我在这个近乎密闭的世界里，经历了与另外 7 个人亲密生活的起起伏伏。在政治和权力斗争之外，虽然我们作为最好的朋友和同事进入，但也存在两极分化和内讧的加剧。在星期天晚上的宴会上，我们享用了一瓶珍贵的自酿香蕉酒，作为司仪，我不允许那些“叛徒”喝苦啤酒。虽然没有打架，但多年后一名乘员抱怨说她被人吐了唾沫，还是两次。然而，我们依旧继续无私地合作。每当我们设宴、聚会或享用难得的美味（如一杯来自热带雨林的咖啡）时，紧张感就会神奇地消失，我们会放松下来，享受从群体的紧张中得到的休战状态。在生物圈 2 号里，我们谨慎行动，因为我们明白，那里丰富的生命使我们得以生存和健康。所以，我们无微不至地照顾着它以尽量满足其需要——它是我们的第三个“肺”和“救生艇”。在我们当中，有人认为生物圈 2 号是第九个生物圈人。

8 位来自美国和欧洲的人突然变成了自给自足的农民。我们靠土地为生，吃自己种的东西，只是我们在价值 1.5 亿美元的高科技设施里劳作。我们的小农场超过了有机标准，没有使用任何可能污染空气、水、土壤或农作物的东西，回收利用水和土壤养分，甚至对生活污水也进行了处理和回收。我们都很爱护农场中的动物，但必要时也会把它们宰杀。我们的食物主要是水果、谷物和蔬菜。

在这两年中，我们经历了饥饿，常常把盘子舔得干干净净。因为同伴们对美食很渴望，所以几乎所有人都成了好厨师。我们一起吃了烤花生，连壳一起吃，任何可以填饱肚子的东西我们都吃。我们是受试者，是第一批被用于“营养不足但非营养不良”（undernourished but not malnourished）饮食研究的人。这与生物圈 2 号内部医生的开创性研究相一致，他声称一个人在限制热量饮食的情况下可以活 120 年。

项目管理人员定期提醒我们，即告知我们是志愿者，如果我们有足够严重的健康危险，气闸舱并没有被封死，我们可以随时从这里离开。

出于安全考虑，我们的住院医师和一组专家在附近的亚利桑那大学医学院待命，并且在生物圈 2 号内设有设备齐全的医疗设施和分析实验室。自动化系统可以检测出空气和水中潜在的有毒物质。我们从尽可能干净和无污染的生物圈开始，我们的世界对污染非常敏感，以致不允许我们使用化学除臭剂和清洁用品。由于任何一场小火灾都将导致撤离，因此即使是在生日蛋糕上我们也没有点蜡烛。在冬季聚会上，一台显示器上播放着壁炉燃烧木柴的录像，大家坐在它旁边会觉得暖和些。

尽管我们不是有意的，但占主导地位的分析和小规模科学的脚步却受到了严重践踏。“还原法”试图在微观层面上分析一切，即对每个变量都单独测试。生物圈 2 号同时使用了分析和功能整体性的科学方法。该项目违反了潜规则。实验中包括人类和我们的技术吗？——异端！我们只知道一件事：生物圈 2 号将引发大量争议。

系统生态学家和美国国家航空航天局（NASA）阿波罗计划的资深人员从 20 世纪 60 年代开始就是盟友。为了实现在 20 世纪 60 年代末将人类送上月球的目标，NASA 放弃了逐个部件测试，转而进行“综合系统测试”。我们采用了类似的策略来创建这个复杂的小世界，但它不可能像乐高积木那样一块一块地垒起来。

从项目构思到完成的 6 年是令人兴奋的，科学家、工程师和数百名建筑工人都非常积极。他们做着几乎不可能的事，在创造历史。有些人在每个阶段都怀疑生物圈 2 号能被建造、运作或用于提高人类的知识水平。这些项目的幕后推手是谁？尽管有许多世界级的科学家和机构提供咨询服务，但整个努力都太过雄心勃勃和太过大胆，甚至连项目的一些朋友和同事也认为它超前了 50 年。

生物圈 2 号是激进的，甚至是革命性的，是对常理的挑战。整个技术圈（technosphere）有一个总体目标：服务和保护生命。工程师必须设计出能制造海浪、降雨和风、控制气候和模拟地质过程的技术，以及不会产生毒害和污染环境的机器与设备。生命主宰一切，技术知道自己所处的位置，即服从和服务于激进的概念。如果我们在所有地方都这么做，那会发生什么呢？

工程目标是，每月约有 1% 来自生物圈的空气发生交换（泄漏），这比最密闭的建筑物或房屋要严密数千倍，甚至比国际空间站还要严密。如果我们成功了，我们可能会因为微量气体的积聚而患上可怕的“病态建筑综合征”（sick building syndrome）。我们需要一种方法以确保微量气体不会在有 2 英亩（8 093.72 m^2）农田和荒野地区、几百台水泵、马达及其他设备和几英里长的管道建筑物中积聚。我们发现了一种利用农田土壤和植物作为生物过滤器来净化空气的新方法，并希望它能有效。

二氧化碳被称为“生物圈 2 号的老虎”。我们不断在监测大气中的二氧化碳含量，因为它可能会摧毁我们的世界，但还是很难防止二氧化碳含量的升高。我们在一个密封严密、体积小、充满生命的微型生物圈中，每一个周期的速度要比地球快上几百倍到几千倍。与地球相比，我们的海洋和大气层都很小，如同进入时间机器。

人在生物圈 2 号里所做的一切是否能阻止二氧化碳浓度的急剧上升（也就是我们所说的气候变化）？如果二氧化碳浓度过高，珊瑚礁可能会死亡，所有植物（包括粮食作物）的生长速度可能会减缓，甚至可能直接威胁人的健康。

通过关闭身后的气闸舱，开始了为期两年的实验，我们突破了极限，踏入未知的领域。这是一个“过山车般”的两年，既有绝望和悲伤，也有喜悦和成就。每一天都努力保障生物圈 2 号和自身的生存与健康。对我们 8 个人来说，这是一次深刻改变人生的旅程。

生物圈 2 号的重新审视：它对我们有什么启示？

时至今日，我们离开生物圈 2 号已经有 20 多年了。人类已经造成了持续的地球危机，而我们能学会在我们自己的生物圈中持续快乐地生活吗？从我和其他 7 个人是如何管理微型生物圈的全新视角，可以获得教训和见解。毫无疑问的是，我们的生活和幸福取决于维护一个健康的世界。

在我看来，生物圈 2 号虽广为人知，但真正了解的人甚少。当封闭后，全世界有近 10 亿人关注着我们的实验进展，但关于其故事大多知道得很肤浅也不完整。回想起来，当时的一些头条新闻现在似乎无关紧要：简·波因特（Jane Poynter）在实验 3 周后的脱粒机事故中被切下了一个指尖，当做完手术回来的时候，带着一个装有电脑部件的行李袋而不是一些人所说的食物。不管我们是否种植了 100% 的食物，还是从一开始所有的事情都是完美和平衡的，这些都是评价生物圈 2 号的肤浅做法。

在生物圈 2 号中进行的是一次封闭实验。一次实验如果没有揭示出一些未知和意想不到的东西，那么它就失败了。在关闭的 16 个月里注入氧气是最令人惊讶的事情之一，因为失去大气中氧气的速度如此之慢，表明我们几乎达到了完全密封。此外，我们了解了很多关于氧气消失的秘密。尽管生物圈 2 号很复杂，但利用科学手段可以深入研究它的动力学。另外一个令人惊讶的事情是，工程设计和生态设计结合得如此紧密，但这些话题并不适合耸人听闻或病毒传染式的新闻报道。真正的新闻是，从生物圈 2 号学到的东西增加了我们对全球生态挑战重要性的认识。

纵观和内观效应

思考我们与生物圈 1 号的关系，让我回想起太空探索是如何改变人类的意识。来自黑暗太空的地球照片震惊了世界，这是人类第一次看到地球，这个蓝白相间的旋转世界包含了我们所珍视的一切。阿波罗号航天员在月球地平线上享受

“地球升起”的乐趣，这种独特的体验被称为“纵观效应”（overview effect）[1]。这是一个激动人心并改变生命的视角，是人类第一次从地球生物圈中分离出来。

拉斯特·施韦卡特（Rusty Schweickart）指阿波罗9号载人登月飞船，执行过测试月球着陆器的任务。他在生物圈2号项目审查委员会工作，我和他成了朋友。

拉斯特滔滔不绝地描述了站在环绕地球的航天器顶部时的感受：“你往下看，你无法想象你一次又一次跨越了多少边界。在那个让人清醒的地方——中东，你知道有数百人为了看不到的虚幻线而自相残杀。你看到的地方是一个整体，它是如此美丽。希望能让交战双方都能看到此番景象，然后对他们说：‘从这个角度来看这个，什么是最重要的？’你意识到你已经改变了，这种关系已经不再是过去的样子了，这是你想要的吗？这是种奇妙的经历吗？你知道得很清楚，它是如此有力地传递给你，而使你成为人类的感知元素。这是一种肩负责任的感觉，但这不是为你自己。因为你有过这样的经历，当你回来的时候，这个世界就已经不同了，你和那个星球及星球上所有其他生命之间的关系也不同了，而且这种不同是如此珍贵”（图0-1）。[2]

图0-1　1987年，尼尔森和拉斯特·施韦卡特在生物圈2号设计工作室讨论工作

那些来自地球之外第一批旅行者的图像和文字是具有革命性的，现在它们是年轻一代现实生活的一部分。航天员所分享的“纵观效应”是认识到整个地球是我们家园的关键开端。

但是生物圈是另一回事。生物圈2号背后的合资公司是太空生物圈风险投资公司（Space Biospheres Ventures），但我通常得把中间那个词拼给别人听。时代变了，生物圈这个词被使用得更频繁了，我想知道当人们在说“地球生物圈”时是怎么想的。这是一个很难理解的概念。生物圈极其复杂，它包括循环的空气、水、保障人生存的食物以及其他所有的生命，人是其不可分割的一部分。生物圈不是一个陌生的外环境。这些现状意味着目前我们对生物圈的攻击和破坏构成了几乎无法想象的威胁。故意破坏生命保障系统的航天员会被认为是自杀的疯子。在第一次（1991 年）和第二次（1994 年）封闭实验任务中，生活在生物圈 2 号里的 15 名航天员，以及其他生活在更小的密闭生态系统里的人（主要是俄罗斯人和现在是中国人），都有类似于航天员所描述的那种改变人生的经历。我的经历不是俯视，而是内视（inner-view。也叫内观）。我们与一个生命系统（即微型生物圈，mini-biosphere）生活在一起，照顾它并由它养育。与此同时，我们收到其他人类和地球生物圈之间的信号和它们发展的消息。随着我们与世界联系的加深，我们开始敏锐地意识到我们在生物圈内的生活方式和生物圈外发生的事情之间的巨大反差。我们听到生态退化、盲目追求技术进步和短期利益，而不管所造成的破坏。我们内心深处重复着施韦卡特想对那些为边界而战的人所说的话：“从这个角度看生物圈，什么才是真正重要的？”

我想代表你们、读者和所有的生命，将我和同事们非常幸运的经历与大家分享。我将从非常个人的角度来讲述，因为我是这 8 人（8 个与生物圈建立起新关系的感知元素）中的一员，体验着内观效应。这种内在旅程的欢乐、挣扎和洞察力，需要与巨大挑战进行沟通与集成：学会照顾我们的全球生物圈。

参考文献

[1] WHITE F. The Overview Effect：Space Exploration and Human Evolution [M]. 2nd ed. San Diego：American Institute of Astronautics and Aeronautics, 1998.

[2] SCHWEICKART R. No frames, no boundaries [M/OL] // GILMAN R. Rediscovering the North American vision, no. 3 (Summer 1983)：16, http：// www. context. org/iclib/ic03/schweick/.

第1章 生物圈建立

是什么让我们开始思考新世界？为什么我们认为建造生物圈有意义？让我们从最简单而最有趣的解释开始：生物圈2号建造期间谣言四起，在其最近的亚利桑那州奥拉克尔城镇，是一个小而寂静的社区，那里的人们散布着阴谋论，认为建造生物圈只是一个幌子。而真正原因是什么呢？认为我们是外星人，想要回到我们自己的星球。在封闭那天，生物圈2号和它思乡的外星人计划起飞进入太空深处。多好的故事！但真实的故事要比这复杂得多。

1.1 生物圈比较

在1978年生态技术研究所举办的一次年会上，美国地质调查局的天体地质学家杰克·麦考利（Jack McCauley）博士做了发言。他展示了地球沙漠和火星沙漠的照片，主要为风蚀，但也有水蚀在两个世界塑造了美丽地貌，但我们猜不出它们各是哪颗星球。他宣称我们生活在这个最伟大的探索时代，人类对自己居住的这个神奇的太阳系、银河系和宇宙了解到很多东西，而相比而言，哥伦布（Columbus）、麦哲伦（Magellan）和库克（Cook）等这些航海家都是采摘者（picker）。可以看出，火星地图要比地球上某些地方的还要详细。他的话动摇了人们的世界观。

一个全新的领域正在打开：比较星球学（comparative planetology）。[1] 太空竞赛促使美国和苏联以惊人的成绩超越对方：探索土星环、登陆火星和金星、环绕太阳运行并到达太阳系的尽头和更远的地方。航天器在其他星球的卫星上发现了大量的水和更为奇异的化学物质，而且人们看到了火山喷发的景象，这是一个从未有人见过的世界。

麦考利坐在位于加州帕萨迪纳的喷气推进实验室的礼堂里，描述了这种敬畏。由航天器一排排地发回了遥远世界的第一批图像，并被呈现给聚在一起的太空科学家。从太空探索地球彻底改变了我们对地球和生物圈的认知，并且现在在太空部署了更为遥远且更为复杂的轨道传感器。太空探索推动了全球通信革命，让互联网成为可能。比较星球并了解地球与我们的邻居有何不同，是科幻小说的真实写照。作为生态技术研究所的成员，我们开始思考进行生物圈比较的可能性和前景。

直到我们在环绕大多数恒星运行的星球中找到其他生物圈（或者它们找到我们）之前，我们只有一个生物圈可以研究。我们开始将地球生物圈命名为“生物圈 1 号”，以强调它是多么珍贵。微型生物圈（minibiosphere）可以为研究所有这类系统的基本调控规律和机制开辟新途径。尽管微型生物圈本身就很复杂，但与我们的星球系统相比，则还是有可能被用来开展更为详细的研究。所有的生物圈都通过光合作用、呼吸作用、水循环、生物地球化学循环、食物链和物种间的相互作用、土壤和水生系统以及微生物多样性等来运行，而且它们对光照、温度和季节变化等关键环境参数均会做出反应。

对于微型生物圈，可以在物种、种群、生态系统、生物群落等许多层次上开展研究，以了解生态适应和自组织如何发展；可把它们作为实验室来研究人类、农业和技术的影响；或者一个生物群落如何影响另一个生物群落及其对整个生物圈系统的影响。就宏观和微观两方法来讲，它们可能是功能的总体科学分析仪器。当涉及危险化学品或不愿意也不应该在我们地球生物圈进行如干旱和高温等极端事件的“破坏性测试”等实验时，则可在微型生物圈中开展。

1.2　太空生命保障

我们看到了利用生物而非机器来保障密闭生态系统和太空生命的机会。早期的研究试图采用单一物种小球藻实现完全的生命保障，然而最终 NASA 和苏联的太空计划都失败了。藻类擅长大气和水的再生，但人们吃了超过 1 盎司（约等于

28. 35 g）的绿藻就会生病。令人失望的是，NASA 中止了它长达 10 多年的研究项目，但俄罗斯人在他们的密闭生态系统中做了有目共睹的实验，包括种植普通的农作物，即从莴苣到小麦再到马铃薯。[2]

位于西伯利亚克拉斯诺亚尔斯克的生物物理学研究所开发了俄罗斯最先进的太空生命保障系统——生物圈 3 号（Bios－3）。多达 3 个人生活在这一物质密闭的建筑内，他们以在高强度灯光下水培种植的 12 种农作物为食，但有时会用藻类反应器来协助再生大气和水。

生物圈 3 号回收大气和水，但输出人的固体废物并输入高蛋白的肉类产品。他们 80% 的食物都在室内生产，而且能够实现 6 个月的封闭。这些科学家在当时甚至现在都领先于 NASA 多年。[3]

1985 年，我独自去了俄罗斯，并遇到了奥列格·加森科（Oleg Gazenko）院士，他是著名的空间生物研究机构——生物医学问题研究所（Institute of Biomedical Problems，IBMP）所长，我们开始为合作奠定基础。

1.3 打开通向生物圈理论的大门

20 世纪 80 年代初，我们在伦敦获得了俄罗斯著名科学家维尔纳茨基（V. I. Vernadsky）关于生物圈的开创性著作选段的译文，因为当时还没有英文版。当我第一次见到加森科院士时，我正带着翻译稿，问他或他的同事是否愿意为他的第一部英文出版物写简介。第一个在密闭生态系统中生活了 24 h 的叶夫根尼·舍甫列夫（Yevgeny Shepelev）博士答应了此要求。

一年后，我们这些来自生态技术研究所和生物圈 2 号项目的代表团，会见了俄罗斯在密闭生态系统和太空生命保障技术领域的领导。由于生物圈 3 号项目的保密性，因此 NASA 总部的一些人怀疑我们可能永远见不到该项目背后的科学家。另外，我们甚至听说这可能是苏联的一种宣传，而实际上并不存在。相反，在我们的会面中，加森科介绍了一位笑容灿烂的惊喜客人——他是位于克拉斯诺亚尔斯克的生物物理学研究所（Institute of Biophysics，IBP）所长约瑟夫·吉特尔森（Joseph Gitelson）（图 1－1）。在开始几天的讨论之前，他首先给我们播放了一段关于他们在西伯利亚研究工作情况的电视纪录片。

图 1－1　俄罗斯与美国两国生物圈和密闭生态系统技术领域的专家洽谈合作事宜

近处：莫斯科 IBMP 所长奥列格·加森科（右）和作者尼尔森（左）；远处：约翰·艾伦（左）和叶夫根尼·舍甫列夫（右），后者是生活在密闭生态系统中的第一人

来自 IBMP 的加森科和 IBR 的吉特尔森都是俄罗斯科学家，他们立即意识到我们所提建议的重要性。弗拉基米尔·维尔纳茨基（Vladimir Vernadsy），在他 1926 年的著作《生物圈》（*The Biosphere*）一书中阐明了对生物圈的现代理解[4]，他认为生物圈不仅是地球上的幸运乘客，而且是改变地球的强大力量。这一见解促使维尔纳茨基创立了生物地球化学这门学科。

在盖亚假说（Gaia hypothesis）之前，维尔纳茨基就已经有了自己的想法。盖亚假说由詹姆斯·洛夫洛克（James Lovelock）和林恩·马古利斯（Lynn Margulis）提出，是关于生命在维持宜居星球上所起的作用。[5] 维尔纳茨基是 10 多个研究所的创始人，并被尊称为思想和道德的楷模。他的工作影响了俄罗斯几代科学家，是开启我们与俄罗斯合作项目的关键。他们对生物圈 2 号将把密闭生态系统科学提升到一个真正的生物圈水平颇感兴奋。

维尔纳茨基的继任者为生物圈 2 号的生态设计提出了重要见解。卡姆希罗夫（Kamshilov）在《生物圈进化》（*Evolution of the Biosphere*）一书中指出：生物群落是生物圈的组成部分。[6] 生物群落是大型区域性动植物群落，以特定气候和优势植被为特征，如热带雨林、沙漠、苔原、草原、针叶林等。如果气候条件发生变化，则生物群落就会相互作用，从一种状态转向另一种状态。以前的生命保障系统只包括两种以人类为主导的生物群落：第一种是城市，即人们生活和工作的地方；第二种是农业，生产食物的地方。可以说，在以前从未有人试图建立过生物圈。为了建造一个具有代表性的生物圈以作为我们星球生物圈的简化模型，我们需要包括一系列以自然生物群落为模型的系统。

1989 年，来自生物圈 2 号项目人员及其他太空和生态科学家组成的一个小组成为第一批参观西伯利亚生物圈 3 号设施的外来者。在生态技术研究所的协助组织下，IBP 的吉特尔森院士主办了第二届密闭生态系统与生物圈学国际会议（Second International Conference on Closed Ecological Systems and Biospherics），而第一届会议于 1987 年由伦敦皇家学会举办（图 1－2）。我们在与 IBP 和 IBMP 科学家的合作中，获得了大量的专业知识。另外，来访的科学家分享了他们在密闭生态系统中的研究和经验，这因此加快了我们的研究和发展计划。

图 1－2 1987 年在位于伦敦的英国皇家学会举办了第一届密闭生态系统与生物圈学国际会议

罗伊·沃尔福德（Roy Walford。右二站立者）正在向约瑟夫·吉特尔森（IBP。站在讲台上）问问题。正面左起：玛格丽特·奥古斯丁（Margaret Augustine。太空生物圈风险投资公司首席执行官）；甘纳·梅莱什科（Ganna Meleshka。莫斯科 IBMP 密闭生态系统实验室负责人）；克莱尔·福尔斯姆（Clair Folsome。夏威夷大学）；威廉·诺特（William Knott。NASA 肯尼迪航天中心受控生态生命保障项目负责人）；作者尼尔森教授，站在右边主持会议

1.4 中型实验生态系和实验室生态圈

先前，关于开放微型实验生态系（microcosm）和密闭生态圈（ecosphere）的工作让我们相信，一个小生物圈可以被证明是一种有用的科学工具，而且也可能非常奏效！密闭生态系统，是被建立在生态学家长期建立微型实验生态系和中

型实验生态系以研究自然系统的历史之上。这些小型自然生态系统（ecosystem）模型能够进行大气交换和补充由于蒸腾蒸发作用（evapotranspiration）所导致的水损耗。但是，在这些自然生态系统模型中，科学家能够控制和操纵主要环境载体（vector），因此这种模式生态系统对于开展生态学研究具有重要启迪。[7]

我们希望重新引入生态方法来应对太空生命保障的挑战。20 世纪 60 年代，NASA 讨论了建立生物再生生命保障系统的各种方法。通过采用生物过程，科学家认为将能够满足生命保障的需要，如种植农作物以及净化和回收水和大气。在美国，两位有影响的生态学家：尤金·奥德姆（Eugene Odum）教授（佐治亚大学）和 H. T. 奥德姆（H. T. Odum）教授（佛罗里达大学），带领了一个生态学方法研究小组。[8]

最终，生态学家们输了。相反，尽管 NASA 现在把农作物纳入它们的研究项目，但其主要依靠高科技和超级受控的工程方法来保障太空生命。H. T. 奥德姆被称为“生态工程之父”，他以科学并工程化的方式来利用自然过程以解决环境问题。奥德姆兄弟创立了系统生态学（systems ecology），采用了一种整体而多学科的方法，将生态系统作为具有突发而进化特性的复杂系统来研究。他们两人都成为生物圈 2 号的重要支持者，而且都认为这是中型实验生态系令人兴奋的延伸，也是生态工程的独特实验平台。

开展生物圈 2 号研究也得到了夏威夷大学微生物学家克莱尔·福尔索姆（Clair Folsome）博士的帮助。从 20 世纪 60 年代初开始，他成为第一位将微生物生态系统封装在密封烧瓶中的科学家。他和其他几位科学家发现，在海水或池塘中所发现的天然微生物多样性，足以让这种物质密闭的“生态圈”保持数十年的循环与生存，即只要这些密闭生态圈受到适宜的光照及不受到过度加热，就可以一直存在（图 1-3）。[9]

克莱尔·福尔索姆博士和他的团队开创了现代实验室规模的密闭生态系统研究的先河。他们最早的前辈约瑟夫·普利斯特利（Joseph Priestley。1733—1804。著名英国化学家），最早在 18 世纪把一只老鼠关在一个玻璃罐里，结果老鼠死了。然后，他在玻璃罐里加了一株植物，此时两者都得以存活。普利斯特利创建了世界上第一个密闭生态系统，并发现了氧气，正是植物释放的这种神秘气体使老鼠活了下来。[10]

图1-3 夏威夷大学的克莱尔·福尔索姆展示其建立的含有多种水生生物的微型密闭生态圈系列之一

1.5 星际航行学与生物圈学

目前，我们的太空生存保障能力远远不及发展迅速的航天器发射和深空探测能力。20 世纪 70 年代后期，NASA 实施受控生态生命保障系统（Controlled Environmental Life Support System，CELSS）项目而重新启动了其生物再生生命保障技术方面的研究工作，但这项工作从未被优先考虑，而且资金长期不足。NASA 和其他航天机构选择将生活必需消耗品（包括冷冻食品、氧气和水）送入太空，而不是在轨对它们进行生产和回收。人的排泄物要么被冻干后带回，要么被排放到太空中。[11]

俄罗斯（当时是苏联）进行了大量的地面开发，但是他们的生命保障系统从未被在太空中进行实验。美国和俄罗斯当时在实施太空计划时，利用一些小型实验舱研究了动植物个体对包括微重力在内的太空环境的反应情况。生物圈学（biospherics）和星际航行学（astronautics）都是长期太空探索及最终在地球之外定居所必需的技术。

另一个问题是，简化的生命保障系统能否为在太空、太空轨道殖民地或在火星和月球上的生活提供一种合适的模型？水培作物的机械化种植系统能否提供足够的生态恢复力（ecological resilience。也叫生态可塑性），并满足人的心理需求？我们的观点是，生物圈是人类生活的自然栖息地。我们生活在地球生物圈中，如果我们要在地球之外长期生活，则最终需要的是太空生物圈（space biosphere）。

我还认为，太空生物圈是对孕育和养育我们人类的地球生物圈的回报。我们人类是最具技术天赋的物种，我们要把地球生命随同我们带到太空，而且我们必须这样做。美国生物学家林恩·马古利斯（Lynn Margulis）和多里翁·萨甘（Dorion Sagan），将生物圈2号的意义写在了《生物圈——从地球走向太空》（*Biospheres From Earth to Space*）一书中。[12]微型生物圈的创造标志着，我们的生物圈第一次可以产生具有繁殖能力的活繁殖体。[13]

1.6　加入太空竞赛

约翰·艾伦是生态技术研究所的联合创始人和前任所长，他因为提出了生物圈2号的概念（即生物圈2号项目的发起者），所以理所当然地被认为是发明人。我们生态技术研究所的员工很勇敢，之前他们对在世界各地的生态恶劣地区开展前沿项目研究所面对的挑战并不担心。我们认为，这样一个有远见的想法可以吸引实施这样一个大胆项目所需要的顶级科学家的资金支持和关系网。因此，生态技术研究所决定参加这场太空竞赛!

1982年，在法国普罗旺斯省艾克斯市生态技术项目会议中心召开的银河会议（Galactic Conference）上，约翰·艾伦给建筑工程师和生态技术研究所的合作者菲尔·霍斯（Phil Hawes）分配了一项艰巨任务，即给航天器内部提供生物生命保障，以便作为进行生物圈设计的一次初步练习。由生态技术研究所的工作人员组成的创意小组，通过实施头脑风暴，在会议上展示了如何由植物、动物、土壤和循环系统所构成的一种航天器舱内再生生命保障系统。霍斯也许是借鉴了他在新墨西哥州建筑方面的背景知识，因此建议通过在室内建一个3英尺（91.44 cm）厚的土坯层来解决辐射危害的问题。如果NASA的工程师参加了这次研讨会，那他一定会对从地球重力场发射每一磅火箭的成本感到愤怒。

可以说，这项创造性的工作非常有趣，并且呈现出一些生态复杂性。生物圈人之一的简·波因特（Jane Poynter）回忆称，巴克明斯特·富勒（Buckminster Fuller。网格球形穹顶的发明者，也是一位英雄）也在这次会议上发了言。他站起来说道："那时不认为你们能做到，但你们在这里提出的建议的确有道理。"接着，富勒继续向生态技术研究所的员工问道："如果你们不建造这个生物圈，那谁会来建造？"[14]

我们希望生物圈 2 号是一个安静的研究设施。到夏季末，亚利桑那州南部连续几个月的最高温度可达 37.78 ℃，如果想要吸引游客，那么从位置角度来说，选择亚利桑那州的奥拉克尔镇（Oracle）则是一种不明智的选择。然而，该项目最终出乎意料地获得了赞赏，这也许是人们对令人振奋的实时科学和未知探索的反应。在世界各地，人们对新生物圈内我们 8 个人的生活越来越着迷。因为早期新闻报道的刺激，人们开始成群结队地不请自来，于是我们开始实施旅游和游客计划。他们巨大的兴趣和好奇心让我们意识到，迫切需要在全社会开展生态学和生物圈教育，同时这些收入也有助于支付费用。

生物圈 2 号是一个由私人资助的风险投资项目。美国石油大亨爱德华·巴斯（Edward Bass）与生态技术研究所合作了 10 多年，他为该项目提供了大量资金。在生物圈 2 号建成前及建成后的几年内，巴斯捐赠了许多重要的生态保护区以及教育机构和项目。

我们希望通过开发绿色技术，以及在主要城市或旅游目的地（如迪斯尼乐园或主题公园）建立其他生物圈系统来收回投资。我们设想有一天，每个国家和主要大学都有自己的生物圈，以用于生态教育和基础研究。也许会有生物圈 3 号、生物圈 4 号……甚至生物圈 101 号。每种生物圈设施可能具有一套不同的生物群落，而每一套都可以通过操纵初始配置和环境条件而进行实验。以上工作将加深我们对生物圈运行过程的理解。

苏联解体后，加森科院士和他们太空生态科学的其他领导人希望建立一套俄罗斯生物圈。1989 年，该院士带队访问了生物圈 2 号（图 1－4）。但与生物圈 2 号不同的是，它一开始就受到严重污染（就像那时他们的国家一样）。不过，他们可以通过集中研究生物修复（bioremediation）的方法来净化土壤、水和大气。

对于北方气候的生物圈可以选择自温带或极地生物群落，如苔原、北方森林和北冰洋，而不是我们为生物圈 2 号所选择的位于美国西南部的热带和亚热带生物群落。

图 1-4　1989 年苏联两个最先进的生命保障研究所的领导率队访问了生物圈 2 号

左起：黛博拉·斯奈德（Deborah Snyder），时任生态技术研究所所长；约翰·艾伦，生物圈 2 号研发主任；叶夫根尼·舍甫列夫，莫斯科生物医学问题研究所（IBMP）；作者尼尔森；奥列格·加森科，IBMP；琳达·格蕾（Linda Leigh），日后的生物圈人；约瑟夫·吉特尔森院士，西伯利亚克拉斯诺亚尔斯克生物物理学研究所（IBP）

开发教育课程也可以增加收入。我们的很多动机都是理想化的。生物圈 2 号是一个以公众利益为目标的私人资助项目，主要专注于教育、研究和技术开发。然而，我们没有预料到，它会影响并激励全世界数亿人。一个对思想致敬的时代已经到来！

1.7　非进人小型生物圈实验

从某种意义上说，人类在不知不觉和不经意间已经利用我们的星球生物圈进行了一次大规模实验。

该生物圈可以保障多少人及消耗资源的程度如何？考虑到地球上很多地方的资源已被开采和转化，那么在问题出现之前还有多少自然生物群落可被转变而供人类使用呢？当大量新生产的化学合成物质被带入必需的大气、水、食物和土壤中时，会出现什么情况？因此，如不对当前的做法进行重大修正，那么预计生物多样性（biodiversity）将会急剧减少。我们是否还需要森林、珊瑚礁、草地或除了我们、家畜和作物以外的其他任何生物系统？由于前期研究不足，因此对转基因生物的影响尚待确认。

大气已被人类严重污染，这样由于工业污染所造成的日益增加的温室气体和酸雨会影响我们的整个世界。这个计划外的星球“实验”，可能包括空前庞大的工业化人口。不管我们引起了什么问题，有人却总是把希望寄托在“技术修复”（techno - fix）上。然而，我们甚至不确定是否有足够的时间对之做出回应。

我们当前对待生物圈的态度存在严重的道德问题，即其他物种和生态系统有什么固有权利？我们在改变生物圈时，必须遵守哪些限制？这项全球实验对我们的健康和福祉，连同地球上所有其他生命，都有无比重大的影响。毫不夸张地说，地球生物圈就是我们的生命保障系统，即使我们好像不以为然。

因此，生物圈 2 号的建造者主张利用小型生物圈实验室来开展生物圈实验研究。受控环境可被用来观察转基因作物在自然界中的作用，也可被用于评价某种新的化学污染物或技术的作用途径和影响结果。我们从密闭生态系统实验室和生物圈实验室中所学到的东西，可被用于了解我们在全球环境行动中所带来的后果，并可引起变化。

乔治梅森大学杰出的生物物理学家哈罗德·莫罗维茨（Harold Morowitz）指出：“生物圈 2 号为首次进行大规模受控生态系统生态学实验提供了可能性。伽利略（Galileo）进行实验而积累了大量科学数据，由此诞生了现代物理学。显然生物圈 2 号为生态学如同在物理学中所发生的同类型的转变提供了环境”。[15]

基于这种情况，花费 2 亿美元和 10 年的时间来建造与运营生物圈 2 号是很划算的（相当于一架战斗机的成本）。考虑到我们生物圈所面临的威胁，那么建成生物圈 2 号，则标志着生态学家从此具有了像物理学家所具有的回旋加速器那样类似规模的实验设施。由于考虑到所存在的风险，以及生物圈和人类的健康，那么建设实验设施和实验室而以新的方式研究全球生态学则是一项至关重要的投资。

1.8 生态技术：从理论到终极实验

生物圈 2 号将会是一个巨大的试验场，它向生态技术（ecotechnics）问题——将生命世界与技术世界进行融合，发出挑战。20 世纪 70 年代初，约翰·艾伦和包括我在内的十几个人在新墨西哥州建立了生态技术研究所。“生态技术”（ecotechnics）这个词的灵感来自技术历史学家刘易斯·芒福德（Lewis Mumford）。他在《技术与文明》（*Technics and Civilization*）一书中，追溯了人类技术从起源、工业革命到现代的演变过程。[16] 他呼吁开发生物技术，或者是保障人类生命的技术来取代缺乏人情味的“机器文化”（machine culture）。

约翰·艾伦认为技术需要走得更远，要与所有生命融为一体。他创造了“生态技术”一词，其目的是将生态（eco）与技术（techno）结合起来并加以协调。[17] 因此，我们建立了一个小型研究所，并开始启动第一个生态技术测试案例——对位于新墨西哥州圣达菲附近的一座名为协同农场（Synergia Ranch）的沙漠化农场实施改造。我们寻求将生态恢复（restoration）和生态改善与长期生存能力结合起来的方法，而不是追求短期利益最大化的经济收入。[18] 如今，40 年过去了，在英国和美国均成立了生态技术研究所。

22 岁大学毕业后，我第一次来新墨西哥州工作，其吸引我的部分原因是该工作并不局限于生态学。在生态技术项目中，我们强调专注于三个方面的工作：生态、艺术（以戏剧为主）和企业经营。企业经营很重要，这样能够使我们自己通过自身的努力实现经济独立，这是项目的关键组成部分。我认为这对我自己在个人成长及均衡生活等方面的期望提供了一种良好模式。我们承担了充满冒险和富有创新的项目，并通过需求牵引而提升能力。我们的态度是：如果已经成功了，那为什么还要去做？

我们通过在世界各地承担亲自动手操作的实地项目来研究生态技术，并建造了一艘远洋研究船。为了发展生态技术理论，我们还通过召开研讨会和会议，在这些场合与前沿科学家、管理者、艺术家和思想家一起讨论重要问题。[19] 自 1982 年以来，我一直担任生态技术研究所的领导，成为生物圈 2 号的重要顾问单位，并利用工作关系网克服了项目面对的艰难挑战。以前，我们的项目主要依赖大量的人力资本和少量的原始资本，而相比之下，生物圈 2 号则要更复杂、更昂贵以及更引人注目。

建立生物圈 2 号是相当激进的，因为我们要面对一个完全未知的世界。我们的顶级顾问之一——亚利桑那大学环境研究实验室主任卡尔·霍奇斯，在一次项目审查委员会会议上，让每个人都列出“建立一个新世界，所要解决的问题中最关心的十个问题”。我们知道这并不容易，但这也是我们认为这个项目不会失败的原因。我们肯定会从“错误”和“意外”中学到很多东西，尽管也许会从“正确”中学到同样多的东西。

从 1984 年 12 月开始，在亚利桑那州的项目现场召开了一系列会议，聚集了一批杰出并高度多样化的科学家和工程师，以讨论这样一个项目是否可行。之后，我们决定继续推进生物圈 2 号项目，并成立了太空生物圈风险投资公司（Space Biospheres Ventures）来实施。在不到 7 年的时间里，我们完成了世界上第一个生物圈实验室的研究、设计和建设。下一步是什么？8 名生物圈人不得不关闭其身后的气闸舱而开启实验。

参 考 文 献

[1] PONNAMPERUMA C. Comparative Planetology [M]. New York: Academic Press, 1978.

[2] NELSON M. Bioregcrierative life support systems for space habitation and extended planetary missions [M] // CHURCHILL S E. Fundamentals of Space Life Sciences. Malabar, FL: Orbit Books, 1997: 315 – 336.

[3] SALISBURY F, GITELSON J I, LISOVSKY G M. Bios – 3: Siberian experiments in bioregenerative life support [J]. BioSciences , 1997, 47 (9): 575 – 585.

[4] VERNADSKY V I. The Biosphere [M]. New York: Springer – Verlag, 1998.

[5] LOVELOCK J. Gaia: A New Look at Life on Earth [M]. Oxford: Oxford University Press, 1979.

[6] KAMSHILOV M M. Evolution of the Biosphere [M]. Moscow: Mir Publishers, 1976.

[7] BEYERS J, ODUM H T. Ecological Microcosms [M]. New York: Springer, 1991.

[8] COOKE G D. Ecology of Space Travel [M] // ODUM E R. Fundamentals of Ecology. 3rd ed. Philadelphia: Saunders College Publishing, 1971.

[9] ODUM H T. Limits of remote ecosystems containing man [J]. American Biological Teacher, 1963, 25 (6): 429 - 443.

[10] FOLSOME C E, HANSON J A. The emergence of materially closed system ecology [M] // POLUNIN N. Ecosystem Theory and Application. New York: John Wiley and Sons, Ltd., 1986: 269 - 288.

[11] Joseph Priestly and the discovery of oxygen [EB/OL]. http://www.acs.org/content/acs/en/education/what is chemistry/landmarks/josephpriestleyoxygen.htm.

[12] ROACH M. Packing for Mars: the Curious Science of Life in Space [M]. New York: W. W. Norton & Company, 2010.

[13] MARGULIS L. SAGAN D. Biospheres: from Earth to Space [M]. New York: Enslow Publishers, 1989.

[14] SAGAN D. Biospheres: Reproducing Planet Earth [M]. New York: Bantam Books, 1990.

[15] POYNTER J. The Human Experiment: Two Years and Twenty Minutes inside Bio - sphere 2 [M]. New York: Avalon Publishing Group, 2006.

[16] MOROWITZ H. Biosphere 2 Newsletter. 13, no. 2 (1994).

[17] MUMFORD L. Technics and Civilization [M]. New York: Harcourt, Brace and World, 1934.

[18] ALLEN J P. Me and the Biospheres [M]. Santa Fe, NM: Synergetic Press, 2012.

[19] ALLEN J P, PARRISH T, NELSON M, et al. The Institute of Ecotechnics: an institute devoted to the developing the discipline of relating technosphere to biosphere [J]. The Environmentalist, 1984, 4 (3): 205 - 218.

[20] NELSON M. The Wastewater Gardener: Preserving the Planet One Flush at a Time [M]. Santa Fe, NM: Synergetic Press, 2014: 13 - 30.

第 2 章 生物圈人

1995 年，我写过前面一起参加生物圈 2 号实验的同伴的故事，因为他们的经历都非常生动。在近距离生活了两年后，由于我们很少接触其他人但对彼此很了解，因此我可以通过他们脚步的节奏和独特的呼吸就能够分辨出谁是谁。我们彼此非常和谐，比如即使在双向对讲机上，只要一两个字，我就能分辨出他们的情绪是低落还是高涨，或者是专注还是惊恐。这些信息可能并不关键，但对合作来说则至关重要。

2.1 乘员个人基本情况

这是一帮勇敢的生物圈人。我们这支被选中的队伍多才多艺，并经过了专业理论培训，因此有望能够解决生物圈 2 号中可能出现的任何问题。

莎莉·西尔弗斯通（Sally Silverstone。以下简称莎莉），36 岁，是我们坚定而冷静的操作队长。她来自伦敦的一个工人阶级地区，拥有谢菲尔德学院的社会工作学学位。作为一名社会工作者，她在肯尼亚和印度开展了多年的实地工作，因此加深了对教育、培训以及世界环境挑战的认识。当莎莉在波多黎各从事热带农业研究时，她参加了生态技术研究所的次生热带雨林中可持续木材生产与利用的项目攻关。她在生物圈 2 号中的职责非常重要：她是农业和粮食系统的经理，为厨师按量分配食材，把收获的粮食储存起来，以备以后需要时使用；由于莎莉对食物有着良好的鉴赏力，因此她为我们供应了数量有限的本地特产食品，如酿制葡萄酒和啤酒，并制造奶酪和香肠以及制作面包和大型有创意的装饰生日蛋糕；她也作为副队长而负责日常运营，会通过调解和谈判来满足 8 个高度个人主义者的需求。莎莉只是半开玩笑地提到，她最重要的工作经历是管理一家精神病院，这与 8 名生物圈人比起来就不值一提了。

马克·范蒂略（Mark Van Thillo），30 岁，他热情高涨、精力充沛并说干就干，这为他赢得了"雷瑟"的外号（激光的意思）。雷瑟和莎莉一起担任联合队长，并负责处理紧急情况。他还负责设施中系统建设和安装、安装质量控制，并全面管理设施内部的技术系统。另外，他也负责紧急情况处理。雷瑟出生于比利时安特卫普市，由于具有佛兰德语的背景，因此说话带着明显的欧洲口音。他那 6 英尺（约 1.83 m）高的精瘦骨架使他看上去像个牛仔。雷瑟毕业于位于安特卫普市的唐博斯科技术学院，是第一批生物圈人申请者之一，1984 年开始在生物圈 2 号工作。和大多数乘员一样，他的训练也包括在生态技术研究所的一艘远洋中国帆船"赫拉克利特 RV 号"上度过的一段时间，并在澳大利亚西北部偏远内陆的热带稀树草原上从事生态恢复项目开发（生态技术研究所在此承担了草原修复项目）。在赫拉克利特号帆船上，他升到了总工程师的位置，负责维持重要的发动机和泵的运转工作。在生物圈 2 号里，机械装置、管道和设备等数不胜数，如仅水系统就有 30 多个不同的子系统。由于生物圈 2 号最初是被设计得尽可能自给自足，因此雷瑟可以利用里面的车间为几乎所有的机器制造替换零件，以供我们在缺少备件的情况下使用。另外，为以防万一，他还很有远见地准备了各种备用管道和钢材。在这两年里，我们会利用这些材料而对出现的问题拿出自己的解决方案。

琳达·雷（Linda Leigh。以下简称琳达），39 岁，负责陆地野生生物群落——热带雨林、草原、荆棘丛林和沙漠区。琳达出生于威斯康星州拉辛市（Racine），在威斯康星大学学习植物学，之后在常青州立学院学习牧场管理，并获得理学学士学位。在参加生物圈 2 号项目之前，她的野外工作经历丰富，例如：在中西部种植过原生态草原草，在华盛顿研究过麋鹿种群和狼群的引进技术，并为阿拉斯加半岛制定过生态管理计划。在加入该项目之前，她当时正在亚利桑那州南部研究潜在的沙漠作物。在生物圈 2 号项目中，琳达负责为陆地生态系统设计及获取植物和动物，同时作为一名生物圈人候选者而接受培训。由于琳达沉默寡言并有点内省，因此她常常在荒野的孤寂中显得最自在。两年前，她享受了在小型生物圈 2 号测试舱（Biosphere 2 Test Module）中最长的实验，即在生物圈 2 号被建成之前的一次密闭系统实验中，她独自在其中待了 21 d。这对琳达来说很容易，她热爱大自然，而且她有点“生态隐士”（eco－hermit）的气质。

阿比盖尔·阿灵（Abigail Alling）（小名叫盖伊，Gaie），31 岁，生物圈 2 号的科研主管，负责海洋系统——沼泽和海洋。他毕业于美国明德学院，并拥有耶鲁大学森林与环境研究学院（Yale University School of Forestry & Environmental Studies）的硕士学位。她出生于纽约市，童年在缅因州和佐治亚州沿海小岛上度过。盖伊从很早就开始热爱海洋，在参加生物圈 2 号项目之前，她的工作包括在格陵兰、加拿大不列颠哥伦比亚省、南极半岛、斯里兰卡和加勒比地区等多个地方开展了对海豚和鲸鱼的实地研究。工作时，盖伊会将充满活力的个性和喜气洋洋的微笑与热情洋溢的干劲和坚定不移的决心融为一体。当时，当外人指出从来没有人成功地制造出来过这么大的活珊瑚礁时，她并未感到不安。现在，珊瑚礁已被成功安装，海浪拍打着种满椰子树的沙滩——这是发生在海拔 3 900 英尺（1 188.72 m）的亚利桑那州沙漠中的一座玻璃房子里！毗邻海洋的是一个大沼泽地的复制品，红树林被装箱并穿越整个大陆。然而，与海洋和沼泽在这样一个密闭盒子里所面临的危险相比，盖伊现在所面临的可能都是容易的部分。虽然海洋珊瑚礁可能是我们所有系统中最脆弱的，但它的守护天使和保护者是意志最坚强的生物圈人之一。

罗伊·沃尔福德（Roy Walford。以下简称罗伊），67 岁，在生物圈人中年龄最大。他出生于美国加利福尼亚州圣地亚哥市，先后在加州理工学院和芝加哥大学医学院接受教育。罗伊是负责生物医学研究的内科医生，他在加州大学洛杉矶分校医学院的一个研究实验室当了 30 多年的主任。他的专长是研究免疫系统和衰老过程。作为一名追求永生秘诀的科学家，罗伊率先开展了低热量及高营养饮食的研究。他的研究结果证明，在小鼠身上，这种饮食减缓了衰老过程，延长了 50% 的寿命，并显著降低了血液胆固醇。罗伊坚信替代职业（alternate career），多年来他一直投身于实验戏剧、前卫诗歌和表演艺术等领域，他的生活有时将冒险和科学结合起来。当他在印度旅行时，他说服高级瑜伽士在他们冥想时让他插入直肠温度计，这样他就可以记录下他们对自身生理的控制情况。

简·波因特（Jane Poynter。以下简称简），29 岁，出生于英国英格兰萨里郡。她的生态学背景包括在澳大利亚生态技术研究所的内陆牧场和赫拉克利特RV 号帆船上的工作，在那里她学会了潜水和探索珊瑚礁。作为早期的生物圈人候选人，她从 1985 年开始就参与这个项目，在昆虫馆（饲养外来昆虫）工作，管理研究温室原型的农业系统，并学习动物护理。在生物圈 2 号里，她负责田间作物和家畜管理。简性格乐观，爱笑，还喜欢边工作边吹口哨。她的英国口音表明她具有上层阶级背景，而这与莎莉的犹太工人阶级伦敦佬形成了鲜明对比。

泰伯·麦克卡勒姆（Taber MacCallum。以下简称泰伯），27 岁，在生物圈人中年龄最小，出生于美国新墨西哥州阿尔伯克基市，父亲是桑迪亚国家实验室的射电天文学家，母亲是来自澳大利亚的精神病学家。1985 年，他没有继续上大学，而是选择开始在生物圈 2 号工作。但在这里，由于他有机会帮助开发的独特分析实验室系统在无有毒化学物质和不可再生化学物质的情况下工作，因此他的教育水平得到了提高。作为一名太空爱好者，泰伯被该项目选中，并在 1989 年从麻省理工学院举办的国际空间大学的第一个项目毕业。他是个雄心勃勃的小伙子，管理着具有精密气相色谱仪、质谱仪和连续传感器等在内的实验室，以用于监测生物圈大气和水系统中重要的与潜在的有毒气体。另外，他还协助罗伊开展生物医学研究。

这是我的 7 个杰出的同伴。我对他们是时爱时恨，因为我看到了他们的优点和缺点，我相信他们也会这样评价我。我是最后一个被选中的，因为在封闭前的 6 个月，我一直是候补队员，我大概是在刹那间做出了加入这个团队的决定。我是所有生物圈人中第二年长的，那年 44 岁。我出生于美国纽约市布鲁克林区，父母是分别来自俄罗斯和波兰的第一代犹太移民。我以优异的成绩从达特茅斯学院哲学和医学预科专业毕业，但我并未按照家庭传统成为一名医生，而是在位于新墨西哥州的协同农场（Synergia Ranch）参加了生态技术研究所承担的第一个项目，即开发解决生态问题的新途径。在接下来的 20 年，身为一个纽约市的孩子，我为纽约市的孩子们开发出一项精湛的园艺技术。我在协同农场的高处半沙漠地带种植了 1 000 多棵树，还帮助澳大利亚西北部草原的伯德伍德当斯站（Birdwood Downs Station）恢复了被过度放牧的牧场。作为生物圈 2 号项目的创始人之一，我曾担任环境与空间应用部主任，这期间在项目现场组织召开了关于密闭生态系统和生物圈国际研讨会，我协调了许多参与生物圈 2 号设计与研究的外部科学家的工作。在生物圈 2 号中，我的专长和职责是管理污水回收系统（我们的污水处理厂）和基础农业与饲料作物，并协助琳达进行陆地生态系统的运营和研究。我当时正在学习如何成为一名科学外交家，而且我性格外向，但我知道我有发脾气的倾向，并极易发牢骚。

在 731 d 的日子里，我早、中、晚一日三餐都能见到我的队友。我和他们聚会，并在农田和生态系统中一起干活。这期间，我吃了我们每个人做的 250 顿饭。我们进去时满怀希望能够建立深厚友谊，但我们出来时一些人之间几乎不说话。不过，作为一个团队，我们做了必须做的事情来保持生物圈 2 号能够运行。然而，实际情况远不只是人与人之间的矛盾和个性冲突。如果团队中没有甘于奉献的人来愿意做需要做的事情，如长期投入和随机应变，并能够解决不期而遇的各种问题，那么我们就不可能取得成功。

2.2 乘员选拔与训练

我们 8 个人是从首批 14 名生物圈人候选者这样一个较大的团队中选出的(上述候选者在生物圈 2 号所在地进行过相关训练和准备)。该项目要求选出一名能够带领团队的潜在干部，条件是此人成功参加过由生态技术研究所承担的项目之一，而且当时正在从事生物圈 2 号项目的研发工作。该过程为自我推荐。你必须是真正想要成为团队中的一员，才能被考虑作为潜在的候选人。另外，还要经过管理层的筛选。最后，由他们决定什么样的人员组合会具有必备技能，并更有可能成功运行生物圈 2 号。

一次难忘的经历促使我决定申请加入候选者队伍。为了测试工程系统的性能和获得密闭生态系统的经验，建立了生物圈 2 号测试舱（Biosphere 2 Test Module)。随后，主要管理人员和生物圈人候选者在生物圈 2 号测试舱中住了 24 h。可以说，我的那段经历极为深刻，后面还会对其进行详细介绍。这是一次飞跃，从沉浸在密闭生态系统的历史和科学中，到真正体验成为其中一部分的感觉。这是令人难以置信的满足，不仅是我的思想，还有我的身体几乎立刻得到了满足。从那一刻起，我就知道，我要以这样一种非凡的方式，度过一段与一套生活系统联系在一起的漫长时光。这次难忘的经历使我决定加入候选者行列，我期望在后来的生物圈2号的一次密闭实验中得到机会。

简指出："对生物圈人的训练是非正统的，但非常有效。"[1]一部分训练是在赫拉克利特R. V. 号帆船上，以及在澳大利亚的伯德伍德当斯站或全邦当斯站（Quanbun Downs Station）等地进行。所有地方都相当偏远，在这艘帆船上通常有10～12名乘员，而澳大利亚项目距离最近的大城市有2 000英里（3 218.688 km）。[2]在那些地方工作意味着要与一小群人一起处理实时情况。在这些年里，这艘帆船和澳大利亚项目都经受了热带的炎热，并需要高强度的体力劳动。简评论道："无论在波涛汹涌的大海还是在炙热的草原，所有生物圈人都经历了极端训练。这是我们的死亡之旅（rite of passage）。"

对于罗伊来说，在该内陆国家中面积为30万英亩（1 214.06 km^2）的全邦当斯站的经历显然令人震惊。他说："你只是作为另一个牛仔被扔进来的。这不是一个度假牧场，而是一个正常运行的牧场。牛仔是土著人——真正猛烈喝酒并艰苦骑行的牛仔。你必须知道怎么骑，还要学会扎横穿景观的带刺铁丝网、修理风车、放牛、阉割牛、与土著人和睦相处以及开推土机。这就是心理学测试。"[3]

在研发中心的建设和运营过程中，生物圈人也进行了合作。训练包括在研究温室中的原型农业系统中开展工作。1990年后，乘员在生物圈2号内经营农场，并学会了管理所有的技术系统。封闭前进行了7次为期一周的实验，乘员就生活和工作在该设施内。生物圈2号要求乘员能够管理关键区域，而另一名乘员作为替补，以防乘员生病。而且，罗伊和泰伯接受了美国海军的紧急牙科培训，罗伊获得了在亚利桑那州开展综合诊疗的执照。此外，几位生物圈人候选者在亚利桑那大学医学院上了100 h的医学入门课程，并在乔治敦大学医学院学习了3 d的创伤即时治疗课程。

生物圈人刚刚进入生物圈2号时，就像航天员进入宇宙飞船一样，与现实相去甚远。正如盖伊在电影《两个生态圈中的奥德赛》（*Odyssey in Two Biospheres*）中所说的那样：

我们必须考虑常识性的问题：我们打算在那里住两年，好吧，想吃什么？水从哪里来？所有的科学和建筑工程都在进行，对于我们个人来说，把自己放在该种情况下，愿意喝什么水？什么食物想吃两年？空闲时间能做什么？我能得到什么？所以，这并不是别人在建造生物圈2号而我们只是进去走走，相反，在某些细节方面，我们都是生物圈的一部分。[4]

乘员团队的组织像一支船队或一支探险队，有两名联合队长，一名是日常操作队长（莎莉），另一名是应急处置队长（雷瑟）。另外两个职务是科研主管（盖伊）和专职医生（罗伊）。我们 8 个人每人至少负责一个主要领域：陆地生物群落主管（琳达），食物和农业主管（莎莉），农场动物和田间农业主管（简），海洋生物群落主管（盖伊），分析实验室主管（泰伯），医学实验室主管（罗伊），技术系统主管（雷瑟），通信主管（尼尔森）。农活我们一起干，而且在所有领域，如工作需要，则其他人也要参与。乘员中至少有两人接受过内部尖端设备使用的培训。

2.3 草原管理的资历与能力

有人曾因乘员几乎没有高级科学学位而批评该项目，因为其中只有罗伊拥有专业学位，他是医学博士，曾任研究教授。其他人的情况是：盖伊拥有环境科学硕士学位，她放弃了攻读博士，因为她有机会在海洋生物学领域与生物圈 2 号合作。琳达具有植物学和草原管理学背景，并具有多年的生态领域研究经验。雷瑟、泰伯、简、莎莉和我虽都没有受过科学训练，但我们都参与过生态技术项目，并协助管理过在不同生物群落中进行实际生态应用的工作。

我还开始写科技论文和报告，并代表该项目参加了相关科学研讨会和会议。我作为生态技术研究所的主席，组织了我们的多次年度会议。一些世界顶级科学家参加了这些会议，而且他们加入了生物圈 2 号的设计、研究和咨询团队。

有人认为我们本来应该组建均具有博士学位的 8 人团队，尤其是作为首批乘员，但这种想法几乎让人难以理解。正如简后来写道：

在生物圈 2 号里，很少有人自称科学家，我们是管理者，本质上说，我们是能干的技术人员。但是，人们通常看到他们所期望的东西，人们期望生物圈 2 号的乘员是科学家或工程师。科学咨询委员会（Scientific Advisory Committee, SAC）在我们总共两年的封闭实验进行到约 1 年后公布了一份报告和建议，提出在生物圈人团队中专业科学家本来应该更多一些，但并未付诸实施，尽管他们给外面的员工确实推荐了很多“拥有高等学位的从事实际研究工作的科学家”。

我觉得主要是因为他们知道生物圈 2 号需要的不仅仅是科学家。这项为期两年的实验，需要精通生物圈 2 号运作和机械系统的人员以及训练有素的技术人员，而我们所有人都是如此。另外，他们也知道很少有人愿意把自己禁闭整整两年。[5]

我们要管理一个需要大量体力劳动的世界，而且我们需要超凡的适应性来应对任何出现的问题。从整个项目启动到第一次密闭实验开始只有 6 年时间，这样就需要一支训练有素的骨干队伍。因此，项目管理部门借鉴了那些在创新项目中证明能够解决现实问题的人的经验。

当艾森豪威尔总统创建了后来的美国国家航空航天局（NASA）并宣布美国开始太空探索时，这项计划也面临着类似的挑战。例如，从哪里找到经验丰富并有进取精神的人？所以 NASA 最初从在军队服役的经验丰富的飞行员中挑选航天员。后来他们招募了普通民众，包括医生、科学家、工程师和技术人员来接受太空训练。我们的团队在帮助设计、安装和运行某些方面也有不可替代的丰富经验。在大多数情况下，我们对生物圈 2 号的了解都是百科全书般的。我们会很详细地想象我们的世界——从基础结构到间隔框再到整体建筑，其每一个部分是如何到达那里的。举例来说，雷瑟于 1987 年至 1991 年，作为建筑质量控制主管，曾对该设施庞大的技术性基础设施的每一个部件的安装都进行了实地检查。4 名乘员后来写道：

由于我们参加了它的整个建设过程，所以我们生物圈人在封闭实验期间就不必花太多精力来了解其内部系统的基本信息，或者了解它是如何被装配的。因此，我们在那儿学习了我们建立的系统，并让这个粘在一起的密闭系统的复杂性来教我们知道它是如何动态循环的。[6]

2.4　实现研究成果最大化

我们希望这一初次密闭实验能够取得尽可能多的科学成果。作为研究和操作程序的一部分，在整个设施中分布有 1 000 多个传感器，以用于自动收集重要数据。另外，安排团队利用分析实验室中的设备来对水和大气进行详细分析。再者，在医学实验室，对乘员的健康和生理学指标进行详细检查与记录。

封闭之前，在耶鲁大学森林与环境研究学院教授和研究生的帮助下，测量并绘制了野生生物群落中的每一种植物。另外，对海洋珊瑚礁和沼泽生物群落中的每种植物也进行了类似的绘图。生物认证项目组人员记录了我们从研究温室到现场检疫温室引进的每一种植物和动物。

此外，封闭之前我们还在现场举办了几次研讨会。这些研讨会，如由国家癌症研究所史蒂文·奥布赖恩博士组织的遗传学研讨会，扩大了我们最初的研究计划，这正如与帮助设计生物群落或帮助解决具体问题的研究人员的合作。该项目的科学咨询委员会还为我们联系了感兴趣的研究人员，帮助我们解决所出现的问题，并开展更多的研究。密闭实验启动时，规划了 20 多个研究项目，而在两年后的实验结束时，科学研究项目则增加到了 60 多个。[7]

我们期待启动研究计划，因为确信生物圈 2 号能够给出惊喜。来自英国纽卡斯尔大学的基思·朗科恩是我们科学咨询委员会的一名成员，他通过古地磁研究证明了当时关于板块构造和大陆漂移的异端科学。在封闭前一天的一次环境研讨会上，朗科恩指出了为什么社会对生物圈 2 号这样的新科学仪器和项目感到兴奋：你无法知道你将从该密闭实验学到什么，因为新的科学工具使你能够看到从未看到过的东西。

在生物圈 2 号密闭实验之后，我的博士学位委员会主席 H. T. 奥德姆向我解释了这种方法：不要把你的研究计划做得太详细，以至于你不能在学习的过程中追求最有趣的东西。如果你已经有了所有的答案，为什么还要做研究？[8] 事实上，正如我对一位采访者所说，“进入生物圈 2 号，我们不仅没有所有的答案，甚至没有所有的问题”。[3]

当我回顾在生物圈 2 号所做的工作时，我并不认为如果我在进入生物圈 2 号之前获得了博士学位，我就能够做更多的研究，以及能够更好地与外部科学家协调而促进他们的研究。简也提出了类似的观点：

一些记者指责我们不科学。显然，这是因为许多太空生物圈风险投资公司的管理人员本身并不是拥有学位的科学家，这就导致人们对该项目的整个有效性产生了质疑，尽管世界上一些最优秀的科学家当时正致力于该项目的设计和运作。因此，这一批评是不公平的。离开生物圈 2 号以来，我经营了一家小企业已长达 10 年，这一期间先后在航天飞机和空间站上进行了搭载实验，并正在为下一代航天飞机和未来的月球基地设计生命保障系统。我没有学位，甚至没有约翰·艾伦那样的哈佛商学院 MBA 学位，但我雇用了科学家和顶尖工程师。我们公司的信誉没有因为我的资历而受到质疑：人们是根据我们的工作质量来评价我们的。[5]

1994 年开始的第二次密闭实验，其指导方针采纳了我们科学咨询委员会的建议。为了减少大气交换，专业科学家会进来利用气闸舱开展短期或长期的研究。这样，我们就可以在利用生物圈 2 号的 10 个单独房间的同时，完成普通乘员无法完成的研究。

在第一次密闭实验的第二年，我们还按照科学咨询委员会的建议改变了任务规则。我们每两个月利用气闸输入和输出一次物资。例如，将新的科学设备带进实验室，并将样品送到外面的实验室。他们建议做这样的调整是为了增加科学成果，并降低乘员的工作负荷。

2.5　做好最好和最坏的打算

我们做好了充分的准备，对能成为第一批乘员而感到兴奋，但也为接下来的密闭生活感到担忧：对于我们这群人来说，每个人和整个团队的生活会是什么样的？于是我写道：

我们如何凝聚成一个团队？在澳大利亚的这些年里，我看到了很多小而孤立的群体之间所产生的紧张关系。当人被孤立和亲密接触时，内在的紧张关系会发展到危险的程度。也有团队人员分裂的问题，从而会导致内部团队和外部团队之间的积怨。在这两年期间，与我们所依靠的“任务控制中心”、项目管理人员、工程师、科学家和外部人员的关系将会是如何呢？

在生物圈 2 号里，我们会为自己创造出什么样的生活？我们是第一批生物圈人，第一批生物圈定居者和原住民（图 2－1）。泰伯、简和罗伊弹奏乐器；莎莉想要吹长笛；盖伊和我有个写书的计划；雷瑟想要掌握纪录片制作技术；几乎所有人都有照相机；简有绘画颜料；琳达打算在一个新被发现的世界里做一名植物学家。几乎我们所有人都在谈论与自然的一种新关系，这可能会因为我们的心有灵犀一点通以及对生物圈 2 号的依赖而发展。

图2-1 1991年9月26日生物圈人在封闭日进入气闸舱

右起：盖伊、罗伊、简、泰伯、琳达、尼尔森、莎莉和雷瑟

我们每个人都描绘了自己的理想，并为遭遇最坏的情况做好了准备。我们有必需的内部资源吗？我们会在新世界生存下来并繁荣昌盛吗？我们要进到一个新种植的世界，生物群落还很小，树木刚刚从被移栽的震荡中苏醒过来，而珊瑚也刚刚从墨西哥尤卡坦半岛2 000英里（3 218.688 km）远的旅程中恢复过来。据我们所知，所有的系统都在运行，在过去的3个月里，实验结束的倒计时一直在进行，不可阻挡地通向了门口。[9]

参考文献

[1] POYNTER J. The Human Experiment: Two Years and Twenty Minutes inside Bio-sphere 2 [M]. New York: Avalon Publishing Group, 2006.

[2] ALLEN P. People challenges in biospheric systems for long-term habitation in remote areas, space stations, moon, and Mars expeditions [J]. Life Support and Biosphere Science, 2002, 8 (2): 67-70.

[3] REIDER R. Dreaming the Biosphere [M]. Albuquerque: University of New Mexico Press, 2009.

[4] DECOUST M. Odyssey in two biospheres [EB/OL]. http://biospherefbundation.org/project/odyssey-of-2-biospheres/.

[5] POYNTER J. The Human Experiment——Two Years and Minutes inside Biosphere 2. New York: Avalom Publishing Group.

[6] ALLING A, et al. Human factor observations of the Biosphere 2, 1991-1993, closed life support human experiment and its application to a long-term manned mission to Mars [J]. Life Support and Biosphere Science, 2002, 8 (2): 71-82.

[7] Consultants, Scientists conducting joint studies provide expertise, extend importance of Biosphere 2 experiment [EB/OL]. http://www.biospherics.org/biosphere2/results/6-consultants-scientists-conducting-joint-studies-provide-expertise-extend-importance-of-biosphere-2-experiment/.

[8] NELSON M. The Wastewater Gardener: Preserving the Planet One Flush at a Time [M]. Santa Fe: Synergetic Press, 2014.

[9] NELSON M. Unpublished introduction to extracts of Biosphere 2 Journal, written in 1995.

第3章 保护及服务生命的技术圈

3.1 人类圈与人类世

生物圈2号的戏剧性事件早在封闭之前就开始了。从早期的设计研讨来看，很明显，这个项目需要顶尖的工程师和生态学家，但是他们却很少能够合作。通常，生态学家一想到工程师就会抱怨。哦，不，推土机、起重机、筑路工人和架桥工人都来了，再见啦，自然。而且，工程师对生态学家也是自说自话。例如，通常他们不会从一开始就考虑其工程和技术解决方案将如何影响周围的生态系统。因此，我们的世界被工业、技术和工程的意外后果弄得乱七八糟和退化不堪，也就不足为奇了。

沃尔纳茨基看到，现在人类是地球上非常强大的力量。与以前的任何物种不同，人类遍布整个世界。我们利用我们日益增长的能力来搬运东西，以便根据我们的需要来塑造世界。我们的城镇、城市和农业取代了野生群落，采矿和能源开采转移了大量的原材料。

沃尔纳茨基有先见之明地意识到，我们这个时代的任务，就是要把他和他的继任者所称的“技术圈”（technosphere）与“生物圈”融合起来。技术圈包括所有的人类活动（如技术和工业）和人类主导的两个生物群落：农业和城市。他认为这种融合是可能的，因为预测到“人类圈”（noosphere。也叫理性圈或智慧圈。这里，noos来自希腊语，意为理智或智慧）会作为地球的第二个进化阶段而发展。[1]

1989年，当约瑟夫·吉特尔森、奥列格·加森科和叶夫根尼·舍甫列夫一行首次访问生物圈2号时，吉特尔森说他只对这个项目的名字提出严肃但重要的批评：它的名字错了，应该叫“人类圈1号（Noosphere 1）”，而不是“生物圈2号”。要想成功地操作它，那么对这个生命世界就必须具备高度的智慧和敏感性。今天，人们试图正式宣布，我们的地球生物圈已经进入一个新的地质时代，即“人类世”（anthropocene。anthropo意为人类），因为人类活动是占主导地位的力量。[2]

3.2 关于建筑结构的争执

当工程师们看到菲尔·霍斯（Phil Hawes）和玛格丽特·奥古斯丁（Margaret Augustine）的初步建筑图纸时，他们就表达了不满情绪。他们说：“真是浪费资源。假如生物圈2号被设计得如同大盒子商场般简单，那么建设工程实施起来就会容易得多，这样就会省一大笔钱。”然而，生物圈2号的主管们却毫不含糊地回答：“不！工程师们将要建立第一个人工生物圈，相信他们不会让它显得丑陋而缺乏想象力。”

相反，建筑师们的设计令世界建筑行业为之惊叹。事实上，菲尔和玛格丽特受到了美国两位最著名的建筑师弗兰克·劳埃德·赖特（Frank Lloyd Wright）和布鲁斯·戈夫（Bruce Goff）的影响，并受到巴比伦风格的启发，因此将主体结构设计为呈桶形拱顶的间隔框，像中东和美洲的阶梯金字塔，而且其测地线穹顶（geodesic dome），是由巴克敏斯特·富勒（Buckminster Fuller）发明的现代建筑代表作（图3-1）。考虑到生物圈2号会吸引世界各地的大批游人来参观，以及它在公共教育和启发方面的作用，那么看来这种决定是绝对正确的。确实，到目前为止已经有超过300万人参观过生物圈2号。[3]

项目经理们注意到了沙·贾汗（Shah Jahan），他建造了泰姬陵和其他印度建筑杰作，但最终落得因掏空国库而被儿子送入监狱的下场。然而，印度的精打细算者计算出，泰姬陵自被建成以来使印度富裕了许多倍，因为人们被它的崇高之美所吸引。

生活在生物圈2号里，乘员们因居住建筑的宏伟而感到自豪（图3-2）。相

图 3-1 共同设计者玛格丽特·奥古斯丁（右）和菲尔·霍斯（左）站在生物圈 2 号设施的模型前面

玛格丽特·奥古斯丁还是太空生物圈风险投资公司的首席执行官

反，如果我们生活在类似百货商店结构的建筑里，那就完全不一样了。如果人们必须工作和生活在缺乏想象力的建筑，则这样的建筑会对人的心理产生负面影响。事实上，当前有很多现代建筑都是用最便宜的材料建成的，呈毫无人情味的直线型和直角型，简直是重复又普通。

图 3-2 生物圈 2 号生活区局部外观图

塔式图书馆位于生物圈 2 号人生活区的顶部；动物饲养位于一层右边的被照亮处；后面是农业生物群落的桶形拱顶

生物圈 2 号的建筑师提出了一些重要而微妙的观点。在人的居住地的塔顶拥有共享图书馆，在此还可以举办聚会和庆祝活动，也给了生物圈人一个可以看看他们的世界和项目所在地周围美景的地方。尽管这座塔有 65 英尺（约合19.8 m）

高，但你还是要抬头才能看到生物圈2号的最高点，因为热带雨林金字塔较居住塔又要高出5英尺（约合1.5 m）(图3－3)——这就提醒我们，人类并不是创造之王，不断进化的大自然母亲的整体才更强大，也才真正占据主导地位。

图3－3　生物圈2号总体结构俯视示意图

包含野生生物群落、农场（集约农业区）、乘员生活区和“肺”结构的布局。

生物圈2号的所有部分共享水和大气资源，“肺”通过地下大气隧道与主体结构相连

3.3　生态学家与工程师之间的思想沟通

对建筑方案做出决定后，工程和生态设计在接下来的几年里进展顺利。生态学家和工程师定期聚在一起召开设计研讨会。然而，生态学家面临着许多未知的挑战，比如，你想在沙漠里养蜥蜴。它们在原居住地吃什么？而在生物圈2号它们能吃什么？对每种动物都会重复问这些问题。令我惊讶的是，当时并不清楚每种植物对大气的确切影响。除了经过充分研究的农作物之外，关于植物能从大气中吸收多少CO_2、它们呼吸的量或者它们的根在土壤中释放什么样的化学物质以及生物圈是如何运作的等均未有确切答案。事实上，我们对生物圈是如何运行的还有很多地方并不了解。

另外，生态学团队必须学习足够的工程知识，以便将他们的需求传达给工程团队。例如，对于热带雨林（低湿地区）中的溪流，由瀑布和池塘的溢流提供

水源，这时工程师们则需要这些数据：这条小溪能装多少水？水的流速应该是多少？然后他们才可以确定所需泵的类型和大小。再如，基于大沼泽地（Everglades）而模拟建立的沼泽含有 6 个区域，从淡水到咸水的沿海红树林，每个区域都有合适的植被。工程师需要知道每个区域水中盐的浓度，以及水在它们之间循环的速度。然后，他们可以继续设计系统来供应和保持所需的盐度，并处理突发事件，如一些水域变得过咸或过淡等。

我们起初开玩笑说，如果生态学家和工程师想要侮辱对方，那是不可能的，因为他们的语言、方式和思维过程都太不一样了。生物圈 2 号的大小限制了生态设计师们创建“典型生物群落”（quintessential biome）的想法。例如，生态学家的任务是弄清如何在一个小区域内拥有大草原特有的广阔地平线的感觉，以及如何复制在潮湿而阴凉的热带雨林或芳香而干燥的沙漠中的感觉。然而，工程师们（他们的语言是数量与过程）的任务是，弄清楚如何建造、操作和维护这些具有挑战性的设计产品。

3.4 生活与技术融合

生物圈 2 号是一个生活与技术相遇并深刻融合的世界，这与我们的地球生物圈形成了鲜明对比，因为此技术正在破坏我们的生物圈。在生物圈 2 号内部，需要利用技术来取代地球生物圈的某些功能，因为如果没有这些技术协助，那么生物圈 2 号内的生命将不复存在。例如，电脑控制和灌溉设备取代了雨水；供暖和冷却系统取代了全球气候系统；海水淡化设备和水泵辅助蒸发与重力共同作用而将适当质量和数量的水提供给需要的地方。

《连线》（*Wired*）杂志的创始执行主编凯文·凯尔认为，未来生活与科技的融合将会加速。技术将变得更加智能化和适应性强，而且我们人类将会更好地确保技术圈得到加强，且不与生活世界发生冲突。[4]

生物圈 2 号将生命置于技术之上。早期的一次冲突就很好地说明了这一点。当工程师被告知水泵出了故障，他则进来并且急忙砍掉长到该设备里的藤蔓，而生态学家们对自己精心挑选的一种植物受到的破坏感到愤怒。最终，通过调解解决了问题，并使工程师们认识到生命在这个新的世界中占有优先地位。

3.5　工程挑战

可以说，在生物圈2号的建设过程中，工程师们面临着一个又一个艰巨的挑战。

最艰巨的任务：对结构进行密封，以便几乎不与外部进行气体交换。比尔·登普斯特（Bill Dempster）作为领导，负责为空间生物圈风险投资公司协调系统工程。他与彼得·皮尔斯（Peter Pearce）一起工作，而彼得·皮尔斯曾与巴克敏斯特·富勒合作研究协同学（synergetics），因为他的公司建造了生物圈2号的间隔框架结构。我们的工程师将生物圈2号测试舱的顶部作为测试用例（test case）来进行实验。然而，尝试了几种传统方法但都被证明泄漏率太高。后来，他们的实验被证明彻底失败，而该顶部则由吊车挪走。这样，工程又得从头开始。在此情况下，登普斯特和皮尔斯介入了此事。他们提出了一项新的专利设计，即在间隔框架工程中构建密封结构，从而最终解决了密封问题（图3-4）。在地下，生物圈2号的墙壁和地板都是由高强度的不锈钢焊接而成，因为只有混凝土则不会使结构保持足够密闭。在头上方，有20多英里（约合32.2 km）的玻璃间隔框架接缝需要密封（图3-5）。

登普斯特设计了一套复杂系统来寻找微小漏洞，以便将其密封。围绕生物圈2号建造了一条地下隧道，在那里可以检测到该设施内部释放的惰性微量气体。这不仅能阻止泄漏率，还能显示出不锈钢衬里的哪个部分在泄漏。因此，通过这种方法，许多漏洞被找到并被进行了密封处理。在两年的实验中，最终所达到的泄漏率每年低于10%，即每月不到1%，这相当于不锈钢衬里和玻璃间隔框架上的所有小孔加起来只有小拇指那么大。[5]

然而，如果结构的密封程度很高，被用玻璃间隔框架覆盖以允许尽可能多的阳光照射进来，那么当内部大气压力不同于外部大气压力时，会发生什么？回答是：内部气压高过一定限度时结构就会爆炸，而内部气压低于一定限度时结构就会内爆（即向内塌陷）。这是因为气温上升时大气体积会膨胀，而气温下降时大气体积就会收缩。

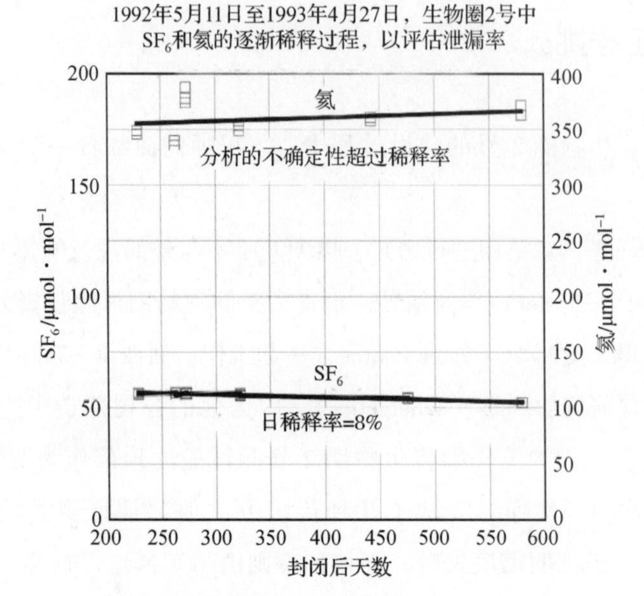

图 3－4 通过惰性气体氦和六氟化硫（SF6）随时间的损失来确定生物圈 2 号泄漏率（密封性）的两种方法[13]

图 3－5 玻璃安装工正在安装玻璃间隔框架

玻璃安装工共安装了 6 000 多副正方形玻璃间隔框架，每边 6 英尺（约合 1. 83 m）长。这项工作常常在晚上进行，因为白天温度很高。许多玻璃安装工都是攀岩登山者

针对这一问题，比尔·登普斯特再次提出了现成的解决方案。他建议允许该设施的一部分能够膨胀和收缩。他和工程师们设计了两个体积可变的结构，通过大气隧道连接到生物圈2号。白天，当室内温度升高时，则大气胀力将一张15 t重的橡胶薄膜向上推。夜晚，当室内温度下降而导致大气体积收缩时，则橡胶薄膜就会回落。升降的高度差会高达20英尺（约6.096 m）。[6]由于这两张薄膜可上下运动，因此这两个体积可变的结构被称为“肺”（图3－6）。然而，与我们人的肺不同，它们不能吸收和释放大气。它们只是让内部大气能够膨胀和收缩，从而不破坏结构。生物圈2号的“肺”让我们有了一种轻质结构，即利用带有玻璃的间隔框架让阳光进入。

工程师必须仔细考虑所有材料或设备的排气潜力，以及所需的操作和维护时间。几个生物圈人候选者参与了生物圈2号的建设，例如，雷瑟负责建筑质量控制，以帮助确保系统的操作和维护不会太困难或太耗时。

图3－6　生物圈2号双“肺”之一的内部部分结构布局

大气压力将约15 t重的橡胶薄膜从地面升起。当大气压力和体积变化时，“肺”的橡胶薄膜就会上下运动

3.6　波浪制造途径

事实上，除上述遇到的工程难题外，还存在许多其他工程问题。例如，珊瑚礁和海洋生态系统需要流动的水进行营养循环与滤食（filter－feeding）。生态学家和工程师之间关于制造海浪的水泵而发生过激烈争论。海洋生态学家对他们的生物出现的死亡感到恐惧，因为普通的机械水泵会吸入浮游生物和鱼类并杀死它们。工程师们想出了一个关于真空泵的解决方案：这些真空水泵从百万加仑的海

洋中吸走 1 万加仑的水，然后轻轻地让水落下来。真空水泵要求在海洋和沼泽之间筑一堵墙，并在其上开一个洞，这样上述水量在此被真空抽吸，并随后被缓慢释放。

琳达把真空水泵发出的噪声比作大灰鲸发出的声音，而我听到的像是“海的老人”不断重复的呼吸声。这种声音成为我们生物圈人两年来听到的声景（soundscape）的一个组成部分。每 20～30 s 就会有一串声波被释放出来，你可以在整个生物圈 2 号内听到它。如听不到这种声音，则意味着泵出了问题——这本能地警告所有乘员，就像水手习惯了轮船引擎的声音一样。当该波浪机器停止时，将触发警报并实施应急响应，因为我们的海洋健康有赖于它。

海浪的力量决定了海滩的形状，而早期的灾难是巨浪对海滩沙子的侵蚀。为了保护沙子安装了防波堤，这样海浪也变得温和起来。另外，选择什么样的沙子也是由生命的需求决定的。这些沙子是从墨西哥湾沿岸地区被卡车运进的，因为当地的沙子对两栖动物的脚来说太锋利了。

用于间隔框架的玻璃几乎阻挡了所有的紫外线辐射。由于使用特制玻璃的费用会非常高，所以生态学家们不得不把白天活动的蜥蜴排除在生物群落之外，因为它们需要紫外线来合成重要的营养物质。如果没有紫外线，我们的身体则无法合成维生素 D，因此我们还服用了补充维生素 D 片剂。

3.7 气候的工程化调整

一套密闭生态系统意味着会尽可能少地进行内外物质交换，但是所有生态系统都必须对能量流（电能、冷却和加热能以及本案中的太阳能）和信息交换保持开放。

季节性日照长度很重要，因为阳光为生物圈 2 号的植物提供动力。在该设备中光线较暗的地方，安装了补光灯。在生物圈 2 号中，并不存在像在我们的地球生物圈中由大自然无偿产生的世界范围的气候，因此，工程师们必须对该设备进行降温或加热。降温是人们最关心的问题，也最需要能源，而对于亚利桑那州南部的温室更是如此。如果不进行降温，那么在夏季的几个小时后生物圈 2 号内的温度就能达到 65.56 ℃，这就足以热死里面的每一株绿色植物。工程师们必须给设备降温。因此，他们在其中安装了备份系统——通过冗余（redundancy）来保证安全。而外面的能源中心，天然气发电机是主要选择，因为它是污染最小的化石燃料；同时，还有柴油发电机作为备份。[7]20世纪90年代，采取太阳能发电会非常昂贵，即如果利用太阳能发电将会增加2 000万美元的项目成本。利用发电机的余热可减少至少10%的总能源需求。所产生的多余电能被输入局域电网（表3－1）。生物圈2号能源中心在升级电网的过程中，让邻近城镇的电灯持续亮好几天。

表3－1　生物圈2号的能源配置系统

能源	峰值	平均值
电能	500 kW	200 kW
外部支持	2 000 kW	1 200 kW
加热	11×10^{6} kJ · h^{-1}	5×10^{6} · h^{-1}
冷却	30×10^{6} kJ · h^{-1}	10×10^{6} · h^{-1}
太阳能	27×10^{6} kJ · h^{-1}	6×10^{6} · h^{-1}
光合有效辐射（PAR）	30 mol · m^{-2} · d^{-1}	20 mol · m^{-2} · d^{-1}

注：冷却是对能源系统的最大需求；太阳能为内部绿色植物的生长提供了动力。

我们需要加热和冷却生物圈2号，以使其内部的生物群落保持在所需要的温度范围。例如，热带雨林夏季的温度不应超过35 ℃，而冬季的温度不应低于12.78 ℃。在沙漠地区，温度范围可能会更极端，即夏季的温度允许高达43.3 ℃，而冬季则降至－1 ℃。我们选择了适合高湿度的雾海岸沙漠（fog coastal desert），因为除湿耗能太大。生物圈2号荒野区域湿度高，包括热带雨林和海洋。不过，乘员生活区和农场（集约化农业区），为了舒适和减少虫害而将湿度保持在很低水平。农场也有更严格的温度范围，以最大限度地提高混合热带和温带作物的产量。

然而，这些变化的温度范围需要复杂的工程做保障。冬季，在需要的时候闭路水管将生物圈2号加热，而在一年的其他时间内则将多余的热量带走。在这些管道中，流动的冷热水实际上并不是生物圈2号物质的一部分，但这些管道却是。采用不同温度的水流是促使能量流动的一种方式，可实现冷或热的增添或排除。

3.8 生命决定一切

逐渐地，我开始钦佩我们的工作人员和咨询工程师。他们很聪明，在评估问题和提出技术解决方案方面总是足智多谋。工程师们为其系统的安全性和可靠性而感到自豪，但另一些工程师却感到不满，他们正在学习如何与生态学家合作，反之亦然。生态学家意识到，尽管有杰出的创新工程，但也不能保证生物圈 2 号是宜居和健康的。这取决于生物圈 2 号中的生物，尤其是微生物、真菌和植物。

当然，地球生物圈也是如此。正是地球上的生物净化我们的水和大气，并生产我们的食物。没有绿色植物，地球大气中就不会有 21% 的 O_2。没有生命体，营养物质就不能被循环利用来维持和驱动更多的生命；没有生物，地球化学循环则将逐渐停止。众所周知，我们的地球生物圈在人类出现之前就已经繁衍了几十亿年，而在我们人类消失之后也可能仍将存在。在地球生物圈中，大自然无须任何外力就能够可靠实现各种功能。然而，生物圈 2 号则完全不同。在该设备中，我们人对于确保其中所有工程系统和机械设备运行而使之发挥外面大自然所发挥的功能则必不可少。然而，对于生物圈 2 号，如果没有生物的作用，则其中即便具有华丽而复杂的工程设备，也不会有可呼吸的大气、可饮用的水以及安全的食物。

的确，以上情况让工程师们感到很震惊。他们要确保人的安全与健康，比如要确保道路安全、楼房和桥梁坚固以及飞机安全起飞。但是现在，在生物圈 2 号内，力量的平衡关系已被改变。生命驱动着一切，生命决定安装什么样的材料、设备和系统。生命排在第一位，而技术圈则要严格地服务和保护生命。生命是最重要的因素，而不是利润、权宜之计（expediency）或时间。对于从微生物到像人一样的大型脊椎动物等生物，那么在进行工程决策和挑选每种工程材料、设备和系统时，则必须确保其能够促进和利于上述生物的繁茂生长。

然而，震惊过后，他们在帮助生物圈运行方面发挥了重要保障作用。他们中的一些人士气高昂，因此，人们很愿意与他们共事。他们喜欢解决棘手问题而挑战极限。他们热爱工程，并牢记整个环境，并把工程与整个环境紧密联系在一起。他们明白了：他们提出的每样东西都必须能够保护而不是伤害生物圈 2 号内的生命。

尽管你可能会认为这只是一种常识，但这确实是一种革命性的想法。为什么我们应当在外面做同样的事情呢？我们的地球生物圈比生物圈 2 号的密封性要高得多。这是因为，地球从上层大气中失去氢和氦等极少量的轻气体，并有极少量的一些宇宙物质以小星球和流星的形式进入地球，每年的净损失远低于万亿分之一。[8]其他东西都在循环往复。另外，没有任何地方可以永久处置有毒化学品或污染物。

3.9 我们对有毒化学品的痴迷

一桶桶化学品和储存的有毒废物从仓库中流出，这是 1993 年我在生物圈 2 号中从关于密西西比河的电视报道中看到的最可怕的画面。从我的角度来看，在一个我们如此努力以保持健康的世界里，想到工业界对合成化学品如此疯狂上瘾，我就会不寒而栗。最可怕的事情不是它们中有很多被知道是有毒和致癌的，而是在新化学品被用于工业之前，一直以来很少有任何安全数据或对其进行检测。

美国环境保护署对使用中的 85 000 种工业化学品中的一小部分进行了安全检测，结果只有 5 种化学品被禁止或限制使用。[9]全世界每年会生产 5 万亿磅的工业化学品，因此估计现在每个人体内都会有数百种合成化学品，因为它们存在于母亲的身体里，甚至在未出生的婴儿体内也有。爆发式发病率（包括癌症、哮喘、发育障碍、多动症和自闭症）可能与当今世界中的化学污染有关。[10]

上述有关仓库的画面强调了这样一种幻想，即我们可以安全地储存危险的化学品，这样它们就不会进入生物圈的循环机器。在化学品被重新释放之前对它们进行检测，将是利用微型生物圈实验室或更小规模的中型实验生态系（模块化生物圈）设施的最佳选择。[11]

化学品的预防原则是，当人或环境的健康受到威胁时，在安全方面出错，而不是之后发现它们造成了危害。[12]如果化学公司和工业承担证明其活动是无害的责任，则将促进寻找更安全的替代品。

可以说，我们人类才刚刚开始理解生物圈的概念及其密闭的含义。[13]在生物圈 2 号中，快速的循环和小体积使这成为不可避免。物质快速循环和体积微小是其本质特征，没有人能够否认这一点。事实上，地球的大小和重量比生物圈 2 号的要大得多，其循环周期比生物圈 2 号中的也要长得多。有句古老的谚语说："不要把自己的窝弄脏了。"是时候意识到我们的安乐窝是整个地球生物圈了。

我认为，如果这是对工程师们在地球生物圈中完成的所有任务的要求，那么工程师们就会迎接挑战。如果这是对工程师们在地球生物圈中完成的每一件事的要求，那么工程师们将需要迎接挑战。我们必须强烈建议工程师、实业家和化学家来重新设计工业，以满足我们对无毒物和危险化学品的需要，并开发清除现有化学污染物的方法。我们必须让我们的地球技术圈为我们的生命及整个地球生物圈的生命服务，而不是损害它们。

参考文献

[1] Theory and History of the Noosphere [EB/OL]. [2017 - 06 - 17]. http://lawoftime. org/noosphere/theoryandhistory. html.

[2] SCHWARGEL C. The Anthropocene: The Human Era and How It Shapes Our Planet [M]. Santa Fe: Synergetic Press, 2015.

[3] Biosphere under the Glass [EB/OL]. http://www. astrobio. net/news - exdusive/biosphere - under - the - glass/.

[4] KELLY K. Out of Control: The New Biology of Machines, Social Systems and the Economic World [M]. New York: Addison Wesley Publishing Company, 1994.

[5] DEMPSTER W F. Tightly closed ecological systems reveal atmospheric subtleties - experience from Biosphere 2 [J]. Advances in Space Research, 2009, 42 (12): 1951 - 1956.

[6] DEMPSTER W F. Methods for measurement and control of leakage in CELSS and their application in the Biosphere 2 facility [J]. Advances in Space Research, 1994, 14 (11): 331 - 335.

[7] DEMPSTER W F. Biosphere 2: design approaches to redundancy and back - up [C]//Society of Automotive Engineers Twenty - First International Conference on Environmental Systems, San Francisco: Society of Automotive Engineers, 1991.

[8] Earth Loses 50 000 Tonnes of Mass Every Year [N/OL]. SciTech Daily, 2012 -

02 – 05. http: // scitechdaily: com/earth – loses – 50000 – tonnes – of – mass – every – year/.

[9] URBINA I. Think those chemicals have been tested [N/OL]. New York Times, 2013 – 04 – 13. http: // www. nytimes. com/2013/04/14/sunday – review/think – those – chemicals – have – been – tested. html.

[10] The Massachusetts precautionary principle program [EB/OL]. www. sehn. org/pppra. html.

[11] Laboratory biosphere[EB/OL]. [2016 – 11 – 10]. http: // www. globalecotechnics. com/projects/ laboratory – biosphere/.

[12] NELSON M, ALLEN J R, DEMPSTER W F. Modular biospheres: a new platform for education and research [J]. Advances in Space Research, 2008, 41 (5): 787 – 797.

[13] MOROWITZ H, ALLEN J P, NELSON M. et al. Closure as a scientific concept and its application to eco – system ecology and the science of the biosphere [J]. Advances in Space Research, 2005, 36 (7): 1305 – 1311.

第 4 章
大气微量有害气体和微生物监控及其作用

4.1 一个充满生命的小型世界

到访生物圈 2 号的游客对其巨大的结构印象深刻。然而，生物圈人敏锐地意识到它是多么的小且有限。在热带雨林中，间隔框架天花板距离地面约为 75 英尺（22.86 m），而其他地方大多是 40 英尺（12.19 m）。荒野侧厅——包括热带雨林、草原、荆棘灌丛、雾沙漠、红树林沼泽、热带海洋珊瑚礁，其纵向长度超过 500 英尺（152.4 m），几乎是两个足球场的长度。加上附近的农场、生活区和两个“肺”，整个面积大约为 3 英亩（12 140.58 m^2）多一点。每一个生物群落大约有半英亩（2 023.43 m^2）大，你可以在几分钟内慢步走完。把一块 75 英尺（22.86 m）高的天花板与地球大气层相比，就相当于延伸到地球上空 50 英里（80.47 km）处。

在农场里的土壤有 4 英尺（121.92 cm）深，而在野生生物群落里有 8 ~ 10 英尺（243.84 ~ 304.8 cm）深。在几英亩的面积上共覆盖了 30 000 t 的地表土壤。[1] 生物圈 2 号的海洋也充满了生命，拥有世界上最大的人造珊瑚礁和几十种热带鱼，但没有建造生命稀少且营养贫乏的深海水域——“海洋沙漠”。由于该海洋的最深处只有 25 英尺（7.62 m），因此阳光可以完全穿透，这样就为藻类、其他浮游植物以及与珊瑚共生的植物生长提供了能量。

每种生物世界都有其独特的节律（rhythm）。在地球生物圈中，CO_2 分子平均在大气中停留 3 年后才会被绿色植物吸收。这就是其停留时间（residence time)。然而，如果建立一个新的世界——一个很小的密闭生态系统，即生物圈 2 号，那么它的节律和周期（cycle）就会大不相同。例如，在生物圈 2 号中，计算结果表明 CO_2 在微小的大气中停留的时间是 2～4 d；1 年内，CO_2 完成了 90～180 次循环，比在我们相对广阔的地球生物圈中快了 250～500 倍。[2] 另外，水循环和营养循环也得到加速。这就是为什么生物圈 2 号的发起者及研发部门的首位负责人约翰·艾伦将生物圈 2 号称为“生命科学的回旋加速器（cyclotron of the life science)”。[3]（图 4－1）这对研究来说是件好事，但对管理来说却是件紧张事，因为这意味着在微型生物圈里事情会发生得很快。

图 4－1　在生物圈 2 号的近处闪电掠过圣卡塔琳娜山脉（Santa Catalina Mountains）

闪电照亮了“生命科学的回旋加速器”

我们生物圈人开玩笑说，伴随着加速循环而生活，就等于我们进入了时间机器。我们的探索只是冒险进入被改变的时间尺度，而不是去往遥远的地方。特别是盖伊，她认为我们在这两年中所做的就是调整我们自己，以使我们的身体与这个快节奏的世界保持一致而产生共鸣。她估计我们需要 18 个月的时间才能完全适应生物圈 2 号，而结束后又需要 24 个月的时间才能完全再适应外面的生活。[4]

4.2　病态建筑综合征

我们害怕有害微量气体的积聚，因为这会导致“病态建筑综合征（sick

building syndrome。也叫病态建筑物综合征或空调病)”。生物圈 2 号的高超工程实现了每年不到 10% 的大气泄漏率，这比国际空间站还要密闭得多，而比现代住宅或办公大楼的密封性要高出数千倍。

但是，却存在一个看不见的分子世界。我们有一种错觉，即认为固体就是固体，但事实上所有物体都会释放气体，这个过程叫作释气（outgassing)。动物、植物、合成材料、机器、人类、油漆、胶水、溶剂和电脑等都会释气。有生物成因气体（biogenic gas。来自生物体)、技术成因气体（technogenic gas。来自人造材料和设备）以及人为成因气体（anthropogenic gas。来自人体)。

在 NASA 的天空（Skylab）实验室空间站和航天飞机中，尽管采取了各种预防措施来对材料和设备进行仔细筛选，以最大限度地减少气体释放，但仍有数百种微量气体在座舱大气中积聚。[5] 对于空间应用来说，活性炭、其他过滤器及催化氧化剂等均可被用来减少气体积聚，但所有这些方法都需要大量的能源或昂贵的消耗品。[6] 显然，这些方法在生物圈 2 号的大量气体净化中是行不通的，因此还需要找到不同的解决方案。

微量气体的积聚对室内的人来说可能感觉不明显。一位太空科学家的故事让我很震惊，他是首批迎接搭乘航天飞机返回的宇航员的人员之一。当他登上航天飞机，他吸了一口气，但很快就吐了。虽然航天飞机只在太空中待了几个星期，但其座舱内的大气阴湿并污浊而极度令人作呕。然而，在密闭空间里人们往往意识不到这一点。再如，几年后，在一次太空会议上，叶夫根尼·舍甫列夫向我透露，在他的同事们兴高采烈地欢呼之后，他回到了实验舱，在这里与小球藻一起度过了 24 h。尽管里面的大气发臭了，但他很惊讶自己竟然能忍受这种实验环境。

高效节能并密封严密的现代建筑和住宅，都会受到气体积聚而导致疾病发生的影响。然而，从生物圈 2 号开始，这个问题得到了相当多的关注。例如，像由合成材料制成的新地毯等明显会带来问题的东西，在安装之前必须使之能够长时间排放微量气体。一些明显的罪魁祸首，如利用合成材料制成的新地毯，就必须在建筑安装前一段足够长的时间内让其释放微量气体。

另外，所有进入生物圈 2 号的东西都经过了严格筛选，排除会释放危险气体的物体。羊毛和木材被广泛用于建造地板、制造墙壁镶板和乘员生活区内的家具，而我们的厨房、实验室、个人宿舍和工作室等都在生活区。但是，生物圈2号是一个大型设备，包含几百台马达和水泵。另外，其他设备包括若干台脱盐器和25台大气处理设备，这些设备被用于循环大气以产生微风；许多水箱中储存着不同质量的水；数英里长的闭环管道，在冬天输送热量而在夏天带走热量；个人和工作站计算机分布在整个结构中。罗伊开玩笑说："生物圈2号就像一艘航空母舰顶上的一座伊甸园。"[7]

由于大气和水的质量极其重要，因此该项目建立了一座新型分析实验室。与普通实验室不同，它不需要有毒化学品或不可再生的消耗品。这样，在生物圈2号内就能够进行精准而实时的监测，以便生物圈人即时采取纠正措施。该实验室也促进了我们的研究计划。例如，实验室具有用于测量大气的气相色谱－质谱仪（Gas Chromatograph Mass Spectrometer，GCMS。也叫色质联用仪）和用于测量水的离子色谱仪（Ion Chromatograph），其测量微量气体和水中杂质的精度均可以达到十亿分之一，有时甚至可以达到万亿分之一。[8]

除了进行人工采样和监测外，还利用两套自动系统来监测大气和水中污染物。利用"嗅探器"（sniffer）监测大气污染物（图4－2），而利用"啜饮者"（sipper）监测水污染物。"嗅探器"可以连续测量8种微量气体，而"啜饮者"可以监测海洋中的关键水参数，如pH值（酸碱度）、溶解氧浓度和温度。

图4－2　泰伯正在一个野生生物群落中采集大气样本

4.3 微生物的重要作用

实验结果表明，巧妙地利用土壤和植物是解决微量气体积聚的方法。该方法利用土壤床反应器（soil bed reactor）或土壤生物过滤器（soil biofilter）进行微量气体净化。20世纪初，德国工程师提出一种在当时闻所未闻的想法：将排气管穿过周围陆地的裸露土壤（bare soil。简称裸土、裸壤或裸地，指没有植物覆盖，也没有建筑物覆盖而光秃秃的土地。译者注），以消除工厂和污水处理厂排放出的难闻气味。将含有产生气味的微量气体的大气通入种类繁多且数量惊人的土壤微生物中。[9]

在生态学中，不仅一切东西都相互联系，而且一切东西都是食物链的一部分。在食物链中，任何东西都会吃其他东西或被其他东西吃掉（或被分解）。因此，令人讨厌甚至具有潜在危险的微量气体可被作为某些微生物的食物也就不足为奇了。几乎毫无例外，微生物能够代谢和消耗有害微量气体而使之变得无害。

幸运的是，我们的团队遇到了来自德国的亚利桑那大学教授辛里奇·博恩博士，因为在德国土壤生物过滤技术的应用比美国要广泛得多。我们开展了实验，看种植作物是否能与土壤生物过滤相结合。另外，卡尔·霍奇斯和他领导的环境研究实验室（Environmental Research Laboratory，ERL）曾担任生物圈2号农业和其他工程方面的主要顾问。在该实验室中，实验了72盆植物。其方法是利用一台泵，将空气从下向上吹过培养有植物的土壤。结果表明，这样能够略微促进植物的生长，原因可能是根区的通气得到了改善。这标志着首次将土壤生物过滤与植物栽培结合在了一起。

在环境研究实验室和生物圈2号测试舱（图4-3）中均开展了一系列实验，结果证明这些植物和土壤生物过滤器能够降低微量气体的浓度。我们在大气中加入一定量的微量气体，如甲烷、一氧化碳、二氧化硫或乙烯等。结果发现，经过1 d的时间，土壤中能够消耗这些气体的微生物数量则有所增加。然后，那些微生物在土壤生物过滤器中快速生长，并迅速将微量气体浓度降低到安全水平。[10]

图 4－3　生物圈 2 号测试舱局部外观图

从 1986 年到 1991 年用于测试密封性和工程部件并运行密闭生态系统实验，包括 3～21 d 的进入密闭实验，左前方为可变容积室，右后方为测试舱。它仍然是世界上最大的密闭生态系统之一

从第一次生物圈 2 号设计研讨会开始，就知道微生物对我们这个世界的健康至关重要。因此，我们称微生物为“生物圈的无名英雄”。它们完成重要生命元素的循环，并保持水和食物的健康。在多细胞生物进化之前，微生物在我们的地球生物圈中已经存在了 20 多亿年。最近，科学家们对我们体内的微生物有了更多了解，即人体内的微生物群落（microbiome）由细菌、真菌和病毒组成。它们使我们能够消化食物，为我们提供能量和制造维生素，并帮助我们抵御疾病。我们并不孤单，这是因为在人体中所含微生物细胞的数量基本等同于人体细胞的数量。[11] 例如，在我们的肠道内和皮肤上生活着 500～1 000 种细菌。[12] 因此说，我们都是生态系统。

在生物圈 2 号中包括土壤生物过滤途径，即整个农场土壤（农业生物群落）均被设计成土壤生物过滤器。另外，如果需要的话，位于地下技术室的气泵可以在 24 h 内将整个大气推进土壤。事实上，在这两年中我们并没有使用土壤生物过滤器，因为所有绿色植物和空气被动渗入土壤等两方面的共同作用成功地控制了所有微量气体。一氧化二氮（N_2O，也叫氧化亚氮或笑气，可用作麻醉剂。译者注）是唯一的例外，因为这种微量气体只能在地球大气平流层中由高能紫外线来分解。

对生物圈 2 号中土壤生物过滤器的测试导致了大气 CO_2 浓度的增加，这是因为土壤大气中的 CO_2 浓度远远高于大气中的。由于对 CO_2 管理的重视，因此这也成为实验中不使用土壤过滤器的另一个理由。不过，如果需要提高大气 CO_2 浓度，则可激活土壤生物过滤器，这应当是一种很好的策略。

当时，美国 NASA 斯坦尼斯太空中心（NASA John C Stennis Space Center）的比尔·沃尔弗顿（Bill Wolverton）博士率先进行的研究结果表明，植物有助于净化室内大气。当用于培养植物的土壤也被气泵激活时，则大气净化的效果可被提高 50 倍。沃尔弗顿还帮助我们设计了用于污水循环利用的人工湿地。[13]

生物圈 2 号的间隔框架屋顶很高，这既有利于树木生长，又能使大气尽可能地多。然而，尽管拥有 700 万立方英尺的体积，但生物圈 2 号还是非常容易受到微量气体积聚的影响。

例如，在被封闭后不久，气相色谱质谱联用仪显示被测气体中除两种外，其他的浓度全都快速下降。我们知道，在开展进人实验前建设工作相当紧张，工程师和技术人员建成了多种系统，因此许多技术来源的气体会出现升高。然而，封闭后为什么其他气体的浓度都在下降而唯独这两种气体的浓度在升高呢？技术顾问研判后认为这两种气体来自聚氯乙烯（PVC）胶和溶剂。这样，我们 8 个人就成扇形散开来寻找这一“肇事者”。最后，我们在技术圈地下室的一个黑暗角落找到了几小罐密封不当的胶水和溶剂。它们的盖子具有交叉螺纹（cross - threaded），其中具有微小气体通道而能够使微量气体以可被测量到的数量逸出和积聚。鉴于此，我们对这些罐子进行了适当密封。这样，在一周之内大气中这两种微量气体的浓度则出现了大幅下降。[14]

4.4 大气警觉

从生物圈 2 号的气闸舱门在我们身后被关上的那一刻起，呼吸就不再是理所当然的事了。对于如此小的大气圈和如此大的技术圈，我们必须对任何可能污染我们呼吸的空气的行为保持警惕。每次晨会都会讨论大气报告，包括由气相色谱质谱联用仪所定期测量的 CO_2、O_2 以及微量气体等的浓度情况。对灌溉设施进行改变或改进时，往往需要切割和粘接 PVC 管。因此，我们对清洁剂、溶剂和胶水等释放的微量气体是否安全进行了评价。这些讨论可能会变得激烈，但有时只能根据微量气体的下降情况而定（图 4 –4）。

图 4 –4　生物圈人举行早餐会议

远长边左侧数起：简、琳达和罗伊；近长边左侧数起：泰伯、莎莉和尼尔森；

左端：雷瑟；右端：盖伊

我想知道，如果一个城市的居民看到他们呼吸大气的完整分析结果，会发生什么事情。目前已知，家庭和办公室里的空气质量比外面的要糟糕 50 ~ 100 倍[15]。鉴于此，每天或每周精确公布你呼吸的东西会提高人们对这一重要健康问题的认识。我们已经在许多城市都发布雾霾指数，旨在提醒人们注意严重的空气质量问题。如果城市居民有权根据他们对空气质量的影响来决定技术和发展途径，那会怎么样呢？

研究表明，每年会有 700 多万人因空气污染而过早死亡。空气污染与脑卒中、心脏病、癌症以及急性呼吸道疾病密切相关。[16]受污染的空气现在被列为最大的环境健康危害物，会造成世界总死亡率的 1/8。如果工业和农业综合企业在没有更好的技术和管理的情况下扩张，那么这个数字在未来几十年可能会翻一番。[17]酸雨、臭氧层损耗以及导致气候变化的温室气体的增加，都表明我们与每一个人和每一种生物共享我们的大气层。而且，在生物圈中其他地方发生的事情同样会影响我们所有人和生物。它可能看上去若无其事，但事实上认为空气污染会自行消失是一种妄想。“善有善报，恶有恶报”这句谚语道出了现实，无论身在或小或大如地球的密闭生态系统中，都是如此。

我们应该让大自然净化我们的大气。当你身在森林或美丽的绿色公园时，记住大气的味道。如果你的家庭或办公室中的绿色植物未能生长在肥沃的土壤里，这不仅不那么令人愉快，而且你不能让我们的自然盟友有机会做它们在生物圈其他地方做得很好的事情——保持我们的空气健康。绿化城市、家庭和办公室可以改善很多事情，包括我们呼吸的大气。

土壤生物过滤是我们在生物圈 2 号中开发并首批面向商业应用的环境技术之一。工程师设计了称为“空气净化箱”（airtrons）的室内植物容器（即花盆），它们起到土壤生物过滤器（soil biofilter）的作用。在每个花盆的下面装有一台气泵，这样能够迫使办公室或家庭的空气向上经过土壤，从而大大提高其净化空气中微量气体污染物的能力（图 4 –5）。让自然发挥作用的美妙之处在于，土壤中的微生物会对所存在的任何一种微量气体做出反应，而它们却并不需要被告诉该做什么。[18]

图 4 –5 一种被称为空气净化箱或土壤生物过滤器的外观图

在植物下面装有一台气泵，因此室内空气与土壤的相互作用会更彻底。图中左侧的人员是生物圈 2 号任务控制大楼的工作人员安妮塔 · 科塔

当我们离开高原沙漠稀薄干燥的空气而踏进生物圈 2 号时，在这个充满生命的新世界里，吸入一口气，则立刻能够感受到富含热带浓郁芳香的浓密空气。因此，我们在做任何事情之前都会深思熟虑，以免可能污染我们的空气并威胁我们的安全。

参考文献

[1] NELSON M, DEMPSTER W, ALVAREZ – ROMON. et al. Atmospheric dynamics and bioregenerative technologies in a soil – based ecological life support system: initial results from Biosphere 2 [J]. Advances in Space Research, 1994, 14 (11): 417 – 426.

[2] NELSON M, ALLEN J, ALLING A. et al. Earth applications of closed ecological systems: relevance to the development of sustainability in our global biosphere [J]. Advances in Space Research, 2003, 31 (7): 1649 – 1656.

[3] ALLEN J P. Biosphere 2: the Human Experiment [M]. New York: Penguin Books, 1991.

[4] ALLING A, NELSON M, SILVERSTONE S. et al, Human factor observations of the Biosphere 2, 1991 – 1993, closed life support human experiment and its application to a long – term manned mission to Mars [J]. Life Support & Biosphere Science, 2002, 8 (2): 71 – 82.

[5] RIPPSTEIN W J, SCHNEIDER H J. Toxicological aspects of the Skylab Program [M] // JOHNSTON R S, DIETLIN L F. (Eds.) Biomedical Results from Skylab. 3rd eds. Washington, DC: U. S. Government Printing Office, 1977.

[6] NICOGOSSIAN A, PARKER J F. Space Physiology and Medicine [M]. Washington, DC: U. S. Government Printing Office, 1982.

[7] HORD R M. Handbook of Space Technology: Status and Projections [M]. Boca Raton: CRC Press, 1985.

[8] REIDER R. Dreaming the Biosphere [M]. Albuquerque: University of New Mexico Press, 2009.

[9] ALLING A, LEIGH L S, MACCALLUM T. et al. Biosphere 2 Test Module Experimentation Program [M] // NELSON M, SOFTEN G A. (Eds.) Biological Life Support Systems – Commercial Opportunities. Oracle: Synergetic Press, 1990.

[10] NELSON M, BOHN H. Soil – based biofiltration for air purification: potentials for

environmental and space life support application [J]. Journal of Environmental Protection, 2011, 2 (8): 1084 - 1094.

[11] NELSON M, WOLVERTON B C. Plants + soil/wetland microbes: food crop systems that also clean air and water [J]. Advances in Space Research, 2011, 47 (4): 582 - 590.

[12] HODGES C, FRYE R. Soil bed reactor work of the Environmental Research Lab of the University of Arizona in support of the Biosphere 2 Project [M]//NELSON M, Soffen G A. (Eds.) Biological Life Support Technologies - Commercial Opportunities. Tuscon: Synergetic Press, 1990: 33 - 40.

[13] ABBOTT A. Scientists bust myth that our bodies have more bacteria than human cells [EB/OL]. http://www.nature.com/news/scientists - bust - myth - that - our - bodies - have - more - bacteria - than - human - cells - 1.19136.

[14] SHERWOOD L, WILLEY J, WOOLVERTON C J. Prescotts Microbiology [M]. 9th ed. New York: McGraw Hill, 2013.

[15] ALLING A, NELSON M. Life Under Glass: the Inside Story of Biosphere 2 [M]. Oracle: Biosphere Press, 1993.

[16] WOLVERTON B C. Growing Fresh Air [M]. New York: Penguin, 1997.

[17] World Health Organization. 7 million premature deaths annually linked to air pollution [EB/OL]. (2014 - 03 - 25). http://www.who.int/mediacentre/news/releases/2014/air - pollution/ en/.

[18] LELIEVELD J. EVANS J S, FNAIS M, et al. The contribution of outdoor air pollution sources to premature mortality on a global scale [J]. Nature, 2015, 525 (7569): 367 - 371.

第 5 章 大气 CO_2 浓度管理

5.1 在回旋加速器中生活

在我们开展生物圈 2 号实验的那个时代，并非每个人都考虑地球大气中二氧化碳（CO_2）浓度的升高问题。然而，在生物圈 2 号中却要考虑这一问题。事实上，实施 CO_2 浓度管理是一个主要问题和日常的热门话题。它可能是一个真正的“搅局者”（showstopper），但并非因为全球变暖。在生物圈 2 号中，温度和降雨由我们的技术圈控制，但大气中极高的 CO_2 浓度——或者更糟糕的是失控的 CO_2 浓度——将是灾难性的。

在所有生物的生物量中，碳含量与我们大气中碳含量的比率要比在地球上的高出 100 倍，而土壤中碳含量与大气碳含量的比率比在地球上的更要高出 2 000 多倍（表 5 - 1）。因此，科学家和顾问曾警告说，这将是一个难以解决的问题，并提出了一个令人不安的问题：我们能否解决它？

全球变暖提醒我们大气绝不是静止的。实际上，在漫长的地质演变时期，大气发生了巨大变化。我们地球早期的大气成分与现在的完全不同：直到 30 多亿年前生命创造了光合作用，在大气中才有了 O_2。可以说，大气中 CO_2 浓度波动很大，在冰河时期时下降，而在地球变得更温暖和更炎热时则上升。我们建造了一个微型生物圈，其中碳的比例急剧升高，且循环速率也大大加快。我们并没有指望它会稳定下来而很快达到一种恰到好处的平衡。

表 5-1 在地球生物圈内和生物圈 2 号内的碳分布估计值[1-3]

构成类别	地球生物圈	生物圈 2 号
土壤矿物质成分	94.88%	8.9%
海洋矿物质成分	5.1%	5.6%
海洋有机沉积物	—	1.7%
土壤有机物	0.006%	82.3%
植物	0.003%	1.5%
大气	0.003%	0.015%（在 1 500 ppm）

注：土壤碳与大气碳的比例在地球生物圈内是 2∶1，而在生物圈 2 号内是 5000∶1。

在生物圈 2 号内的碳循环速率比在地球生物圈内的要快数百倍。大量的碳存在于土壤和生物量中，加上大气容积非常小，因此这就意味着生物圈 2 号的碳在大气中停留的时间只有几天，而在地球生物圈中停留的时间为 3 年[1]。我们每年有 90~180 个碳循环，而不是 1/3 个循环（表 5-2）。生物圈 2 号中两年的大气碳循环相当于地球的数百年，这成为我们的时间机器的另一个维度；并没有去任何地方，但循环的加速程度像是出现在科幻电影中。我们的世界充满了更快的新陈代谢节奏。总之，在生物圈 2 号内，生活节奏被大大加快了！

我们每个人在生物圈 2 号测试舱里面分别做了 3 d、5 d 和 21 d 的测试实验。在这些实验期间，虽然 CO_2 的浓度远高于外面大气中的浓度，但这还不足以引发健康问题。在完全封闭实验之前，在生物圈 2 号中进行的为期 1 周的实验期间，CO_2 浓度也有所上升。然而，由于很多人在里面工作，因此很难从数据中推断出来什么。该生命系统很年轻，因此预计不仅在这头两年，而且在生物圈 2 号所被规划的 100 年寿命期间，CO_2 都将会快速增长。随着植物的生长，将会采取更多的策略来管理大气。

表 5-2 地球与生物圈 2 号中关键储库中的碳比率及由此导致的碳循环时间的加快比较[5]

参数类别	地球生物圈	生物圈 2 号
生物量碳与大气碳之比	1∶1（CO_2 浓度为 350 ppm）	100∶1（CO_2 浓度为 1 500 ppm）

续表

参数类别	地球生物圈	生物圈 2 号
土壤碳与大气碳之比	2 : 1	5 000 : 1
碳循环预估时间（大气中停留时间）	3 年	2～4 d

然而，我们是从微小生物圈开始，能应对吗？包括项目内外非常聪明的一些科学家预测，CO_2 浓度的上升会失控，进而导致为期两年的实验将会提前结束。约翰·艾伦称 CO_2 浓度为生物圈 2 号的“老虎”——一种自然之力，如果它要失去控制，则可能会极具破坏性。这是我们所面临的第一个大的挑战，如果我们输了，这也将会成为我们所面临的最后一个挑战。

19 世纪工业革命开始前，地球大气中的 CO_2 浓度为 280 ppm（百万分之一）。而从那以后，大气 CO_2 浓度持续上升，最近已超过了 400 ppm。甲烷、氧化硫和氧化氮等其他温室气体的浓度也有所上升，由此引发了人们对全球气候变化影响的深切关注。

对人类健康而言，大气 CO_2 浓度上升并不让人担心，因为我们可以忍受较之远高的浓度。航天飞机中的大气 CO_2 浓度通常在 5 000～10 000 ppm（即 1% 的 CO_2）波动，国际空间站座舱内的大气 CO_2 浓度在 2 000～7 000 ppm[5]，而潜艇的大气 CO_2 浓度水平高达 8 000 ppm[6]，但均未有关于这些引起健康问题的报道。尽管人们认为只有远远高于 10 000 ppm 才会出现健康问题，但研究业已表明，国际空间站上的航天员的头痛事件会随着 CO_2 浓度的升高而增加。目前，NASA 关于航天器中 CO_2 的最大允许浓度为 7 000 ppm。[7]

但是，有关植物生长所需最佳 CO_2 浓度以及升高 CO_2 浓度对植物生长的影响，我们却知之甚少。大多数受试植物在其他条件均适宜的情况下（充足的营养和水分供应以及适宜的温度），假如适度增加 CO_2 浓度，则它们的生长速率就会得到提高。在温室中，通常将 CO_2 浓度提高到 1 000 ppm 以促进作物生长。在我们的全球环境中，对不断升高的 CO_2 浓度和气候变化对植物生长的影响更为不确定。

对几种植物，如小麦和水稻，已经在大范围的 CO_2 浓度下开展了实验。研究发现，1 200 ppm 的 CO_2 浓度看来有利于植物实现高产，而把 CO_2 浓度加倍到 2 500 ppm时，则会导致植物减产1/4。然而，如进一步提高其浓度（甚至达到大气的20 000 ppm 或2%）则只额外减产10%。这样就使问题进一步复杂化了，因为 CO_2 浓度升高会导致小麦和水稻的营养生长也会随之增加。[8]不过，其他作物的表现则不同。绝大多数的农作物还未被研究过，就更不用说我们野生生物群落中的数百种植物了。所以我们已经脱离已知领域而来到了未知领域。

另一个令人担忧的原因是海水会吸收 CO_2。CO_2 进去得越多，海水的酸性就越强，而这对热带珊瑚的健康至关重要，因为它们通常生活在 pH 值为 8.2～8.4 的碱性水域。较高的 pH 值对于珊瑚沉积石灰石（碳酸钙）和形成新的组织至关重要。[8]珊瑚是生物圈中最惊人的建设者，其所沉积的石灰石比人类建造的所有建筑物都要多。

当生物圈 2 号被封闭时，由于担心 pH 值的下降会对珊瑚的生长产生不利影响，所以我们尽力限制大气中的 CO_2 浓度。在这两年中，盖伊和她的海洋小组使用钙和碳酸盐来缓解海水酸化以阻止其 pH 值下降，从而保护了这一海洋的健康。

5.2 大气 CO_2 浓度监测

在封闭之前，对生物圈 2 号内的大气进行了冲洗，所以开始时其中的大气 CO_2 浓度与外面的基本相同，即当时约为 350 ppm。我们没期望它能保持如此低的浓度，因为我们当时就要进入秋冬季，这时其白昼时间变短了。然而，在接下来的一个月，CO_2 平均浓度上升到 1 500 ppm 以上。

在生物圈 2 号中，所有植物都在同一时间接受阳光或进入黑夜，而且每天都有两个截然不同的阶段。在阳光照射的时候，光合作用占主导地位，大气中的 CO_2 被吸收，这时其浓度可下降到 500～600 ppm。相反，在晚上呼吸作用（即指植物、动物和微生物的呼吸）释放 CO_2，所以其浓度的上升幅度很大。相比而言，地球生物圈要更为平衡，因为其始终保持一半处于白天而一半处于夜晚的状态。然而，CO_2 浓度波动如此小的主要原因是，与植物的光合作用或微生物、植物和动物的呼吸作用相比，我们的大气层提供了巨大的缓冲能力。最大的短期波动发生在北半球进入了春季的时候，这时 CO_2 浓度会下降到 5 ppm 左右。在现代，CO_2 浓度正在缓慢而稳定地增长，并且增长速度正在加快——现在地球大气中的 CO_2 浓度以每年超过 2 ppm 的速率增长。[10]

我们组成了由约翰·艾伦领导的 CO_2 浓度监测小组，其中泰伯、琳达、盖伊和我是主要成员。我们经常见面来评估形势、规划方案和安排人员的工作，并与盖伊保持着密切的联系和协调。

在每天的早餐会上，我都会报告前一天的最高和最低 CO_2 浓度测量值，以及天气预报情况。在亚利桑那州南部，夏季白天最长为 14.5 h，而在冬季，这个时间降到了 9.5 h。在一年中，最大光照强度出现在晴朗的夏季，这个阶段每天每平方米光照面积上可达 70 mol，到了初秋时最高值会降到 44 mol，而到了初冬时最高值会进一步降到 27 mol。但是，在生物圈 2 号内部，只能接收到外部阳光强度的 40%~45%。

另外，舱内人员发现云层会显著降低生物圈 2 号内的光照强度，而且不久之后即明白生物圈 2 号受到阳光的高度驱动。CO_2 自动传感器每 15 min 记录一次热带雨林、草原、沙漠和农场的数据。在指挥室，通过观察电脑屏幕，就能知道有一片云将会出现在太阳和生物圈 2 号之间，进而导致 CO_2 吸收速率出现一个小幅下降。

我们无法忽视的可怕消息是，即使在第一个秋季的前几周，我们也没能保持 CO_2 的稳定！除上述情况外，又如一场风暴锋（storm front）带来的多云天气会使 CO_2 浓度每天增加数百 ppm。不幸的是，在生物圈 2 号中的第一年遭遇了厄尔尼诺现象（El Niño phenomenon。又称厄尔尼诺暖流，是太平洋赤道带大范围内海洋和大气相互作用后失去平衡而产生的一种气候现象）。这种天气模式使急流（jet stream）从美国西北部向南移动，这就意味着我们所在的西南地区会有更多的降雨和阴天。该厄尔尼诺气象条件使我们的整个秋冬的日照强度平均减少了 10%~20%。在生物圈 2 号内关键的头几个月里，舱内人员遇到了另外一种障碍。

在 10 月的温和白天，CO_2 浓度上升得相当快。而晚秋和初冬的白天会变得更短，这样我们还能指望什么呢？纽约的《乡村之声》（Village Voice）杂志在头条报道中预测，由于 CO_2 浓度的增加，我们将被迫在这年进入生物圈 2 号 3 个月后的圣诞节前离开。而且，我们任务控制中心的一位计算机分析师非常自信，他也公开打了类似的赌。

然而，我们下定决心要证明他们是错的。生物圈 2 号中的 CO_2 浓度上升并不是一项观赏性运动——我们想要竭尽全力以确保它不会失控。

5.3 基于种植管理的 CO_2 浓度调控

众所周知，绿色植物是我们的主要“盟友”。它们长得越快，其数量就会越多，那么从大气中去除的 CO_2 也就会越多。在地球生态圈中，树木也是我们的“盟友”。种树远不止是提供绿化、遮阴、木材和水果。平均来说，一棵树一年可以储存 48 lb（约合 21.8 kg）的 CO_2，那么生长 40 年就可以储存 1 t 的 CO_2。一棵大树可以提供两个人的呼吸用氧量，而建筑物周围的树木可以减少 30% 以上的空调和加热需求量，并有助于降低被排放的温室气体量及改善空气质量。[11]

我们开始了为期两年关于“日落”的沉思。光照是植物生长的主要限制因素。由于间隔框架玻璃透光率低、结构遮阳以及白昼长度的季节性缩短，因此接收的光线不到外部的一半，这也就意味着我们的第一季会很引人注目。在生物圈 2 号中，其他资源相当丰富。例如，舱内人员对水进行循环利用，并足以能够为农场和生物群落中的植物提供其所需水分。另外，土壤相当肥沃，可为植物提供充足养分。如果我们想要赢得这场 CO_2 的战争，那么就必须将“日落”利用起来——如果任何一个地方的日落未被绿色植物所截获，那就浪费了生物圈中最宝贵的资源之一。

频繁的 CO_2“闪电战”（blitz）迫使将植物引入裸露地区。我们在热带雨林山顶的云林上种植甘蔗；在沿着草原的悬崖壁摆放的花盆里栽培了植物；在农场地下室的长廊上摆放了数百个栽培盆，在那里，它们可以得到阳光。另外，在农场地下室里，在快速生长的藻类和蔬菜的培养床上加装了备用灯。

测试舱实验让我们懂得土壤扰动（Soil disturbance）的作用。在琳达为期 21 天的实验中，我们注意到在一个阳光明媚的下午的中间时段，CO_2 浓度出现了一个小的急剧上升。最终，琳达解开了这个谜：她从微型菜地收获一个甘薯时，用手铲挖土时释放了一股 CO_2。通常，土壤中的 CO_2 浓度是大气中的 5～10 倍（图 5－1）。

图 5－1 当时尼尔森正在利用被戏称为“R2D2”的设备开展部分土壤中 CO_2 动力学研究

利用该设备测量了土壤中的 CO_2 排放量并研究了生物群落，尤其是在它们的被动和主动季与由于种植而引起的土壤扰动（soil disturbance）之后的农场土壤之间的转换。之后，利用土壤含水量来校对以上数据。在草原内，尼尔森当时正在紧邻 R2D2（带有一台土壤钻取器。soil corer）的地方进行取样。

然而，在我们的农田里不可能停止采样翻土。在收获后进行快速周转可便于尽快启动其他作物的栽培，从而提供有价值的食物。由于大多数作物在接近收获的时候吸收 CO_2 的速度变慢，因此，迅速将作物种在地上也有利于 CO_2 浓度的管理。但是，我们是将土壤翻耕后立即种植，并用种植在未被耕作的土壤中的作物进行了实验。

此外，我们限制其他可释放 CO_2 的活动。例如，在中秋后停止堆肥，原因是堆肥升温而分解时会释放 CO_2。蚯蚓箱（worm box）也因同样的原因被停止使用。当白昼变长及我们度过“黑暗之心”（heart of darkness。我们给第一个冬天命名的可怕术语）时，它们就被重新激活使用。我们以一场冬至“光子盛宴”（Photon Feast）来庆祝冬季的开始，每当太阳从云层后面出来时，我们都要敬酒。这是充满希望的一天，我们提醒自己，12 月 21 日以后的每一天我们都会有多几分钟的日照。

5.4 基于碳储存的 CO_2 浓度调控

另外，我们小组对能够快速生长的植物进行了修剪。这些植物包括环绕着热带雨林的姜周边带植物、淡水沼泽中的芦苇和香蒲以及草原低高处的青草。沙漠、荆棘灌丛和草原是我们的“生物调节阀”（biovalve），因为它们会根据季节变化而处于活动或休眠状态。在其一定的健康范围内，这些生物群落可以在稍早的时候被激活，并保持较长的生长期，从而有助于降低 CO_2 浓度。草原尤其重要，因为它的草长得很茂盛，而且更能忍受较长时间的活动。由于有些草一年会长到5~6英尺（1.5~1.8 m）高，因此会割掉它们。这样，当给其实施人工降雨时它们就会吸收大量的 CO_2。

如果将这些被切割的植物材料留在原地，那么它们就会迅速分解，并将储存的碳以 CO_2 的形式释放出来。所以，将被剪下来的生物量进行捆扎并运送到如地下室或“肺”内等地的干燥处，以使之缓慢降解。通常情况下，大自然控制着碳的封存（sequestration）或储存。然而，生物圈人是生长加速器和碳储存帮手。我们拖动成吨被修剪下来的生物量。可以说，我们生物圈人的部分工作就是搬运物品。

在地球生物圈中，对碳进行了大规模封存。石灰石（又叫碳酸钙，化学式为 $CaCO_3$）被沉积在海洋环境中，而且海水吸收 CO_2。陆地植被和土壤会作为大型碳库（carbon sink），而且植物利用 CO_2 来生长组织并储存较其呼出要更多的 CO_2。尽管农田、牧场和陆地生物群落都是如此，但拥有大量现存生物量的森林所储存的碳最多。面积为2.5英亩（10 117.15 m^2）的森林每年可吸收3 t 碳。[12] 这就是砍伐森林会导致温室气体增加的原因。对林地进行清理和燃烧会释放储存在木材中的碳。另外，将这些森林转换为作物或牧草会导致碳的净损失，因为在这些作物或牧草中，储存的碳比原始森林要少。

冻结在极地苔原土壤中的甲烷（CH_4）是全球主要的碳储存源。目前，还不知道全球变暖何时会开始融化这些永久冻土层（permafrost），而这些永久冻土层也像西伯利亚的大陆架一样延伸到水下。如果永久冻土层解冻，则可能会导致地球大气中甲烷的大量增加，这将可能是灾难性的。如果按100年的时间计算，甲

烷的温室效应是 CO_2 的 35 倍，而如果按 20 年的时间计算，则甲烷的温室效应是 CO_2 的 84 倍。额外的甲烷会进一步引发气候变暖，从而导致形成一种正反馈回路（positive feedback loop），这样就会引发更多的永久冻土层融化、甲烷释放和气候变暖等恶性循环。自 2007 年以来，世界上的大气甲烷浓度仅出现了一个小幅上升，而且对其来源尚不明确。甲烷的释放，除了与永久冻土层的融化有关外，还可能是由于煤炭开采的增加和天然气生产中所使用的水力破裂法（hydraulic fracturing。也叫液压破裂法）等所致。[13]

在生物圈 2 号的第一个秋天，我们剪掉了草原上的草，并给它“下雨”（用我们的灌溉系统），以使该草原在整个秋天和冬天都在生长。另外，在 1991 年 10 月后期到 11 月，我们还分阶段“打开”（turn on）了沙漠和荆棘灌丛，以观察这些植物是否有遭遇任何胁迫（stress 也叫逆镜）的迹象。这样，就有了生物圈 2 号游客看到生物圈人在雨中快乐跳舞的场景。

5.5　基于化学过程的 CO_2 浓度调控

在生物圈 2 号中，用于 CO_2 管理的另一种工具是 CO_2 洗涤器（scrubber）。这套独特而创新的系统模仿地球生物圈如何制造石灰石而把碳从循环系统中带走的过程。在地质年代，海洋生物利用海水中的钙和 CO_2 沉积了大量石灰石，而我们采用的是碳化学沉淀器（carbon chemical precipitator），其通过几步化学反应来制造粉状石灰石。

该系统的优点在于它是可逆的。也就是说，当生物圈 2 号需要更多的 CO_2 时，这些反应可被逆转，即通过加热石灰石而使其释放出来的 CO_2 返回到大气中。因此，当时有人将该化学沉淀器形象地比喻为生物圈 2 号的火山。火山爆发时会释放出大量 CO_2 而使之前以矿物和生命沉积形式存在的碳重新进入循环。

该碳化学沉淀器将 CO_2 从大气中除去的步骤如下。另外，在 950 ℃的熔炉中对 $CaCO_3$ 进行加热，即可将 CO_2 重新释放回大气中。[12]

1. $CO_2 + 2NaOH \rightarrow Na_2CO_3 + H_2O$　(5.1)

2. $Na_2CO_3 + CaO + H_2O \rightarrow CaCO_3 + 2NaOH$　(5.2)

3. $CaCO_3$（加热）→$CaO + CO_2$ (5.3)

生物圈 2 号什么时候会缺少 CO_2 需要对其进行释放？时间会告诉我们答案，但是当里面的树木和其他植物长到最大的时候，则 15 t 的起始生物量可能会增加到 70 t，这几乎是原来的 5 倍。到那时，原本富含堆肥以确保有足够的养分来驱动粮食作物和生物群落快速生长的土壤，也会成熟并变得更加稳定。简言之，生物圈 2 号实验是一种平衡行为——在早期发展中需要丰富的养分和含碳有机物，而当该系统后来成熟后则进行资源供应。

碳化学沉淀器每天吸收大约 100 ppm 的 CO_2（即每天能够使生物圈 2 号内的 CO_2 浓度下降 100 ppm）。然而，由于生物圈 2 号中具有大量的化学物质，因此它不可能无限制地运行。可以说，该装置的可靠使用为使生物圈人不能度过第一个冬天的预言落空发挥了重要作用。另外，在生物圈 2 号内，确实需要生命系统来阻止 CO_2 浓度的急剧上升。

5.6 CO_2 浓度总体调控结果分析

几乎令人难以置信的是，所有这些努力都得到了回报。每一项努力可能只是逐步提高生物圈 2 号从大气中吸收 CO_2 的能力并减少 CO_2 的排放，但所有努力加起来就是一个令人惊讶的巨大胜利。在 1992 年 1 月的第一个周末，我们关闭了碳化学沉淀器。观察结果表明，在那个月只是部分晴朗的日子里，生物圈 2 号要么保持平稳，要么降低了大气中的 CO_2 浓度。在第一个冬天，生物圈 2 号内的 CO_2 浓度最终达到了每天 4 200 ppm 的最高水平。然后，CO_2 浓度开始缓慢下降，其直到第一个夏天时达到最低点。

我们在两年的封闭期间实施了这些 CO_2 策略：每天都密切跟踪 CO_2 的浓度及其动向。这是运行决策中的一个主要因素。在知道能够控制住 CO_2 浓度上升时，我们让草原、荆棘灌丛和沙漠每年都有它们的休眠期。在春季、夏季和初秋这几个 CO_2 浓度较低的月份，我们重新激活了堆肥器（compost pile）和蚯蚓床。每年春天，把一些堆肥送到热带雨林、草原和沼泽，以弥补秋天从这些地区移走的干生物量。我们具有自己的非正式碳交易市场！图 5－2 和图 5－3 分别示生物圈 2 号内 CO_2 浓度在某两个月和两年内的动态变化情况。

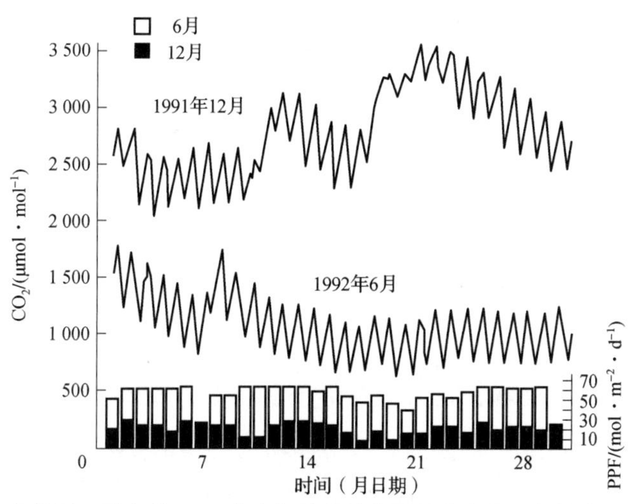

图 5－2　生物圈 2 号内的 CO_2 浓度与季节性光照强度变化之间的高度关联性[4]

底部是 1991 年 12 月的阳光（黑盒）和 1992 年 6 月的阳光（白盒）；1991 年 12 月，CO_2 浓度在 2 100～3 700 ppm 波动，而 1992 年 6 月，CO_2 浓度在 800～1 700 ppm 波动；1991 年 12 月下旬，也就是实验进行 3 个月后 CO_2 浓度出现下降，这意味着 CO_2 浓度不会出现急剧上升。

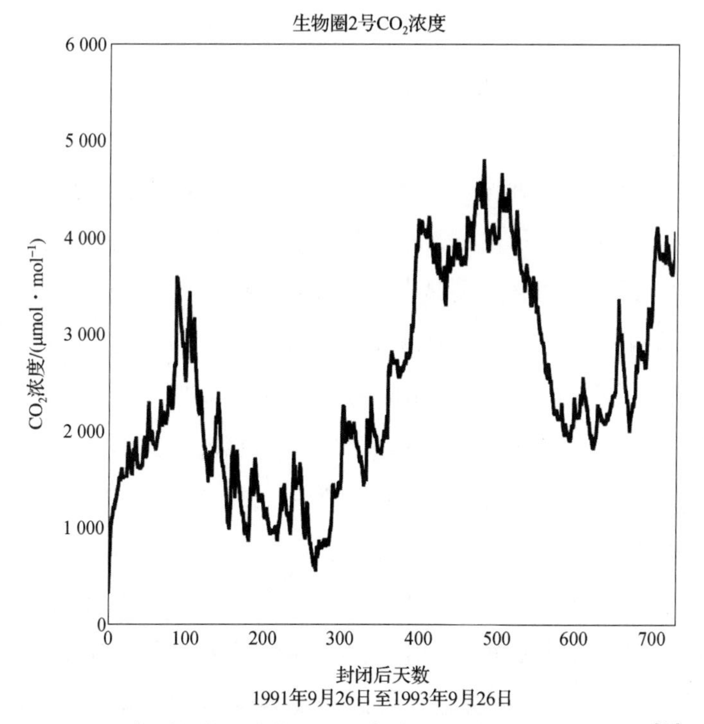

图 5－3　两年封闭期间生物圈 2 号内的 CO_2 浓度动态变化情况[15]

CO_2 的两年波动包括在两个冬季的两个高峰期以及在夏季白天较长几个月下降到较低的水平

琳达把我们对大气和碳资源的管理称为“分子经济”。她提道：“把植物材料切下来晒干，然后储存在地下室里，就像建立一个碳银行。（我们会）将碳存入我们的账户，妥善保管，以便我们明年夏天需要时使用，从而维持长时间的植物生长。”[3]

5.7 全球温室气体挑战

众所周知，由于全球变暖而引发了很多极端天气事件，如飓风、干旱、洪水、海平面上升和高温，而这些对植物和动物群落的生存造成了日益严重的影响。我们对生物圈 2 号内大气 CO_2 浓度的关注和管理与对由于全球变暖而引发的上述极端天气事件所产生影响的担忧无关，但从我们的经验中可以吸取教训。

首先，我们人类必须站出来承认，是我们的个人行为造成了影响。每一个积极方向上的渐进变化都比无所作为或有害行动要好。我们与我们的地球生物圈还处于一种新的关系——现在的荒野并不是工业社会前的荒野。我们的城市、工业和农场对地球上最偏远的地区都有影响。

例如，NASA 的数据和图像显示，来自某国城市的大气污染在几个月内传遍了世界各地，并使得云层变厚。这增加了风暴的强度，并在遥远的国家产生了极端天气事件。[16] 工业活动和化石燃料的燃烧加剧了大气酸化，这让酸雨的出现不再仅仅是局部的或区域性的，而是发生在世界各地。[17]

我们可以选择与大自然合作的方式来防止 CO_2（和其他温室气体）的增加，从而缓解其带来的影响。绿化我们的城市、郊区和工业区可以扩大应对全球变暖的绿色联盟。然而，可悲的是，世界目前正朝着相反的方向前进。从现在开始，我们必须停止砍伐森林。每年有 3 000 万英亩（约 121 405.69 km^2）的森林被砍伐，尽管部分被其他地方的森林覆盖所抵消，但主要是成为废弃的农业用地，这样最终的净损失约为 1 500 万~2 000 万英亩（60 702.85 ~ 80 937.13 km^2）。

从 1990 年到 2005 年这短短的 15 年间，我们的生物圈损失了 3% 的森林总面积，而目前每天损失 78 平方英里（约 2.59 km^2）。[18] 砍伐森林释放的温室气体占全球的 12%~20%。[19] 此外，森林的损失会进一步降低生物圈从大气中清除 CO_2 的能力。如果碳的价值在每吨 35 ~ 50 美元，那么含有 500 t 碳的 2.5 英亩

（10 117. 15 m^2）森林将值 1. 75 万~2. 5 万美元，这将使森林的价值远远高于目前砍伐森林以获取木材和将土地用于农业的货币价值。[20]

采用更自然的方式种植粮食作物具有多种好处：①少用农药；②少用能源；③少排放 CO_2。化肥不仅需要大量的能源来进行生产和运输，而且会污染水资源。如果从全世界人们的饮食中减少牛肉和牛奶，则可以显著减少温室气体的排放以及生物群落向农业用地的转变。

重建富含碳的土壤会储存大量的碳。健康的土壤可以减少其被侵蚀的危险，并能够扭转其肥力下降的趋势。可以说，在世界农田和牧场上，哪怕新增加 1 英寸富含有机物的表层土都将会阻止 CO_2 浓度进一步上升。[21]这种方法被称为“再生有机物法”而非“可持续法”，因为它可以治愈和改善土壤。

全球气候变化几乎源于我们所做的一切。解决这一问题需要许多渐进的步骤，如果可以的话，还需要更多的重大步骤，就像我们在生物圈 2 中所追求的为了防止 CO_2 上升而破坏我们世界的许多前沿技术一样。尽管不仅仅是汽车和发电厂会引起这一问题，但必须清醒地认识到，当驾驶汽车时，使用 1 加仑（约 3. 79 L）汽油就会平均释放大约 20 磅（约 9. 07 kg）的 CO_2。[22]

相比之下，普通人每天呼出的 CO_2 约重 2 磅多点（约 0. 9 kg）[23]，由于我们的呼吸会氧化植物通过从大气中吸收碳来制造的食物，所以我们的呼吸并不是全球变暖的净贡献者。但是，我们的饮食有一部分来自肉类、蛋类和奶制品，而这些都来自以植物为食的牲畜，所以我们在饮食中所做的选择非常重要。畜牧业，尤其是牛肉生产所排放的温室气体，比种植农作物所排放的温室气体要多得多。

在全世界，人们对自身所面临的温室气体挑战的意识正在迅速增强。有时，即使是研究 CO_2 的科学家也需要一定的促动。当一些报纸得知生物圈 2 号内的大气 CO_2 浓度上升到了 2 000 ppm 以上时，则报道说生物圈人很快就会丧失能力。[24]这些报道传到了布鲁斯·巴戈比（Bruce Bugbee）博士那里（巴戈比是美国犹他州立大学著名植物生理学家，负责为 NASA 太空生命保障计划开发作物增产技术）。接下来，他做了一件以前他从未做过的事情。他把一支 CO_2 传感器带回家后装在了他的密闭屋内。令他惊讶的是，在一个寒冷的夜晚举办宴会竟能够

导致屋内的大气 CO_2 浓度超过 4 000 ppm！他真没意识到会出现这样的事情。那么，市民们也可能不会意识到以下情况：城市交通会导致大气 CO_2 浓度增加 1 倍或甚至 3 倍，而办公楼的大气 CO_2 浓度可能会超过 2 000 ppm。

5.8 生态有益型去碳化技术发展

由于在宗教信仰、文化态度、国家发展程度以及性别平等等方面存在问题，因此人口增长是一个敏感话题。然而，人口增长与大气 CO_2 浓度增加之间具有很高的关联性。

气候科学家强调，人类正在以前所未有的速度改变气候。在地球历史的早期，大气 CO_2 浓度上升 10 ppm 需要 1 000 年，而现在，增长同样的浓度只需不到 10 年的时间。[22] 富裕国家的人均温室气体排放量高于贫穷国家。富裕国家依靠化石燃料已经达到了他们的生活水平，但却不允许贫穷国家这样做，这是不公平的，也是不可被接受的。

我们面临的挑战是重新改造我们的农业和技术圈，以便在不增加温室气体的情况下消除贫困。消除贫困，提高生活水平和增加受教育机会，尤其是妇女的受教育机会，这与从高出生率到低出生率的人口结构转型有关。最终，出生率可能会降得很低，从而导致世界人口的减少，就像目前在一些富裕国家所发生的那样。[23]

利用生态无害技术（ecologically sound technology）实现发展的去碳化（de-carbonization。也叫非碳化、脱碳或脱碳作用）在世界各地都很重要，尤其是在较贫穷的发展中国家。提高可再生能源的使用、节约能源和减少对化石燃料的依赖已经开启了这一进程。[24] 通过提高生活水平来控制人口使这些挑战变得容易得多。

根据我们在生物圈 2 号实验期间的经验，也就是尽管我们竭力阻止 CO_2 和其他问题恶化我们的生物圈和健康，但仍存在一个大的问题——我们对待我们的地球生物圈为什么要听天由命呢？应当是在像生物圈 2 号这样的实验室中来实验和了解生物圈，而不是利用像地球上的生命这样如此珍贵和不可替代的东西。

参考文献

[1] Bolin B, Crutzen P J, Vitousek P M, et al. Interactions of biogeochemical Cycles [M]. In: The Major Biogeochemical Cycles and Their Interactions. New York: Wiley & Co, 1983.

[2] Nelson M, Burgess T, Alling A, et al. Using a closed ecological system to study Earth's biosphere: initial results from Biosphere 2 [J]. BioScience, 1993, 43 (4): 225 -236.

[3] Nelson M, Dempster W F, Alvarez - Romo N, et al. Atmospheric dynamics and bioregenerative technologies in a soil - based ecological life support system: initial results from Biosphere 2 [J]. Advances in Space Research, 1994, 14 (11): 417 -426.

[4] SCHLESINGER W H. Biogeochemistry: an Analysis of Global Change [M]. New York: Academic Publishers, 1991.

[5] Nelson M, et al. Earth applications of closed ecological systems: relevance to the develoanent of sustainabilify in our global biosphere [J]. Advances in Space Researeh, 2003, 31 (7): 1649 -1656

[6] JAMES J T, MATTY C, RYDER V E, et al. Crew health and performance improvements with reduced carbon dioxide levels and the resource impact to accomplish those reductions [R/OL]. American Institute of Aeronautics and Astronautics, 2011. http://ntrs. nasa. gov/ archive/ nasa/casi. ntrs. nasa. gov/ 20100039645. pdf.

[7] KELLY K. Out of Control: The New Biology of Machines, Social Systems and The Economic World [M]. New York: Addison Wesley Publishing Company, 1994.

[8] ROMM J. It's taking less CO_2 than expected to cause health risks in astronauts [EB/OL]. (2015 -10 -02). https://thinkprogress. org/its - taking - less - CO_2 - than - expected - to - cause - health - risks - in - astronauts.

[9] BUGBEE B G, SPANARKEL B, JOHNSONS. et al. CO_2 crop growth

enhancement and toxicity in wheat and rice [J]. Advances in Space Research, 1994, 14 (11): 257 -267.

[10] "Ocean Acidification," National Geographic, April 27, 2017, http://ocean.natiorialgeographic.com/ocean/critical - issues - ocean - acidification/. "Earth's CO_2 Home Page," CO_2 Earth, last modified June 2017, http://CO_2 now.org/Current - CO_2/CO_2 - Trend/.

[11] Forest facts [EB/OL]. [2017 - 04 - 17]. https://www.americanfbrests.rg/discover - forests/tree - facts/.

[12] DAHLMAN R C, JACOBS G K, BRESHEARS D D, et al. What is the potential for carbon sequestration by the terrestrial biosphere [EB/OL]. https://www.netl.doe.gov/publications/proceedings/01/carbon_seq/5c0.pdf.

[13] LEMONICK M. Sources of methane emissions still uncertain: study [EB/OL]. (2014 -01 -30). http://www.climatecentral.org/news/sources - of - methane - emissions - still - uncertain - study - 17010.

[14] Nelson M, et al. Using a closed ecdogical system to study earth's biosphere: initial resalt from Biosphere 2. BioScience, 1993, 43 (3): 225 -236.

[15] Nelson M, et al. Bioengineering of closed ecological systems for ecological research, space life support and the science of biospherics [M]. WANG L K, Jvanov V and Tay J H. (Eds.) Environmental Biotechnology Handbook. Totowa, NJ: The Hurnana Pyess, Inc, 2010.

[16] SCHWARTZ R. Watch some air pollution work its way around the world in this scary NASA Animation [EB/OL]. (2015 -02 -02). http://magazine.good.is/articles/asian - air - pollution - spreading - around - the - world.

[17] Air and water pollution [EB/OL]. [2017 - 04 - 12]. http://www.weather explained.com/Vol - l/ Air - and - Water - Pollution.html.

[18] Forest losses and gains [EB/OL]. [2017 -09 -11]. https://www.scribd.com/document/316224552/ Forest - Losses - and - Gains.

[19] Lang. 20% of CO_2 emissions from deforestation make that 12%. [EB/OL]. (2009 - 11 -04). http://www.redd - monitor.org/2009/ll/04/20 - otco2 - emissions -

from – deforestation – make – that – 1.

[20] Stern Review. The economics of climate change [R/OL]. http://webarchive.nationalarch – ives. gov. Uk/20100407172811/http://www. hm – treasury. gov. uk/stern_review_report. htm.

[21] Rodale Institute. Regenerative Organic Culture and Climate Change [EB/OL]. (2014 – 04 – 17). http://rodaleinstitute. org/regenerative – organic – agriculture – and – climate – change/.

[22] Energy Information Administration. Frequently asked questions [EB/OL]. (2014 – 07 – 29). https://nnsa. energy. gov/sites/default/files/nnsa/08 – 14 – multiplefiles/DOE% 202012. pdf.

[23] STEVENS B. Human breathing and CO_2 (carbon dioxide): as anthropogenic causes of climate change and global warming[EB/OL]. (2010 – 08 – 18). https://barryonenergy. word press. com/2010/08/18/hunian – breathing – and – co2 – carbon – dioxide – as – anthropogenic – causes – of – climate – change – and – global – warming/.

[24] BROAD W J. Recycling claim by Biosphere 2 experiment is questioned [EB/OL]. (1991 – 11 – 12). http://www. nytimes. com/1991/ll/12/ news/recycling – claim – by – biosphere – 2 – experiment – is – questioned. html.

[25] MONROE R. What does 400 ppm look like? [EB/OL]. (2013 – 12 – 03). https://scripps. ucsd. edu/ programs/keelingcurve/2013/12/03/what – does – ppm – look – like.

[26] BONGAARTS J. Human population growth and the demographic transition [J]. Philosophical Transactions of the Royal Society of London B: Biological Sciences, 2009, 364 (1532): 2985 – 2990.

[27] OLIVIER J G J, Janssens – Maenhout G, Peters J A H W. Trends in global CO_2 emissions [R/OL]. Environmental Assessment Agency, 2013. http//edgar. jrc. ec. europa. eu/news_docs/pbl – 2013 – trends – in – global – co_2 – emissions – 2013 – report – 1148. pdf.

第 6 章 作物栽培管理

6.1 土壤栽培

我们 8 个生物圈人中，有 5 个美国人、2 个英国人，还有 1 个比利时人。我们没有人来自农村，而都是受过教育的中产阶级市民，尽管其中有人种过蔬菜和水果。莎莉年轻时是个疯狂的园丁，曾在印度和波多黎各从事热带开发项目；我在新墨西哥州的协同农场管理菜园和种植果园。我们还都在澳大利亚的伯德伍德当斯实验站（Birdwood Downs Station）种植过蔬菜和热带水果，但我们远远不能自给自足。因此，这就大大增加了我们所面临的风险。我们身处价值为 1.5 亿美元的现代化设备中。我们即将转变为“自给自足的农民”，即靠我们自己种植的东西生活。

这是一件令人震惊的事情。我们接受培训并帮助开发了生物圈 2 号的农业系统，并在完全封闭之前在研究温室和设施内进行了 7 个 1 周长的作物种植模拟实验。在这两年里，我们从食用生物圈 2 号封闭前所种植作物生产的食物开启了两年的封闭实验。

我们的农场面积只有半英亩（约 2 023.43 m^2），难怪它被称为集约化农业生物群落（Intensive Agriculture Biome，IAB）。主农业区有 16 块地可供轮作。农场里还有一排香蕉树、木瓜树和旱稻田。所种植的作物包括谷物（小麦、燕麦、高粱和谷子）、淀粉作物（甘薯、马铃薯、山药和芋头）、豆类、花生和各种蔬菜。附属部分包括一座小型热带水果果园和一个靠近朝南窗户的地下室区域，具有位于玻璃纤维水箱中的稻田、外加的果树种植区，以及用于污水处理和回收利用的人工湿地。[1]

在实验启动后不久，我注意到：这样一个占地面积仅为半英亩（约2 023.43 m^2）的种植空间，就能为8个人提供营养充足的饮食（包括牛奶、鸡蛋、鱼、肉和各种各样的植物性食物），这是我以前从未有过的体验。如果对于素食者，则每人甚至需要更多的土地。毫无疑问，即使没有昆虫或疾病造成农作物严重损失的风险，但这也很不容易。每天要花多少个小时来种植我们需要的食物？我们会因为变成农民，而没有时间在生物圈2号里做研究吗？《共同进化》季刊（*Co - Evolution Quarterly*）的凯文·凯利担心我们会变成“生态农民”（eco - peasant）。然而，在我们的挑战中有一种微妙的讽刺，我们在这里与一群最具创新性的技术人员一起生活——在这里，我们居住的设施拥有迄今为止所开发的一些最具创新性的技术。然而，我们的生存基础将我们与几乎所有其他人联系在一起，因为亚当和夏娃被隐喻地赶出了伊甸园，并为了生存而被迫“挖土”和工作。

回头来看，这一定是我一厢情愿或自我激励的想法。根据我们在研究温室和生物圈2号封闭之前所获得的作物产量情况，该农场看起来并不能够生产我们所有的食物，而这种认识还是在我们完全意识到由于结构遮阳而只能获得不到一半的阳光之前，尽管最初的估计是可以获得65%的室外光线。

后来，根据早期在保障温室中所做实验的结果，我们决定使用土培法而不是水培法。这样，生物圈2号会更适用于在世界各地所被开展的种植农业，旨在展示高产、少投入及不使用有毒化学品的农业系统。土壤更有利于回收利用。不可食用的作物部分和动物粪便被做成堆肥以使土壤变得更加肥沃。想要掌握一种有弹性并持久的农业种植方法，则首先就必须获得充满生命的肥沃农业土壤。另外，生物圈2号农业土壤中的微生物能够净化引发问题的微量气体。[2]

6.2　病虫害防治

生物圈2号农场在避免有毒化学品方面已超过了有机标准。人们提出了一些“天然”杀虫剂，如取自菊花（chrysanthemums）的除虫菊酯（pyrethrum）。是的，我们可以用它来控制害虫，但那又怎样呢？正如在密歇根州立大学担任可持续农业研究委员会主席的生物圈 2 号农业顾问迪克·哈伍德（Dick Harwood）博士所言："这在生物圈 2 号中不可能实现"。[3] 你不能自欺欺人地认为你可以扔掉任何东西，或者什么东西就这么消失了。它会去哪里？在这样一个大气和水量都很少的小系统中，即使是微量污染物也会产生影响。若以长期食物生产和研究为目标，则经过数年甚至数十年后少量污染物也会积累起来。

我们只使用肥皂喷雾和控制毛虫的苏云金芽孢杆菌（*Bacillus thuringensis*，简称 BT 细菌）。我们的害虫综合治理小组（Integrated Pest Management，IPM）从选择抗病虫害能力转强的作物品种开始。IPM 使用以农作物害虫为食的有益昆虫，如瓢虫，以及无毒喷雾甚至手动控制等方法，来消灭这些害虫。

另外，避免单一栽培至关重要。如果你种植了多种作物，那么即使一次歉收或收成不佳也不会对整体粮食生产造成毁灭性的影响。我们在农场中共种了 80 种作物，包括一些香草（herbs）。每一种作物至少有 2 ~ 3 个品种，因为它们的抗病性或抗虫性各不相同。[4] 出乎意料的是，宽螨（broad mite）毁掉了大豆、菜豆和马铃薯。后来，将豆类改用热带豇豆和扁豆，而用甘薯（配一些芋头和山药）作为我们的主要碳水化合物来源。

6.3 动物养殖

自给自足的农业（subsistence farming）确实把你的注意力集中在种植食物的艺术和科学上。在生物圈 2 号农业中，饲养了家畜以为生物圈人的膳食提供一定量的脂肪，但担心其所能够提供的量太低。另外，动物也是保持土壤肥力再循环计划的一部分。动物食用作物的茎和叶等生物圈人不可食用的部分，而其粪便能够提供氮以加热堆肥装置。虽然饲养动物需要时间（约占生物圈人总劳动量的 1/10），但与动物互动也很有趣。尽管我们吃的大多是素食，但少量的鸡蛋、牛奶和肉被做成了特别的菜肴，这样就大大丰富了生物圈人的饮食。

我们在畜棚的院子里养鸡、猪和山羊。侏儒动物对集约但有限的农业生产来说是有意义的，但由于没有现成的动物饲料，因此生物圈人必须在内部为动物种植饲料。非洲侏儒山羊（African pygmy goat）被选为奶源，而奥斯萨巴猪（Ossabaw pig）被选为肉源。这些猪生活在美国东南部佐治亚州海岸附近的小岛上，天生就很矮小。

大多数美国人和欧洲人都脱离了过去几代人的一部分日常生活。我们生物圈人会宰杀和处理家畜，这在游客中引起了怀疑和好奇。事实上，这些动物并不会被送到屠宰场然后用塑料包裹起来再运回来。其实大多数生物圈人都有在其他生态技术研究所项目中屠宰的经验，而且电枪使屠宰变得迅速而无痛。

照顾动物给生物圈人带来了无穷乐趣。山羊和猪都有名字，对它们行为的观察常常使生物圈人的谈话活跃起来。产奶山羊包括“银河”“星尘”和“视觉”，雄鹿是“水牛比尔”。成年猪组成了一个可爱的家庭。雌性“扎祖”比雄性“昆西”大，是老板。她咬了他一口，让他先吃他们的食物和厨房污水。他们每晚一起睡在木箱里。另外，一些奇特的小鸡也有名字，如水果蛋糕夫人，对于一只小鸡来说，她似乎有点傻乎乎的。

山羊很可爱。小山羊是不可抗拒的，显得活泼而好笑（图6－1）。它们很有技巧，有时会跳到母亲的背上，以便对周围能看得更清楚，并免费骑乘。与美国广播公司（ABC）的《早安美国》（*Good Morning America*）节目的第一次现场链接，在我们和我们的媒体顾问之间引起了激烈的争论。简和莎莉做了大部分的挤奶与照看山羊的工作（图6－2），在采访时，她应该把一只山羊放在腿上吗？这只可爱、上镜的山羊是第一个在里面出生的。然而，如果他们要问起那只山羊的

图6－1　莎莉抱着一只小山羊

在这两年里共出生了5只山羊

未来该怎么办？事实上，我们只能供养 4 只奶山羊和 1 只繁殖用公鹿。幸好，这个问题最终没被提出来。

图 6-2　简在畜棚里给山羊喂食花生苗

动物围栏为绿彩色，其中具有许多生长在种植箱内的观赏作物和粮食作物。植物吸收 CO_2，使家畜和照顾它们的人感到愉快。猪可以在小水桶里打滚，而具有山系血统的山羊能爬上木箱。两个鸡栏中各有一只公鸡。这些鸡是由好斗的墨西哥丛林鸡（古老的鸡家族之一）、优雅的日本丝质鸡和一些态度傲慢的矮脚鸡混合而成。看着竞争对手的公鸡试图用它们的“嘟嘟嘟嘟”声超越自己，并在铁丝网分隔栅栏上相互高高地跳跃，我们不由得笑了。

水稻种植模仿了东南亚的“稻—红萍—鱼”体系（rice - azolla - fish system）。罗非鱼（Tilapia fish）能忍受营养丰富的水和拥挤的环境，而且生长迅速。这些鱼以漂浮的高蛋白水生植物红萍为食，而红萍和鱼的排泄物可用来供养水稻。在地下的玻璃纤维水箱里种植水稻幼苗。像亚洲农民一样，我们会赤脚播种，在淤泥中尽情享受。收获水稻后，用网把鱼捞起来，把大鱼送到厨房，而把小鱼转移到其他稻田。由于农场内没有多余的作物喂鱼，所以它们生长缓慢，但鱼是难得的大餐。

我们收获了快速生长并含高蛋白的白桦、象草、稻田中的红萍和人工湿地中的叶子，以作为饲料。偶尔，也会给动物喂食从草原修剪下来的草。一年之后我们用甘薯代替了白桦，因为它们的产量更高；我们吃块茎，而动物们喜欢吃它们丰富的藤蔓。

尼尔森在农场的工作之一是收集饲料（图6－3）。作为日常工作的一部分，他在周五和周六收集了足够的饲料，以便周日能够休息。平均下来，每天给动物供应80～100磅（36～45 kg）的绿色饲料。

图6－3 尼尔森在粮食收获后将高粱秆扛往畜棚供作饲料

简每天都会将厨房垃圾喂给动物，另外也会给它们喂甘薯或花生苗以及粮食作物的茎秆。后来，蟑螂的出现成了一个问题。当时，令人震惊的是莎莉发现蟑螂已经爬上并吃掉了一些庄稼。她认为它们发现了我们用来对付螨虫的园艺油喷雾剂（horticultural oil spray），一种“美味的沙拉酱”。[5]在生物圈2号的野生生物群落中，有四种蟑螂帮助回收利用死去的有机物。它们没有造成任何问题。然而，只有一种普通的家蟑螂——一只偷渡者，在生活区和农场的数量激增。

因此，生物圈人又增加了夜间巡逻这样一种不寻常的任务。简描述了他们与蟑螂战斗的情况。

在许多大型植物园里，蟑螂都是一个无法解决的问题。虽然我们把一切都打扫得一尘不染，但一旦进入夜晚，成群的昆虫就把厨房的白色工作台面变成了棕色。因此，值夜班的人员出其不意地拿着真空吸尘器潜入厨房，接着迅速打开电灯，赶在它们全部跑掉之前尽可能多地吸掉它们。之后，我们把蟑螂带到动物饲养间喂给鸡吃。鸡虽然被吓醒了，但还是开始跳跃着追赶蟑螂这种高蛋白源。就这样，蟑螂转变成了偶尔供应的鸡蛋。一想到生物圈的“英雄”们为了在这个新世界秩序中的地位而不得不在每一个转折点上与昆虫进行拼搏，我就得到了一些有悖常理的乐趣。[6]

动物产品只供应生物圈 2 号饮食的一小部分。我们每天大约有 40 盎司（约 1.2 L）的甜羊奶，这使得制备奶酪、冰淇淋、水果冰沙和特殊酱汁成为可能。我们每周以及在特殊的晚餐、节日和生日宴会上只吃一次少量的肉（一般每个人吃 1/4 磅，约 110 g 或 2.2 两）。后来两名乘员选择完全不吃肉，而是用多吃豆子（bean）作为补偿。吃肉少削弱了他们的消化能力，从而使他们遭受肠气的严重影响。事实上，大餐过后肠胃胀气和胃痛是我们的一些主要健康问题。

6.4 饥饿与健康

可以说，在这两年封闭期间，我们经历了各种各样的饥饿。然而，这并不是不健康，因为我们偶然地（而且是必然地）食用了一种非常类似于罗伊所倡导的高蛋白及低卡路里的饮食。这种饮食结构会大大降低血液中的胆固醇含量，并能够增强免疫力，因此产生了良好的健康效果。另外，在实验鼠身上证明，这种饮食结构能带来健康而超长的寿命：节食鼠比那些想吃多少就吃多少的非节食鼠的寿命要长 50%。罗伊把他的畅销书叫作《活到 120 年的饮食》（*The 120 - Year Diet*）。[7]

我们是第一批在受控环境中被进行饮食研究的人。在这种环境中，不能作弊（即偷偷跑去拿更多的食物），也不能谎报吃了什么。然而，幸运的是我们有罗伊医生。他后来说：“我想如果当时我们中有其他的营养学家或医生，他们会被吓坏了的，并说：‘我们在挨饿’，但我知道我们实际上是在进行一个增进健康的实验项目。”[8] 他称之为一种“健康饥饿”（healthy starvation）膳食，其中不仅卡路里含量低，而且从新鲜农产品中可获得大量蛋白质和营养。罗伊兴奋地寻找研究机会，而生物圈 2 号膳食则使之成为可能。我们愿意接受很多的医学检查和生理测试。

对每次的收获物都仔细称重，而且将每天分发给厨师的食物量记录在罗伊的营养数据库中。研究表明，我们的结果与实验动物的相同，包括血压均出现了下降。我们的胆固醇（cholesterol）含量平均从 190 $mg \cdot dL^{-1}$（约 4.91 $mmol \cdot L^{-1}$）下降到了 120 $mg \cdot dL^{-1}$（约 3.10 $mmol \cdot L^{-1}$），而这种水平通常只在儿童中出现。[9]我们变得更为年轻和健康——这又是时光机器的一个部分。

但是，包括罗伊在内，没有人对曾经经历的饥饿现实感到高兴。在最初的 3 个月里，尽管我们每周工作 6 天，但平均每天只摄入 1 800 卡路里的热量，每个工作日要干 3～4 h 的农活。

可以说自给自足的农业对于消化是一种冲击。没有人会跑去便利店或快餐店，没有人中间会吃零食或深夜去从冰箱取东西吃。我们总结了这种事态："如果我们不种植它，我们就不会吃它！"例如，我们的黑胡椒树在这两年里从未开花，所以在这两年里就从未食用过黑胡椒。对为特殊宴会制作的比萨的讽刺性评论是：它们"肯定优于对手，但交货时间是个问题"。莎莉指出：

我们最喜欢的菜肴——"生物圈人牌比萨"（biospherian pizza），至少要花 4 个月的时间。这只是小麦作物成熟所需的时间，这还不包括脱粒和磨粉的时间。另外，是番茄、辣椒及洋葱的种植时间，以及利用羊奶进行奶酪的制备时间。我们不需要花时间去种植饲料来喂山羊以便产奶，等等！这种情况可能会永远继续下去。[5]

琳达一开始就想到了"我们确定不是好农民"这一问题。但是，我们变得好多了，哦，好很多了！饥饿是一个巨大的动力。早期收获的甘薯在青藤上很长，但块茎很小，因为肥沃的土壤促进了营养生长。我们采取了干休克（dry - shock。暂时停止灌溉一段时间）和大量修剪藤蔓等措施，以诱导根部能结出较多块茎。

我们研究了 40 种主要作物的最佳生长环境条件，并了解了温带作物（如小麦、甜菜、绿叶蔬菜）和亚热带作物（如高粱、扁豆、谷子、甘薯、花生）生长的最佳季节和温度。对有些作物只在短日照的季节种植，而对有些作物则只在长日照的季节种植。在昏暗的地下室和短日照的冬季，木瓜花了很长时间才变成橙色和达到成熟，所以我们开始采摘它们的绿叶部分作为蔬菜。虽然乏味，但青木瓜是绝佳的粥底和汤底。采摘绿果会提高其水果产量。

食物短缺意味着我们不得不做出一个痛苦的决定，即是否还要继续饲养这些猪。最初，计划是用额外的淀粉（如甘薯）来增加其食物，但是由于厄尔尼诺现象的影响，所以最后并未有任何多余的淀粉。一年后，甚至成年猪也被宰杀了，我们在由它们而带来生机的宴会上举杯纪念它们。

6.5 胜利花园

日落沉思（sunfall meditation）导致建成了我们的“胜利花园”（victory gardens）。最初，在第二次世界大战期间，许多农民参军后普通美国人开始了小型食物园种植计划。两千万个园子生产了800万吨食物，从而供应了全国战时水果与蔬菜需求量的40%以上。[10]

寻找新的地方种植食物成了我的激情之一，也许说痴迷更准确！我管理着地下室的农业，并仔细查看了能够接收到足够阳光来种植庄稼的每一平方英尺的土地。到我完成时，我已经额外安装了1 000多个花盆和用备用材料制作的小花盆（图6-4）。雷瑟和我合作——他搜寻备用灯，并且我们在没有阳光的空地下室区域制作花盆。

图6-4 生物圈2号内的胜利花园

可以看到尼尔森正在用手推车运土。在此植物可以利用未被利用的落日光照

阳台是我们最喜欢“出去吃饭”的地方之一。从心理上来说，在生活区我们感觉是在“里面”呢。因此，在大多数周五晚上和部分节假日，我们都会在“咖啡馆”中度过。该咖啡馆俯瞰农场，而且其阳台可接收到几乎最好的阳光。当结构工程师证实该阳台可以支撑额外的土壤重量后，我们自制了种植箱，并在其中栽培了马铃薯、甘薯和甜菜。另外，我从地下室拖出一些被遮挡的空置种树箱，这样在阳台上又多种了一些香蕉和木瓜。有时在夜里失眠时，我会在凌晨三四点钟做这件事！

落日胜利花园活动（sunfall victory garden campaign）的一个亮点是，当我与我们的技术圈维护/改良大师雷瑟一起站在阳台上时，则我们一起保障农场，并思考我们如何能够种植更多的食物。我转向雷瑟，说：“楼梯”，我们都看到了。从农场向下有 4 部楼梯。我们需要北面的楼梯来上下拖运收获物和设备，但它们被一排香蕉和木瓜遮住了。可在南面和部分中间的楼梯井上摆放底部为胶合板的花盆，这样又能获得一个 250 平方英尺（约 23.23 m^2）的种植面积。

因此，在第二年我们从胜利花园的扩建项目中多收获了两千多磅食物。根据农业学曲线（farming learning curve），我们吸收的热量从第一年的每天 2 100 kcal，增加到了第二年的每天 2 300 kcal，提高了 10%。[11] 当你食用限制热量的饮食时，则你的身体会更有效地从食物中吸收营养，所以乘员们又部分恢复了第一年出现的急剧体重下降。在两年的密闭实验中，女性平均减重为 10%，而男性平均减重为 18%。

尽管没有完全替换掉所有的食物，但我们确实用这两年里种植的作物提供了 83% 的食物。理查德·哈伍德教授，我们的农业顾问和传统亚洲农业专家，计算得出我们半英亩（2 023.43 m^2）的农场其产量高于世界水平，是印度尼西亚、中国南部及孟加拉国等最高效农业种植区的 5 倍多。[3]

种植粮食是至关重要的第一步，但必须在收获后进行加工。我们有谷物和豆类脱粒机、烤箱、甘蔗压榨机以及用于马铃薯、水果和蔬菜的干燥架。为了纯粹的娱乐，我们把晒干的豆荚放在防水布上，跳起狂野的舞蹈而把豆荚弄开。不过，莎莉有她自己的方法：

对豆子不用机器也能把它们的壳去掉。最好的方法是把它们晒干后放进一个袋子里，并用橡皮槌击打它们大约 5 min。之后，可以很容易地使它们通过簸扬机而把外壳从豆粒中分离出来。这是一种非常有益的活动，人们可以把袋子想象成自己最大的敌人而不断地砸下去。我常把它推荐给那些感到愤怒或有攻击性的人。[5]

6.6 热情的农民

可以说，看着每一顿饭，就能知道每道菜的每个组成部分是如何得到的：从播种到除草，从浇水到收割再到加工，都是非常令人满意的。我们是纯粹主义者（purists）：我们种植了所有被食用过的香草和香料，甚至从俯瞰大海的玻璃间隔框架上收集了食用盐。我们唯一的补品是维生素 D 片。

我们对自己的农业充满热情，目的在于消除饥饿，并看看是否能达到 100% 的产量（图 6-5、表 6-1）。可惜我们没能做到，而是不得不在最后 6 个月里动用备用种子。但是，第二批生物圈人在 1994 年 6 个月的时间里生产了所有的食物，这受益于我们在过渡期间所做的改进，如选择更耐阴的作物品种。[12]

图 6-5 在集约化农业生态系统中收获粮食

从左至右：雷瑟、尼尔森、泰伯和莎莉

观察作物是如何生长的、制定防治昆虫或疾病的策略、欣赏耕作土地的简单乐趣以及照料植物，这些都占据了我们日常生活的很多时间。当我给一位英国朋友通过电子邮件发给他我的《生物圈 2 号杂志》（Biosphere 2 Journal）的部分内容时，他抱怨道其中没完没了地谈论农作物、害虫和食物，这让他想起了早期美国殖民者所经历过的为农业拼搏的无聊故事。

表6-1　在生物圈2号中进行的第一个为期两年的密闭实验期间
8名生物圈人利用不同作物和家畜生产的食物为他们提供营养的情况[13,14]

作物种类	两年总产量（kg）	每人每天平均产量（g）	每人每天蛋白质平均产量（g）	每人每天脂肪平均产量（g）	每天每人平均产热量（kcal）
谷物类					
水稻	277	47	4	0.9	168
高粱	190	32	4	0.6	107
小麦	192	32	4	0.7	108
淀粉类蔬菜					
马铃薯	240	41	1	0.6	31
甘薯	2 765	468	7	1.3	494
黄肉芋、山药	2	20	12	0	22
粮食型豆类					
花生、大豆、扁豆、豌豆、黑白斑豆	208	60	13	13.2	269
普通蔬菜类					
甜菜叶、甘薯叶、瑞士甜菜	637	108	1	0.2	22
甜菜根	760	129	2	0.4	57
甜椒、青豆、辣椒、黄瓜、羽衣甘蓝、白菜	331	57	1	1	15
胡萝卜	225	38	0	0.1	17
卷心菜	153	26	0	0	6

续表

作物种类	两年总产量（kg）	每人每天平均产量（g）	每人每天蛋白质平均产量（g）	每人每天脂肪平均产量（g）	每天每人平均产热量（kcal）
普通蔬菜类					
茄子	245	41	0	0	11
生菜、洋葱	289	49	0	0.1	11
西葫芦	513	87	1	0.1	17
番茄	353	60	1	0.1	12
南瓜	343	58	1	0.2	37
水果类					
香蕉	2 171	367	2	10.5	220
木瓜	1 216	206	1	0.2	53
无花果、番石榴、金橘、柠檬、酸橙、橙子	133	23	0	0.1	11
动物产品					
羊奶	842	142	5	5.6	99
羊肉、猪肉、鱼肉、鸡肉、鸡蛋	94	108	3	3.1	38
总产量	12 179	2 199	63	39	1 825

毫无疑问，食物成了我们的一种痴迷。琳达让朋友从图森的餐馆传真菜单，这样她就可以间接享受各种选择。简承认，虽然她的英国人的敏感性和细微之处受到了冒犯，但她也开始着迷起来：

我们很快发明了“生物圈人的用餐方式”（biospherian serving），即往一个碗里倒尽可能多的粥或汤（厨师把其他大部分食品分为若干份）……我们为了不浪费任何食物，大家都把筷子吸干净，并用手指擦盘子。这个习惯很快就变成了明目张胆地拿起盘子，舔掉盘子里的每一小块东西。如果不把所有的盘子都舔干净，那对厨师来说是极大的侮辱……。我们正在变成一群野蛮人！我很痛惜，但我和其他人一起舔了我的盘子。[6]

一种最令人神往的消遣是幻想我们最喜欢的食物，那时人人围着桌子转，每个人都沉浸在幻想中，同时我们想象着过去和未来的快乐。简回忆道：

晚饭后，我们中的一些人坐在一起，并接受一种反复出现的治疗方式——食物幻想（food fantasies）。我们想象并详细描述了一顿我们所希望正在吃的令人欣喜的晚餐。有时，当我把空叉子放进嘴里时，我能闻到一股无面粉巧克力蛋糕的味道。当我把它放在舌头上时，我能感觉到它的黏性和奶油味稠度，尝一尝丰满、浓郁、辛辣的黑巧克力，我用想象中的卡布奇诺……我们渴望刺激。看电影的时候，我会专注于吃饭的场景而忘记了情节。泰伯和我会谈谈电影胶片上（film plates）和电影眼镜（film glasses）里的东西。我们开始看电视上的烹饪节目。[6]

由于有时甚至是刚离开餐桌就感到饥饿，因此我们的烹饪技术提高了好几个档次。事实上，每顿饭对我们的士气都很重要。我们 8 个人每 8 d 轮流做一次饭，从晚饭开始，然后是第二天的早餐和午餐。即使有几十种农作物，但提供新的食谱组合和配方还是很重要的。我们生产的蔬菜大大增加了菜单的多样性。

莎莉编写了生物圈 2 号烹饪全书（cookbook），被自然地命名为《吃在里面》（*Eating in*）。她在书中详细叙述了我们遇到的困难：

早期的一些尝试很糟糕。我们的粗磨全麦面粉与从商店购买的面粉表现不一样；我们的肉比超市的肉块要硬；除了每年为感恩节晚餐烤一次甘薯外，我们很少有人具有吃甘薯这种主食的经验。然而，在生物圈 2 号中，人们逐渐开始烹饪，因为我们每个人都学会了用现有的食物进行实验，并找到了更具创造性的烹饪方法。[5]

在作物中，有几种是一流的生产者，如甘薯和甜菜。因为可怕的宽螨，所以不再尝试种植马铃薯，之后我们每人每天吃大约 1 磅的甘薯。在我们封闭的最后一个季节，由于食用了较多甘薯和甜菜，因此其中所含的 β - 胡萝卜素使我们的脸和皮肤呈现出一种奇怪的橙色。在生物圈 2 号中，甘薯和香蕉属于我们的甜食中的一部分，同时也是许多冰淇淋和蛋糕的主要成分。甘薯是汤、粥和无油烤制薯条的底料。

因为不能正常煎炸，我们决定吃自己种植并收获的（图 6－6）烤花生，而不是制成食用油。这激发了我们对食谱的即兴创作。然而，食用甜菜是一种更大的挑战，尽管我们种植的金色甜菜与红色甜菜的味道有些不同。在吃了一大堆的甜菜之后，部分乘员发誓他们余生再不吃甜菜了！

图 6－6　生物圈人在收获花生

莎莉、简和琳达在收获花生时一起谈笑。在她们的身后是一片粮食作物

从早期开始，我们就决定即使热量有限，但也要为举办宴会保留一部分作物收成、鸡蛋、肉类和牛奶。大家会为每次宴会准备特别的菜肴，并装饰宴会地点。有时我们会在不同的地方吃饭，如在海滩或塔式图书馆。节日会食用特色食品，如山羊奶酪、香肠和自酿的饮料。这些包括香蕉酒（最好的）、米酒（一般但还是很好喝），还有不怎么成功的甜菜“威士忌”，即使喝它但每个人也很讨厌它。这时坐在一张堆满东西的桌子前，这简直是美极了。

另一种味觉上的愉悦是珍贵的咖啡，它是由小热带雨林咖啡树结的咖啡豆制成的。这种情况只有在每 2～3 周的星期天才会有一次，但只要是这个时候，房间外的走廊里就会飘来阵阵香味，着实令人情绪高涨。我泡了一种味道很糟的巴拉圭茶（yerba mate。也叫马黛茶），这是一种生长在生物圈 2 号热带雨林中富含咖啡因的植物。由于没有亲身体验过这种南美著名的咖啡因饮料，因此我最终放弃了。

萨莉起初收集了我们最好的食谱，以作为未来进驻人员的参考。但她意识到，一本我们创造的食谱也将成为健康饮食的指南。

渐渐地，乘员们开始为发明一种新的菜肴，或一种特殊成分的新用途而感到自豪。我开始让其他生物圈人留意他们做饭时用的量。这有时是一个问题，因为最有创造力的厨师经常只是把一些东西扔进锅里，看看它的味道，再扔进其他东西，当他们做完的时候，却无法说出他们是如何做的。很快，制作出一份“值得一读的食谱”就成了一件引以为豪的事，生物圈人开始记录他们的努力。[5]

如果有一件事是我们 7 个人都同意的，那就表明我们 7 个人在生物圈 2 号里成了很棒的厨师。莎莉回忆道：

在冬天，我们通常吃的绿叶蔬菜比其他任何蔬菜都多，但这并不太受欢迎。有一位生物圈人坚持用纯绿叶和其他材料制作几乎无法食用的酱汁和汤。最终，这位未具名的人被告知，如果这种情况继续下去，他最终将要穿着他那肮脏的绿色美食（end up wearing his dingy green delicacies）。从那以后，烹饪情况好转了。[5]

这是两年来我唯一一次威胁另一名乘员。令人伤心的是罗伊。甚至在封闭之前，我就被提醒过，他是一位伟大的科学家和营养师，但厨艺却很差劲。我，也许我们所有人都要为他做的饭感到苦恼。然而，没有人建议取消他的烹饪轮换，否则就意味着我们其他人要做更多的工作。

当我暗示罗伊做的饭菜太清淡时，他愤怒地否认了这一点。另外，就像南极洲与世隔绝的人员一样——到处都是饥饿的人——我们也存在食物盗窃的问题。成熟香蕉储藏室是生物圈 2 号里唯一一个被锁着门的房间。最后，甚至为夜猴（galago。也叫狨或丛猴，在野生生物群落中像猴子一样的小动物）准备的补粮也被放在那儿——真是太诱人了。一个臭名昭著的事件是莎莉在后厨冰箱里储存的一块蛋糕被偷了，但没被完全拿走，而是被小心切成两半后拿走了一半。这是一种极其糟糕的行为。

在没有生日或假日的几个月里，我们推出了各种宴会，如花生丰收节和全国甘薯节，只要我们能想到的宴会都举办（图 6－7）。另外，由于对阳光的依赖，我们将二至日［一天中白天的时间最长（夏至）或最短（冬至）］和二分点［（一天中白天和夜晚的时间相等（春分或秋分）］设为特别的日子。

图 6 –7　生物圈人举办的海滩派对

左起：莎莉、琳达、简、泰伯和尼尔森

对我们所有人来说，饥饿是一种全新的体验。也许就像人类在地球上的大部分时间一样——有时会饥饿，并且依赖成功的农作物和家畜饲养（或狩猎）以维持生存。难怪我们的心理和新陈代谢很难处理丰富的食物：大量的肉制品、大量的糖和脂肪以及加工食品。

在早期，当有食物可以帮助你度过瘦身期时，你会大口大口地吃。在生物圈 2 号里，饥饿无疑集中了我们的注意力，并导致了一种警戒状态，尽管这很难对付。我们的食物显然是最健康的食物之一，因为它们完全未被化学物质污染，而且是被新鲜收获和烹调的。由于我们的饮食主要是素食，其中谷物、豆类、根类作物、蔬菜和水果占了大部分，因此我们的盘子很大，装满了食物。另外，生物圈 2 号的食物中不含加工过的糖和油，并偶尔包含少量的肉、蛋或奶制品。

6.7　种植技术推广

离开生物圈 2 号后，我继续种植农作物。萨利重新启动了协同农场的蔬菜园，并管理了波多黎各的可持续热带雨林木材项目。2008 年左右，她与盖伊和雷瑟以及生物圈基金会合作，前往印尼巴厘岛从事有机农业项目及其培训工作。

另外，在休耕了几年后，我和同事们重新开始了协同农场有机菜园的建设，并在2010年我们把它转变成了一家商业企业。

通过耕种3/8英亩（1 517.57 m^2）的土地，我们给社区厨房送去了大量食物，即大约每年给当地农贸市场、食品银行、合作社、商店和餐馆以及我们的受社区支持的农业机构（Community Supported Agriculture，CSA）送去的蔬菜达到12 000~14 000磅（5 443~8 165 kg）。扩展我的食物种植知识，集中种植相当小的面积并产出丰富的果实，这很有趣。20世纪70年代中期，我在协同农场种植的有机果园，其4英亩（1 627.44 m^2）的产量达到2.8万磅（约12 701 kg）（我们避开了春季的严寒并收获了丰收的水果）。

加入当地的农贸市场，并有幸看到人们品尝自家种植的水果和蔬菜总是这个季节的一大亮点。顾客往往对当地优质而清洁的农产品有发自肺腑的反应。对人们来说，它唤醒了童年的记忆，并生动地提醒人们食物的真正味道应该是什么样。因此，我们把这种特别美味的有机桃子宣传为“开心桃子”。同时，人们对我们供应的超甜甜菜和美味蔬菜的评价令人惊讶。

那次经历加深了我对食物质量重要性的认识，只是最近几代人才对食物中所含的东西感到担心。大规模的工业化农业产生了很多问题。在美国，食品从农场到消费者平均要被运输好几百英里［有些估计要达到1 200~1 500英里（1 931~2 414 km）］，而且每个家庭的食物平均来自5个国家。[6]运输食物会产生温室气体和污染。相反，“当地人”吃方圆100英里（160.93 km）以内的食物，可以让美元在当地流通，这样就提高了当地社区和农民的收入。况且，小型农场通常比大型农业综合企业所使用的化学品要少。

6.8 农业多样化

农作物多样性保护是世界农业的重要组成部分。人类已经耕种了至少12 000年，通过自然进化、人工选择与育种，培育出了适合于微环境和土壤的大量农作物。在安第山脉（马铃薯的发源地），最初具有4 000个马铃薯品种。[15]一个世纪前，美国商业种子公司提供了数百个不同品种的玉米、卷心菜、萝卜、豌豆、番茄、黄瓜和其他蔬菜，而目前已经减少到了24种。19世纪，在北美种植了

7 000多个苹果树品种，而现在只剩下不到100个品种。[16]

遗传多样性提供了抗病性和对特定生长环境的适应性，“绿色革命”提高了农业产量，但只育成了少数几个现代杂交种子的品种。他们的农作物品种在化肥、农药和灌溉的作用下显著增产。然而，他们的工作和工业化农业的扩展而导致了几千个当地品种的消失，而这些消失的品种对于负担不起昂贵投入的农民来说，却是更适合种植的作物。

传统上，印度种植了大约30 000种水稻，而现在仅10个品种就占了所栽培水稻总面积的75%。在美国，6个玉米品种占到全国70%的种植面积，而9个小麦品种生产了全国一半的小麦。[17]依赖少数几个作物品种会使一种新的疾病或昆虫袭击对粮食安全造成毁灭性的破坏，20世纪80年代爱尔兰的马铃薯饥荒和美国玉米作物的损失就是最好的例子。自1900年以来，全世界超过75%的农作物品种已经消失。[18]

2002年的可持续发展世界首脑会议（World Summit on Sustainable Development in 2002）提出，需要采取紧急措施来保护这些重要的农作物品种。现在，许多地区、国家和国际组织都致力于保护农作物多样性。[19]

6.9 工业化种植与快餐的影响

化学农药、杀虫剂和化肥以及深耕，等于是对自然土壤生命和肥力的一场不宣而战。在澳大利亚，每年产1 t吨粮食，就有10 t表层土壤流失。土壤侵蚀和退化很少成为报纸的头条新闻，但是在过去40年，世界上30%的可用耕地变成了不毛之地，而且超过一半的土壤被卷进水体而造成了污染，并增加了发生洪水的风险。自然界需要150年的时间来补充1英寸的表层土壤。然而，美国农场表层土壤流失的速度是补给量的10倍。[20]

在繁荣的国家，疾病会成倍增加。快餐店和加工食品，已经造成了有害健康的流行病以及在儿童期及其后期发生的糖尿病和肥胖症的灾难性增加。一位厨师在电台采访中开玩笑说，他们都知道如何提高顾客满意度，那就是加更多的奶酪和培根！我们的进化史让我们成为笨蛋——无法抗拒那些令人满意的碳水化合物和脂肪。

当给予老鼠很多种食物选择时它们会不停地大吃特吃，而与那些被喂食高营养及低卡路里食物的老鼠相比，尽管在短期内获得了满足，但它们所患的疾病更严重，而且寿命也更短。当被问及卡路里能降低多少时，罗伊的一句话使我们清醒过来，他说："当老鼠开始死亡时，我们知道它的卡路里太低了。"

人们需要倾听自己的身体，可以说，人人都提倡美味而令人满意的饮食制度。然而，我们也必须认识到，我们在生存中的自然选择本能可能不会为我们提供所有福祉，因为进化只要求我们活得足够长来繁殖和养育下一代。

生物圈 2 号饮食中的脂肪含量极低，远远低于标准的美国饮食推荐值。我们种植花生，虽然它们不像其他作物那样多产，但可以增加我们饮食中的脂肪。即便如此，我们平均每天只摄入 40 g 脂肪，其中仅有 20% 来自动物产品。当我们离开生物圈 2 号时，医学检查显示，女性的体内脂肪平均为 13%，而男性为 8%，这与健康的职业运动员相似。总而言之，我们的身体状况很好。[21]

6.10　饮食对气候变化及水资源的影响

我们如何生产动物产品，尤其是牛肉和牛奶，因为这会产生巨大的生态后果。畜牧业生产所产生的温室气体（18%~50%）比世界运输系统（13%）产生的还多。[22]来自奶牛和它们粪便的甲烷是一种比 CO_2 更强效的温室气体。

当森林用来放牧，农田用来种植大豆和其他谷物饲料时，也会释放 CO_2。另外，用水量也是惊人的，例如，1 磅牛肉需要 1 850 加仑（约 7 003 L），1 磅奶酪需要 380 加仑（约 1 438 L）。在美国，人们用水总量的 30% 与肉类消费有关。[23]

1800 年以来，世界人口已从 10 亿增长到 70 亿，预计到 21 世纪中叶将达到 90 亿。如果我们的饮食转变为素食，或者至少转变为包含少量肉类和奶制品的饮食，那么世界甚至可以轻松养活我们不断增长的人口。尤其是在年轻人当中，这种转变已经开始。[24]

由于生物圈 2 号的饮食主要是谷物、蔬菜和水果，因此我们可以在半英亩（2 023.43 m^2）土地上种植很大比例的食物。在饲养场里，75 ~ 300 磅（约 34 ~ 136 kg）青草和干草以及 6 ~ 7 磅（2.72 ~ 3.18 kg）的谷物，可以产出 1 磅牛肉。

鸡肉和猪肉的效率要高得多，即鸡肉约为2：1，猪肉约为4：1。[25]半英亩($2\ 023.43\ m^2$)的土地可以满足一个人的完全素食，但是需要10倍以上的土地来提供富含肉类和奶制品的饮食。生产大米、小麦和马铃薯所需的资源比生产鸡肉、鸡蛋、奶制品或猪肉的少2~6倍。[26]

全球粮食系统存在一种悲剧性的平衡：有10亿人营养不良、饥饿或得不到足够的营养，但却另有10亿人严重超重，而这两种情况都会导致健康问题。另外，当今世界农业并不高效，也就是说世界粮食总产量的1/3，即13亿吨粮食，不是从农场被运送到消费者那里，而是每年被浪费掉。[27]

小规模养鸡和养猪是主要的生计来源，而且对环境的破坏比养牛要小。目前，全球有超过10亿人的生计来自畜牧业生产，因此需要进行改革，以最大限度地减少对人类和经济的破坏。现在，必须做出改变，因为世界农业和粮食系统已远远失去了平衡。我们希望这些改变是明智的选择，而不是我们撞上生物圈界限的墙。

6.11 农场景观

我常常想起生物圈2号农场（作者又将其称之为厨房快乐花园。译者注）的乐趣（图6-8和图6-9）。在里面驻留大约6个月后，我在日记里记录下了在我们的厨房快乐花园中散步时的感觉：

在去地下室（这里有我照料的人工湿地系统及水稻、果树和香草种植箱）的路上，我经过了起伏的麦田。该农场是不同种植作物的拼图，一些小麦是金黄色的，正等待收割，另一些是绿色的，正在灌浆，而其他的仍然看起来像一片杂草丛生的草坪时。该种植园里有各种各样的蔬菜（如莴苣、辣椒和南瓜）、地上长满了藤蔓的甘薯、头很重的高粱以及处于不同生长阶段的马铃薯。我弯下身子，迂回前进，以免撞到悬挂在小路上的香蕉茎，以及在树荫下正在成熟的细长型木瓜果实。在右边，我向一群游客挥手致意，他们透过窗户正凝视着刚从稻田泥土中冒出来的稻苗；旁边是拱形的热带扁豆架。我在返回厨房的路上，穿过了热带果园，这是一个墨绿色的阴影世界，其中，香蕉树向间隔框架往上生长了20英尺（约6 m），芋头挥动着巨大的扇状叶子，精致的柑橘、无花果和番石榴树占据着中等高度的位置，甚至葡萄和菠萝也生长在下层植被中。当我离开集约农业生物群落的时候，难免会弹掉几只瓢虫，或难免看到我们引入的绿蜥蜴（食用蟑螂和蚜虫），由此享受到了在厨房快乐花园中漫步时的视觉和感官盛宴。[26]

图6-8 生物圈2号农场的部分超广角镜头照片

杆子是被用来支撑豆类作物的藤蔓

图6-9 生物圈2号农场俯视图

在左侧是位于农场阳台上的一排种植箱

6.12 自给自足的再生式农业

生物圈 2 号农业的独特之处是什么？它对我们有什么启发？我们努力把养分返还给土壤，以保持土壤肥力。从肥沃的有机土壤开始，几乎把所有的养分回馈给土壤。尽管由于病虫害而造成了一些损失，但我们在不使用化学品的情况下仍实现了高生产率，而且农场没有污染我们的水或空气。然而，我们的确面临保持农场健康的挑战：在主水箱和部分农田区块中盐分均增加了，例如，合欢树区块的土壤含盐量接近影响产量的水平。在第二次密闭实验期间，该地块被用于进行额外施用堆肥和大量浇水的试验，以更多地浸出土壤盐分。然而，稻田土壤在几乎连续处于淹水条件下时，会表现出了反硝化胁迫反应。[28] 在没有湿地的条件下，种植旱稻是未来密闭实验的一种选择，这样土壤就可以充分通气而变得更健康。

我们建造生物圈 2 号是为了发现问题，并开发能够确保长期农田土壤和水健康的方法。

参考文献

[1] LEIGH L, FITZSIMMONS K, NOREM M, et al. An introduction to the intensive agriculture biome of Biosphere 2 [M]//FAUGHNAN B, MARYNIAK G. (Eds.) Space Manufacturing 6: Nonterrestrial Resources, Biosciences and Space Engineering. Washington, DC: American Institute of Aeronautics and Astronautics, 1987: 76 -81.

[2] GLENN E, CLEMET C, BRANNON P. et al. Sustainable food production for a complete diet [J]. HortScience, 1990, (25): 1507 -1512.

[3] HARWOOD R. There is no away [R]. Biosphere 2 Newsletter 3, no. 3 (1993).

[4] NELSON M, SILVERSTONE S. POYNTER J. Biosphere 2 agriculture: test bed for intensive, sustainable, non -polluting farming systems [J]. Outlook on Agriculture, 1993, 13 (3): 167 -174.

[5] SILVERSTONE S. Eating in: From the Field to the Kitchen in Biosphere 2 [M]. Oracle, AZ: Biosphere Press, 1993.

[6] POYNTER J. The Human Experiment: Two Years and Twenty Minutes inside Biosphere 2 [M]. New York: Avalon Publishing Group, 2006.

[7] WALFORD R. The 120 – Year Diet [M]. New York: Simon and Schuster, 1987.

[8] REIDER R. Dreaming the Biosphere [M]. Albuquerque: University of New Mexico Press, 2009.

[9] WALFORD R, HARRIS S B, GUNION M W. The calorically restricted low – fat nutrient – dense diet in Biosphere 2 significantly lowers blood glucose, total leukocyte count, cholesterol, and blood pressure in humans [C]//Proceedings of the National Academy of Sciences, 1992, 89 (23): 11533 – 11537.

[10] SCHUMM L. America's patriotic victory gardens [EB/OL]. (2014 – 05 – 29) http://www. histoiycom/news/hungry – history/aniericas – patriotic – victory – gardens.

[11] SILVERSTONE S, NELSON M. Food production and nutrition in Biosphere 2: results from the first mission, September 1991 to September 1993 [J]. Advances in Space Research, 1996, 18 (4/5): 49 – 61.

[12] MARINO B D V, et al. The agricultural biome of Biosphere 2: structure, composition and function [J]. Ecological Engineering, 1999, 13 (1 – 4): 199 – 234.

[13] SILVERSTONE S, NILSON M. Food produofion and nufrition in Biosphere 2: results from the ferst missien, Sepfember 1991 to Sepfemter 1993. Advamces in Space Researoh, 1996, 18 (4/5): 49 – 61.

[14] NELSON M, DEMPSTER W F, ALLEN J P. key ecological challenges for closed systems facilities [J]. Aclvances in Space Research, 1993, 52 (1)" 86 – 96.

[15] International Potato Center. Potato Facts and Figures[EB/OL]. [2017 – 03 – 10]. http://cipotato. org/ potato/facts/.

[16] CRITCHFIELD S. We used to have 307 kinds of corn. guess how many are left?

[EB/OL]. (2012 - 04 - 18). http: // wwwLupworthy. com/we - used - to - have307 - kinds - of - com - guess - how - many are left.

[17] Oregon State University. Diminished crop diversity[EB/OL]. (2011 - 11 - 18). http: // people. oregonstate. cdu/ - muirp/cropdiv: htm.

[18] Biodiversity to nurture people[EB/OL]. [2017 - 03 - 13]. http: // www. fao. org/docrep/004/vl430e/V1430E04. htm.

[19] KHOURY C K, CASTANEDA NP, DEMPEWOLF H, et al. Measuring the state of conservation of crop diversity: a baseline for marking progress toward biodiversity conservation and sustainable development goals [EB/OL]. https: // ccafs. cgiar. org/publications/measuring - state - conservation - crop - diversity - baseline - marking - progress - toward#. WK8xaFXyuUl.

[20] PIMENTAL D. Soil erosion: a food and environmental threat [J]. Environment, development and sustainability, 2006, 8 (1): 119 - 137.

[21] WALFORD R, bechtel r, maccallum t. et al. Biospheric medicine as viewed from the 2 - year first closure of Biosphere 2 [J]. Aviation, Space and Environmental Medicine, 1996, 67 (7): 609 - 617.

[22] GOODLAND R. Livestock and climate change. https: // www; worldwatch. org/ files/pdf7Livestock%20and%20 Climate%20 Change. pdf.

[23] MEKONNEN M M, HOEKSTRA A Y. The Green, blue and grey water footprint of crops and derived crop products [EB/OL]. http: // waterfootprint. org/media/ downloads/Report47 - iterFootprintCrops - Voll. pdf.

[24] The number of vegetarians in the world[EB/OL]. [2017 - 04 - 20]. http: // www. raw - fbod - health. net/NumberOfVegetarians. html.

[25] Meat and greens [EB/OL]. [2013 - 12 - 13]. http: // www. economist. com/ blogs/feastandfaniine/2013/12/livestock.

[26] NUWER R. Raising beef uses ten times more resources than poultry, dairy, eggs or pork[EB/OL]. (2014 - 07 - 21). http: // www; smithsonianmag. com/science - nature/beef - uses - tentimes - more - resources - poultry - dairy - eggs - pork - 180952103/? no - ist.

[27] KUMAR S. The forgotten 1 billion[EB/OL]. (2011 - 12 - 21). http://www.worldwatch.org/forgotten-1-billion.

[28] SILVERSTONE S, HARWOOD R R, FRANCO - VIZCAINO E. et al. Soil in the agricultural area of Biosphere 2 (1991 - 1993) [J]. Ecological Engineering, 1999, 13 (1): 179 - 188.

第 7 章
水循环利用

7.1 实现水回路闭合

农场在养分和水总循环利用的设计上是激进的。“实现回路闭合”是空间生物再生生命保障系统的目标。这种方法也在全球范围内吸引了人们的注意力，大家正在考虑建立一套系统来维持我们地球生物圈的健康。

我们实施人工降雨——为农田灌溉编制计算机控制程序，并主要在地块周围有策略性地布置洒水器。通过 4 英尺（约 1.2 m）深的土壤床进行排水，而将排出的“渗滤水”收集在地下室的水箱中。另外，利用类似的灌溉系统为荒野生物群落提供“雨水”，并将收集的渗滤水进行回收后用来灌溉热带雨林、草原、荆棘灌丛和沙漠等。

在农场灌溉补给中，将渗滤水与其他两种水混合在一起：冷凝水和来自人工湿地经过处理的污水。

将冷凝水收集于生物圈 2 号的内部周围。因为这是一个非常潮湿的热带世界，所以在其中会产生很多冷凝水。由于是产自蒸发和植物的蒸腾作用，因此这样所获得的冷凝水则非常干净，从而将其一部分用作饮用水。另外，将该冷凝水的其余部分输送到农业系统储水箱和野生生物群落储水箱，在此与渗滤水分别进行混合后用于灌溉。对于农田和野生生物群落，冷凝水有助于减少灌溉中的盐分含量。这是一个重要的操作问题，因为我们希望避免盐分在土壤中长期累积（图 7－1）。

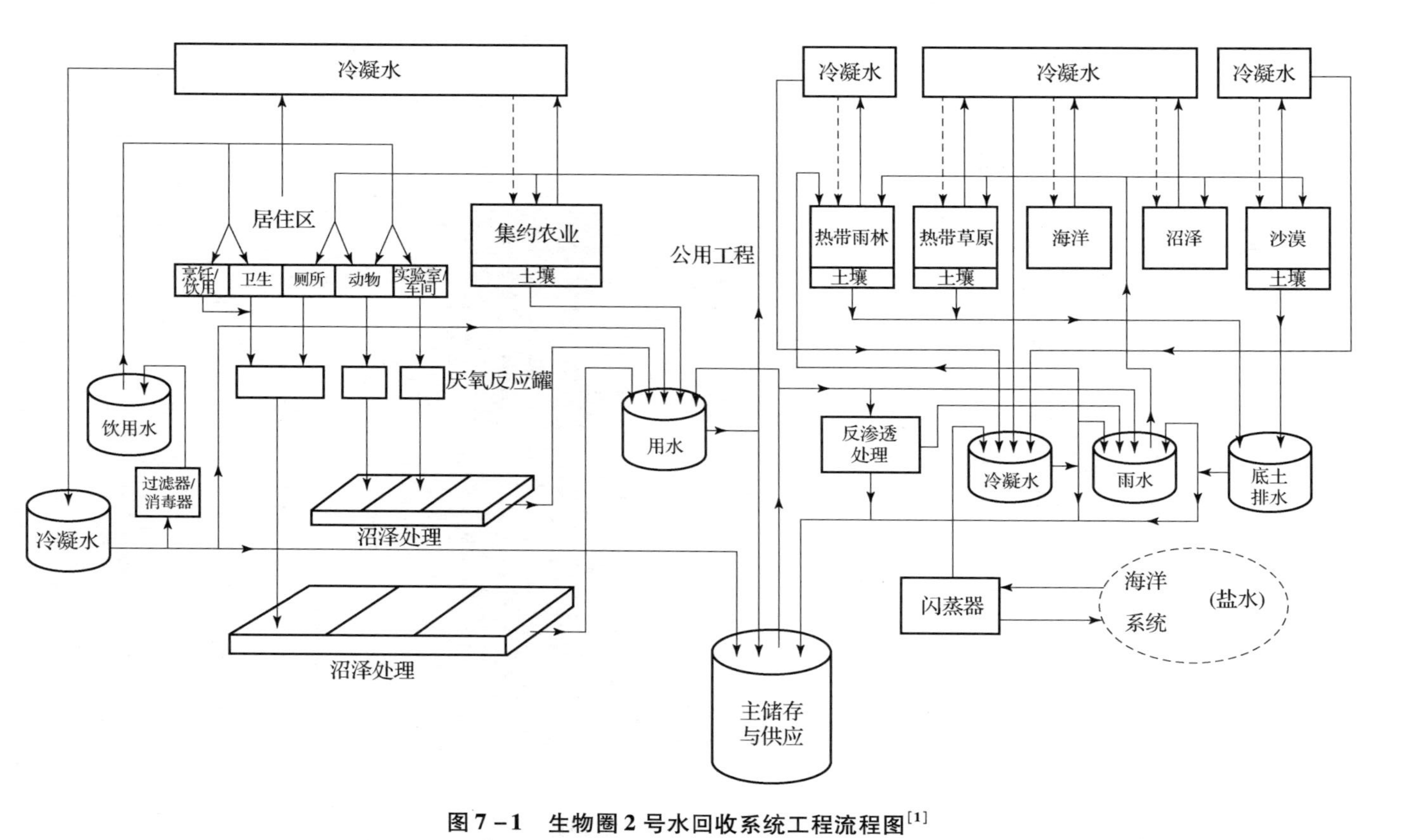

图7-1 生物圈2号水回收系统工程流程图[1]

沼泽处理(marsh treatment)是指用于污水处理的人工湿地(constructed wetland)处理

7.2 用于污水处理的人工湿地构建

经过人工湿地（constructed wetland）系统处理的污水也被返回到农田灌溉系统。比尔·沃尔弗顿（Bill Wolverton）博士是基于自然的生态工程系统的先驱，他帮助开发了这套系统（图 7－2）。[2] 在生物圈 2 号中，具有两套独立的人工湿地，一套用于处理人的污水，而另一套用于处理动物液体废物和实验室及车间污水。储罐收集所有的污水，其功能类似于化粪池，即通过分离和硝化固体而实现初级处理。在这里，厌氧细菌（anaerobic bacteria）在起作用。就像考虑问题周到的房主对待自家的化粪池一样，我们小心翼翼地不把任何可能伤害细菌的东西冲进下水道。在规划阶段，让后面所要使用的肥皂、洗发水、清洁剂和洗衣粉等的来源尽可能天然且可生物降解。

图 7－2 在生物圈 2 号封闭早期的污水处理系统局部外观图

污水处理系统中的植物生长迅速，产生了花朵、饲料、堆肥材料和湿地栖息地。其中被处理后的水和剩余的养分被用于农场灌溉

然而，在生物圈外，当人们不假思索地将油漆、溶剂、废油和肮脏的化学清洁剂冲进下水道时，化粪池中的微生物则会遭到严重破坏。对抗微生物的化学战的代价远不只是生态方面的。化粪池不能发挥作用，并且由于厌氧细菌无法消耗并分解这些固体而导致污泥迅速堆积，这就需要昂贵的抽水。此外，随着越来越多的固体和未分解的有机物质从化粪池中溢出来，从而导致沥滤污水的土壤黏稠，进而阻止了污水的渗透。沥滤场地的故障出现比正常情况下要早得多，而且

更换成本相当高。

接下来，我们将污水抽入人工湿地。通常，人工湿地建在带有防水衬里的开挖土壤中，以防止在处理完成之前渗漏。在生物圈2号，湿地系统采用了3个系列玻璃纤维储罐，并利用循环泵将水从末端送回最初的储罐。

人工湿地中生长着10多种湿地植物，包括漂浮的植物，如水葫芦、红萍和浮萍，以及扎根的湿地植物，如美人蕉（canna lily）、宽叶香蒲（bulrush，也叫灯芯草）和芦苇。

人工湿地中的植物生长旺盛。作为生物圈2号污水处理系统的管理者，我会定期修剪植被。可食用的植物被用作饲料（图7－3），而不可食用的植物，如水葫芦，则被进行堆肥。该污水处理无须化学药品和大量机械，因为植物以及水、土壤和植物根系区域中的微生物完成了所有工作。此外，饲料可增加牛奶、鸡蛋和肉类的产量[2]。我们每周从人工湿地收获50磅（约22.68 kg）动物饲料。我为之感到十分自豪，并自我陶醉地心想：“这个纽约市的年轻人管理着整个世界的污水系统！”[3]

图7－3　尼尔森正在生物圈2号人工湿地污水处理系统中收割植株以用作饲料

利用泵实现储罐之间的水循环

人工湿地也是“微生态系统”（micro - ecosystem）。偷渡客青蛙发现湿地是一个美妙的家，就像一些瓢虫一样。我喜欢在湿地工作，部分原因是我经常在旅游团和游客的众目睽睽之下进行修剪与其他操作，当导游向游客解释这个满眼绿色并鲜花盛开的花园是我们的污水处理系统时（图7 - 4），我可以看到他们惊讶的表情。

图7 - 4　在生物圈2号的人工湿地中美人蕉绽放了漂亮的花朵

一旦加水，植株会长得更快！

位于污水处理人工湿地末端的紫外线消毒系统，仅被用于研究。封闭后，我们很快得知8个人都没有感染疾病。在封闭之前，我们作为一个团队一起工作而“分享”我们的细菌，并与外部细菌隔离。

这是一套产生饲料、栖息地和鲜花的绿色污水处理系统！但这还不是全部。经过处理的人工湿地污水被送往农田灌溉补水储罐。最初从农场所获取的所有养分，形式包括直接食用的食物或源于饲料的动物产品，都被归还给土壤以帮助保持其肥力。

7.3　水快速循环

凭直觉认为，在我们的这个小世界里，水的循环比在地球上要快得多。即使在训练中，生物圈人也会相互提醒：“从任何地方进入我们水系统的东西都会在几周内进入我们的茶水中。”随后，我们对这些循环进行了计算。生物圈 2 号大气中的水分（湿度）只在那里停留 1～4 h，这一周期比地球生物圈的大气水循环周期要快 50～200 倍。相比之下，我们的微型海洋的平均停留时间要长得多，即 3 年多一点，但是这一周期也比地球上浩瀚的海洋要快 1 000 倍。从生物圈 2 号土壤排掉或蒸发掉的水与从地球土壤排掉或蒸发掉的水具有相似的循环周期，但是其循环时间不到两个月（表 7－1）。因此，我们对不使用任何可能污染土壤的东西保持高度警惕是正确的。

表 7－1　生物圈 2 号和地球生物圈中的水储量规模大小与水循环周期比较[5－8]

储水单元名称	生物圈 2 号中水的体积（L）	生物圈 2 号中水占的百分比	生物圈 2 号中典型日水通量（10^3 L）	生物圈 2 号中水估计停留时间	地球生物圈中水估计停留时间	生物圈 2 号中水的加速程度
海洋/沼泽	4×10^6	～61%	3.4±0.4	～1 200 d	3 000～3 200 年	快 1 000 倍
土壤	1×10^6－2×10^6	～23%（按照 1.5×10^6 计算）	灌溉：18.3±7.3 土壤排水：4.6±10.6（蒸腾蒸发作用）	～60 d	30～60 d	类似
大气	2×10^3	～0.03%	12.4±4.5（蒸腾蒸发作用）	1～4 h	9 d	快 50～200 倍

续表

储水单元名称	生物圈 2 号中水的体积（L）	生物圈 2 号中水占的百分比	生物圈 2 号中典型日水通量（10^3 L）	生物圈 2 号中水估计停留时间	地球生物圈中水估计停留时间	生物圈 2 号中水的加速程度
主储箱	$0-8\times10^5$	~12%（全满时）	+4.6 ~ −4.8 ±3.1	~80 d	—	—
冷凝水和渗滤液箱	1.6×10^5	~2%（全满时）	+2.8 ~ −3.0 ±9.7	~5 d	—	—
生物群落中的溪流和水池	8×10^4	~1%	—	—	—	—

土壤中水分循环类似，因为只要土壤在密闭生态系统中处于深处，那么通过土壤的排水就不会发生太大变化。相比之下，大气中的水循环速度要快 50 ~ 200 倍；在生物圈 2 号的小海洋和沼泽中，水循环速度提高了 1 000 倍。

7.4 当前水和养分的浪费情况

世界农业，尤其是高投入的工业化农业，很少尝试保留或循环利用营养物质。化肥被用来提高产量，并弥补贫瘠或退化的土壤，然而，一半的化肥被冲走并污染了地下水和地表水，却没有给农作物带来好处。农作物和动物产品被出口到城镇，但是营养物质并没有回到农场。相反，能源密集型且集中式污水处理厂接收人体排泄物，将其当作有毒物质来处理，一般用氯消毒，而氯是一种致癌且对环境有害的元素。[1]

通常，最后一步差不多都是将“处理过的”污水倒入附近的水体——湖泊、河流或海洋。然而，该处理过的污水会导致水体富营养化（eutrophication，即营养物质的过多），并促进藻类生长，而后者的大量繁殖，死亡和腐败会引起水中氧气大量减少，从而危害水生生物和海洋生物。动物粪便径流（runoff）也会污染我们的水体，尤其是来自饲养场和其他高密度畜牧业的污水。目前，在其他地方引起问题的那些营养物质起源于农田土壤，而后者却由于失去了肥力变得愈加贫瘠。

当由此产生的"营养汤"——肥料、污水排放物、动物和工业废水，到达河口并排入海洋区域时，后果会变得很可怕。现在，有些地方水体中所有的氧气都被束缚了起来而形成"死区"，除了藻类之外而没有任何其他海洋生物。第一个死亡地带是在墨西哥湾被发现的，其涵盖了 6 000 ~ 7 000 平方英里（24. 28 ~ 28. 32 km^2）。目前，在全世界都发现了同样的现象。预计在未来几十年，死亡地带的面积将会翻一番。[8,9]

事实上，在世界上几乎所有贫穷的国家，污水都是一种巨大的人类健康灾难。在这些国家，污水处理几乎不存在，因此污水就会污染饮用水和家庭用水。8 亿人缺乏清洁水，25 亿人产生的污水未能得到处理。这样，就会出现多种水传播的疾病，如霍乱、伤寒和痢疾。由于受污染的水引起痢疾会使婴儿、儿童和体弱者脱水而死亡，因此每年有 75 万儿童死于痢疾。[10]据世界卫生组织（WHO）估计，每年有 180 万儿童死于水传播疾病。[11]

7. 5 可持续发展事例

因此，现在出现了两个极端：富裕国家在污水处理上花费了大量资金和能源，然后将处理后的废水丢弃（即所谓的"排放"），而在未进行污水处理的发展中国家，疾病、死亡和环境退化则普遍存在。

将这种状况与一个世纪前在上海等城市盛行的做法进行一个对比：在那里，"夜土"（night soil。对人体排泄物的一种绝妙称呼）被收集起来，并送给船夫，而船夫则顺河而上卖给了渴望的农民。之后，农民将"大粪"制成堆肥并施与农田。按照这种方式，养分被回收并最终被返回到土壤——其最初生产的食物被送到了城市，而城市又从污水中挣钱。一本名为《四千年的农民：或许是中国、韩国和日本的永久农业》（*Farmers of Forty Centuries*：*or Permanent Agriculture in China*，*Korea and Japan*）的经典著作，专门介绍了传统的亚洲农业。[12]这是一个真正可持续发展的绝佳范例。

7.6 有前途的替代方案

有没有办法解决这个难题呢？现代污水处理厂面临着越来越多的要求，以消除越来越多的营养物质。如果他们能将工业废物（包括重金属和不应进入土壤的合成化学物质）与正常的居民废物分离，那么所产生的污泥或生物固体将被视为现代版的“大粪”。

把堆肥污泥送回所有供应城市食物的农场和牧场怎么样？我们为食物和污水处理所支付的价格应包含另外一项成本，以覆盖将营养物质返还至我们的农田。或许，可以想象一下以下情形，在一个系统中，向超市和食品配送中心运送食物的卡车，在要返回时接收到等量的堆肥污泥，然后将这些堆肥污泥载回到农场和牧场。

正确堆肥后，当温度上升到57.2～71.1 ℃时，人和动物的排泄物病原体就会在加热过程中被杀死。使堆肥放置6个月，是防止致病细菌的另一个安全措施。[13] 堆肥的神奇之处在于，它能将废物制成有机物丰富的黑土。向土壤中添加堆肥可以恢复土壤肥力、增加保水性并吸收温室气体。与工业化农业不同，有机土壤有助于减少而不是释放温室气体。有机、自然而传统的耕作方式从一开始就不依赖化肥或杀虫剂，而且富含腐殖质的土壤可以防止养分流失和土壤退化。

如增加土食者（locavore）的数量，并在饮食中恢复对当地农业的重视，则将会降低这一计划的成本！一些城市已开始将其污水污泥或有机材料与其他垃圾和固体废物分开堆肥，此外鼓励房主在后院堆肥，或发展有机废物、厨房垃圾、草屑和树叶的社区堆肥。[14]

目前，正在开发卫生和安全的方法，以将处理后的污水用于农业和园艺，其中包括由绿色植物利用养分的人工湿地。堆肥厕所既能节水又能肥沃土壤。然而，不可持续的事实是，每10吨水才能将1吨人体排泄物冲到集中污水处理厂。[15]

灰水（gray water。也叫中水或可再利用废水）灌溉使用的是非厕所污水，这样可以节约饮用水，并为园林植物自然施肥（包括水和养分）。干旱和水资源短缺正促使越来越多的城市和地区允许甚至鼓励采用带有补贴与回扣的灌溉方式。尽管卫生条例曾严格禁止将污水用于灌溉，但在必要的情况下，可以快速实施变革。[3]

7.7　担负水循环的责任

负责保持农场内外的水清洁是改善人和生物圈健康的关键。生物圈 2 号是一套高度密封的系统，其优势在于能够循环利用并完成水循环。我们将人的生活区视为一个微型城市，但是，我们在这里所做的事情和使用的产品，以及食品纯度与土壤健康之间的联系是明确存在的。我们用同样的水开启和结束了两年的封闭实验。

从封闭初期开始，我注意到周末有更多的废水到达。原因很容易理解：在周末，乘员们有更多的时间洗衣服和洗澡。在生物圈 2 号内，水来自哪里又去到哪里，这些都不神秘，因为我们可以沿着这些管道来追踪水回路的来龙去脉。

7.8　盐渍化的危害

农业用水占我们总供水量的 70%，占全球淡水资源的 35% 以上。[16] 农业用水引发了人们对水资源短缺的担忧。在农业和畜牧业中添加的污染物，包括杀虫剂、化肥和抗生素，都会进入土壤和水资源，而这些都增加了水和土壤盐渍化的危险。

在生物圈 2 号中也存在同样的问题。例如，其中一块农田和稻田（精确地说应是水稻—红萍—罗非鱼共生系统）出现了盐积累问题。另外，在野生生物群落中盐碱化也令人担忧，因为生物圈 2 号的一个“肺”中的主储水池在这两年中其含盐量有所增加。

自农业发明以来，盐渍化对人类历史产生了重大影响。灌溉水的盐积累被认为是中东一度肥沃的新月形地区一些帝国灭亡的原因。当海平面上升和灌溉水的盐积累破坏了苏美尔人的（Sumerian）土壤养育粮食作物的能力时，则他们的文明就开始衰落，结果导致荒漠化和当今“贫瘠新月”（Infertile Crescent）的形成。[17]在诸如“泥土：文明的侵蚀”（*Dirt：the Erosion of Civilizations*）[18]和“崩溃：社会如何选择成败兴亡”（*Collapse：How Societies Choose to Fail or Succeed*）[19]等著作中，均讲到了关于强大的文化是如何因盐碱化、侵蚀和荒漠化而崩溃的警示故事。[20]

目前，这种挑战仍然存在。据联合国粮食与农业组织（UNFAO）估计，全世界有325万平方英里（约8 417 461 km^2）的土地受到各国盐积累和气候的影响，而干旱的气候特别容易造成盐积累，从而导致可耕地的沙漠化。[21]

另外，澳大利亚面临着高风险，因为该国70%的土地是干旱或半干旱。当地的树木和植物被砍伐而用于大面积种植时，盐积累是未曾被预料到的。地下水位上升带来了更咸的水——深根植物通过其水分吸收而导致地下水位更深。海水入侵威胁着澳大利亚沿海地区的粮食生产，那里的土壤高含盐量已经开始影响农作物的浅根。正在实施的解决方案包括重新造林和恢复当地植物、更好地管理放牧和农作物用地，并种植更多耐盐作物。[22]

在其他地区，如加利福尼亚州中部的圣华金山谷（San Joaquin Valley），它是美国的主要产粮区，但长期大量灌溉增加了土壤盐碱化，并降低了地下水位。水的深度开采意味着使用更咸的水，而在干燥的气候下蒸发则会引起更多的盐积累。另外，化肥加重了这一问题。这种情况在世界各地重复出现，因此导致了越来越多的农田退化和城市饮用水质的日益下降。[23]解决方案将是昂贵的，可包括以下几种方法：①提高有机物含量的土壤改良[24]；②施用自然肥料；③进行水位管理；④结合深土排水法的过量灌溉而实现盐分冲洗。[25]

无论如何，我们都生活在这个人口高度密集并工业化星球的“下游”。“上游”的一切都影响着所有生命赖以生存的水。土地污染最终会波及淡水和海洋。这些生态系统中的化学物质集中在食物链的较高层次，结果是人们对受污染水域捕捞的鱼类和海鲜的健康感到担忧。

即使雨水也不能幸免，因为现代科技活动通过大气污染而会影响其水质。雨水本身是微酸性的，但现在工业和农业活动产生的较多CO_2、汽车尾气产生的N_2O以及石化燃料燃烧产生的SO_2等导致雨水的pH值已从工业化前的5.6降至3.0或2.0，即达到了强酸的水平。酸雨会杀死鱼类、破坏森林并损毁耕地。[26]

由于盛行风（prevailing wind）可以携带污染物，因此会在离污染源相当远的地方造成影响。例如，美国中西部的发电厂造成的酸雨破坏了加拿大的森林；斯堪的纳维亚森林遭受到来由盛行风从英国带来的工业污染。

即使是相对干净的雨水，当它接触到表面被铺过的地面时，也会受到污染，因为它可能携带着若干种污染物的残留物，如石油、有毒化学品、垃圾和病原体。暴雨水污染现在被认为是饮用水污染的主要原因。[27]

7.9 保护水资源

在生物圈2号里，能很容易认识到生物圈的健康就等于我们的健康。可以说，在里面的任何一个地方所做的任何一件事情都会影响这里的大气、水和食物的产量和质量。20世纪80年代，当我第一次见到密闭生态系统和生物再生空间生命保障领域的俄罗斯同事时，我给他们赠送了产自澳大利亚的飞镖（boomerang。也叫脱手镖或飞去来器，由澳大利亚土著人最先用于狩猎。译者注）。让我吃惊的是，这种密封严密的系统其最重要的特点就是“善有善报，恶有恶报”（what goes round comes round）。然而，对于生物圈2号这样更大而且密封程度极高的再生式星球生命保障系统（图7-5），以上那句话同样正确，但较难把握。

让你在做任何可能给任何地方的水库增加任何危险的事情之前，要三思而后行。保持我们的生物圈健康就变成了一种自我保护的行为。你不需要成为圣人就可以理解任何类型的污染对你个人或你的生命保障系统的一部分都是危险的。更重要的是，这种理解远不止是智力上的——它变得非常有机，是我们的整个身体彻底明白了。

参考文献

[1] NELSON M, DEMPSTER W F, ALLEN J. The water cycle in closed ecological systems: Perspectives from the Biosphere 2 and Laboratory Biosphere system [J]. Advances in Space Research, 2009, 12 (2009): 1404-1412.

[2] NELSON M, WOLVERTON B C. Plants + soil/wetland microbes: food crop systems that also clean air and water [J]. Advances in Space Research, 2011, 47 (4): 582 -590.

[3] NELSON M, FINN M, WILSON C. et al. Bioregenerative recycling of wastewater in Biosphere 2 using a constructed wetland: two year results [J]. Ecological Engineering, 1999, 13 (1 -4): 189 -197.

[4] NELSON M. The Wastewater Gardener: Preserving the Planet One Flush at a Time [M]. Santa Fe, NM: Synergetic Press, 2014.

[5] TUBIELLO F N, DRUITT J W, MABINO BDV. Dynamics of the global water cycle of Biosphere 2 [J]. Ecological Engineering, 1999, 13 (1 - 4): 287 -300.

[6] DEMPSTER W F. Biosphere 2: system dynamics and observation during the initial two -year closure trial [C]. SAE Technical Paper 932290.

[7] DEMPSTER W F. Water System of Biosphere 2 [M]. Oracle, AZ: Space Biospheres Ventures, 1992.

[8] Office of Pollution Prevention and Toxics. Chemicals in the environment: chlorine (CAS NO. 7782 -50 -5) (1994) [R/OL]. Environmental Protection Agency August, 1994. http://www.epa.gov/chemfact/f_chlori.txt

[9] Environmental Protection Agency. Primer for Municipal Wastewater Treatment Systems: EPA 832 -R -04 -001 [Z]. Washington, DC, 2004.

[10] SPECTOR D. Our planet is exploding with ocean dead zones [EB/OL]. (2013 -06 -26). http://www.businessinsider.com/map-of-worldwide-marine-dead-zones-2013-6.

[11] World Health Organization. Diarrhoeal diseased[EB/OL]. http://www.who.int/mediacentre/factsheets/fs330/en/.

[12] World Health Organization. World water day report[EB/OL]. [2017 -08 -29]. http://www.who.int/water_sanitation_health/takingcharge.html.

[13] KING F H. Farmers of Forty Centuries: or Permanent Agriculture in China, Korea and Japan [M]. Emmaus, PA: Rodale Press, 2011.

[14] JENKINS J. The Humanure Handbook: a Guide to Composting Human Manure [M]. 2nd ed. Grove City, PA: Joseph Jenkins, Inc. , 1999.

[15] Seattle Public Utilities. Backyard composting[EB/OL]. [2017 -04 -16]. http://www. seattle. gov/util/EnvironmentConservation/MyLawnGarden/CompostSoil/Composting/index. htm.

[16] CHUNG K, WHITE M. Greywater reuse [EB/OL]. [2017 -04 -17]. https://courses. cit. cornell. edu/crp384/2009reports/White&Chung_Gray% 20Water% 20Reuse. pdf.

[17] International Fund for Agricultural Development. Water facts and figures[EB/OL]. [2017 -04 -17]. http://www. ifad. org/english/water/key. htm.

[18] DIAMOND J. The erosion of civilization: the fertile crescents fall holds a message for todays troubled spots[EB/OL]. [2003 -06 -15]. http://articles. latimes. com/2003/jun/15/opinion/ op -diamondl5.

[19] MONTGOMERY D R. Dirt: the Erosion of Civilizations [M]. Berkeley, CA: University of California Press, 2007: 295.

[20] DIAMOND J. Collapse: How Societies Choose to Fail or Succeed [M]. New York: Penguin, 2005.

[21] RENGASAM P. Salinity in the landscape: a growing problem in Australia[EB/OL]. http://www. geotimes. org/mar08/article. html? id =feature_salinity:html.

[22] MUNNS R, PASSIOURA J. The dirt on our soils[EB/OL]. [2017 -04 -19]. http://www. nova. org. au/earth -environment/dirt -our -soils.

[23] Water Education Foundation. Salinity in the central valley: a critical problem [EB/OL]. [2017 -04 -21]. http://www. watereducation. org/post/salinity -central -valley - critical -problem.

[24] BOT A, BENITES J. Natural factors influencing the amount of organic matter [M/OL]//BOT A, BENITES J. (Eds.) The Importance of Soil Organic Matter [M/OL]. New York: Food and Agricultural Organization, 2005, http://www. fao. org/docrep/009/a0100e/a0100e 06. htm.

[25] ABROL R, YADAV J S R, MASSOUD F I. Salt -affected soils and their man -

agement[EB/OL]. http://www.fao.org/docrep/x5871e/x5871e00.htm.

[26] United States Environmental Protection Agency. Effects of acid rain[EB/OL]. [2017-04-29]. https://www.epa.gov/acidrain/effects-acid-rain.

[27] U. S. Environmental Protection Agency. Water topics[EB/OL]. [2017-04-22]. http://water.epa.gov/action/weatherchannel/stormwater.cfm.

第 8 章
野生生物群落

8.1 野生生物群落在生物圈中的作用

作为一种模式生物圈，除了两个人造生物群落（即农业区和微型城市居民生活区）外，这个新世界还有“荒野”生物群落（wilderness biome。也叫野生生物群落）。它们代表了一系列陆地和水生物群落。之所以选择热带系统，是因为它们的生产力最高、受到的威胁最大而且最容易在亚利桑那南部的温室内进行构建。

在生物圈 2 号内的陆地上，湿度梯度从最潮湿逐渐变为最干燥，即其顺序分别是热带雨林、草原、荆棘丛林及沙漠。沙漠占据了野生生物群落一端（南端）的低处，可以忍受夏季高温和冬季低温；热带雨林占据了另一端（北端）的高地；水生生物群落包括沼泽和珊瑚礁海洋。该沼泽具有从淡水内陆沼泽到海岸边缘红树林的过渡带。迷你海洋包括海滩、前后礁湖和较深的开放水域。

令从事太空生命保障技术研究的业内人士感到困惑是，为什么在生物圈 2 号中会包括类似于荒野的区域？因为以前的所有生命保障设施都仅限于粮食作物、用于大气和水再生的藻类以及乘员的生活区。生物圈 2 号设计者的解释是：之所以想要荒野生态系统，是因为即使是面向长期空间应用，但自然区域的美丽、多样性和神奇对于人的幸福与福祉也是重要的。也就是说，谁愿意生活在一个只有建筑物、粮食作物和家畜的世界？

作为一种全球生态实验室，人们可以研究农场和人的生活区对荒野的影响

(图 8 - 1)。我们希望荒野地区能够作为一种安全因素来改善整个系统的大气和水质。通过了解野生生物群落与不断扩大的人类生物群落之间的相互作用，而有助于深入了解它们在维护健康的全球生物圈中的作用。不过，可怕的是没有人知道荒野生态系统被进一步破坏到什么程度就会危及生物圈的基本循环和调节作用。

图 8 - 1　生物圈 2 号的较长野生生物群落的翼状部分

生物圈研发中心（Biospheric Research and Development Complet）位于左侧眼前位置，

而任务控制大楼（Mission Control Building）位于热带雨林阶梯金字塔的对面

或许更为相关的是：我们想与什么样的地球共存，并为子孙后代留下一个什么样的地球？你更喜欢一个完全由人类和我们的活动所主宰的世界，还是一个拥有生物圈诞生的所有其他类型的生物群落、魅力四射的动物和标志性植物的世界？

包括荒野地带可以证明这些非人类主导系统的重要性。在我们的全球生物圈中，荒野地区除非受到保护，否则会受到侵占、退化或资源开采，尤其是因为人类的利用而发生了彻底转变。

人们有理由担心热带雨林等关键生物群落被转变为农田后的命运。然而，历史上世界各地的森林均有损失。例如，从大西洋海岸到南部和中西部的“大美洲森林”（Great American Forest），在欧洲人定居之前覆盖了美国的大部分地区，但到现在 40% 的原始森林被转变为农业和城市用途。在剩下的 60% 的森林中，有 90% 以上被用于木材作业。在欧洲，一半的西大西洋混交林（western Atlantic mixed forest）及 75% 的中欧森林（Central European forest）均被用于农业。美国和欧洲的森林大多是次生林，而不是原生林，即是经过造林和砍伐后再长出的。

在澳大利亚，有史以来的森林损失率达到了40%。[1-3]

8.2 对野生群落的攻击

现在，人类活动占据了地球陆地面积的43%，其中40%用于农牧业生产，3%用于城市建设。1700年，农业只占土地的7%。虽然世界上95%的人口集中在10%的土地上，但世界上只有10%的地方需要48 h以上的行程才能到达。[4-5]畜牧业生产占地球土地的30%，且所需空间是种植直接食用作物所需空间的3倍。虽然牛肉只占世界饮食的2%，比乳制品、猪肉或鸡肉的占比还要少，但牛肉生产比鸡肉和猪肉生产所占据的土地要多很多。[6]

由于人口不断增长，因此对畜产品等食品的需求在不断增加，这样未受保护的野生地区就会受到威胁。这些趋势意味着更多的自然生态系统土地将被转换为农田，而不管其长期适用性如何。只有20%的潮湿热带土壤适合被用作农田。大多数热带雨林土壤营养贫乏、欠肥沃且遭遇风化。对于茂密热带雨林，所存在的矛盾之处在于，大部分养分都被包含在树木的生物量中，而不是在土壤中。尽管如此，热带雨林地区还是被开垦后用作牧场和用于动物饲料生产。[7]

8.3 人发挥的新作用

在生物圈2号中，我们希望限制人对野生地区的干预和改变。生物群落的规模小就意味着必须对食物链进行简化，通常会排除食物链顶端的“关键捕食者”。生物圈人会有意识地履行这一职责。关键物种是指在决定生态系统运行方式方面起关键作用的植物或动物。如果没有这种核心生物，那么生态系统将大不相同。[8]

在生物圈2号中，因为在大草原上缺少成群的食草动物，所以生物圈人会进去割草以模仿牧群吃草的行为。放牧或修剪是为新季节的牧草生长做好准备。生物圈人会在必要时干预野生群落，以防止其生物多样性出现严重丧失。另外，有意识地扮演核心掠食者的角色是生物圈人的一种新角色。生物圈人会为整个生物圈的健康采取行动，包括对大气进行管理，而不是起破坏作用。

全球大气的混合和基本生态循环范围的扩张，如水和营养循环以及全球气候变化，意味着人类活动和污染影响了整个生物圈。人类的想象力仍被许多生物群落所表现的自然之美、自然之多样性和自然之雄伟所激发。一种新的共生关系可能正在出现，这样就会打破人与“荒野”之间的严格界限。

人类有能力改变或管理自然，这曾经是不可想象的，但现在却越来越成为一种必要。美国陆军工程兵团（U. S. Army Corps of Engineers）通过修建大量的水坝和运河，并对埃弗格莱兹大沼泽地（Everglades）的水流进行控制，从而成为当今构建巨大湿地的主导力量。随着生态威胁的逐渐加剧，他们的任务已从防洪和资源管理转移到恢复这片野生地区的健康[9]。上述大沼泽地曾被称为“草之河”，但现在其水流却完全由人工控制。在世界上，为了保护具有独特多样性和自然美景的地区，先后建成了诸多国家公园、生物圈保护区和海洋保护区。圈养繁殖并放生濒危动物的做法是人类与野生动物之间新型共生关系的一个重要例证。

8.4 全球物种灭绝形势

尽管做出了以上这些努力，但我们的生物圈仍然面临着对生物多样性的严重威胁。这场由人类引起的“第六次灭绝”（sixth extinction）不同于地质历史上因流星撞击、火山爆发和自然气候变化等灾难性“自然”事件而导致的五次灭绝。目前物种灭绝的速度是正常速度的 1 000 ~ 10 000 倍。生态学家警告说，除非趋势逆转，否则 50% 的动植物生物多样性可能会在未来二三百年内消失。[10]

栖息地的丧失和破碎化导致了这些物种的灭绝。物种灭绝在任何地方及任何类型的环境中都在发生。拥有巨大生物多样性的热带雨林所遭受的损失最大，即其中一半的灵长类动物、20% 的哺乳动物、12% 的鸟类、21% 的鱼类、1/3 的鲨鱼和黄貂鱼，以及 1/3 的两栖动物，包括青蛙，都面临着灭绝的威胁。另外，昆虫是迄今为止世界上数量最多的一类动物，但目前由于对其种类数量并未完全掌握，因此尚不清楚有多少昆虫可能会消失。[11]

8.5　恢复生态学及创建生物群落的挑战

生物圈2号为推进恢复生态学（restoration ecology）——修复受损的自然栖息地提供了机会。[12]恢复生态学是从基层到政府层面所开展的一门新型学科。对湿地和候鸟的保护催生了人工湿地在恢复退化的天然湿地方面的新应用。在佛罗里达州，关于人工湿地出台了新的政策，即当企业破坏或改造现有湿地时，它们必须重建同等面积的湿地。[13]

生物圈2号项目在形成其荒野区域时面临着巨大的未知因素，像如何获得或创建合适的土壤，并设计必要的环境备份和支持技术。更不确定的是，预测在一个严密封闭的人造生物圈中，需要多少物种来补偿那些无法生存或竞争激烈的物种。

因此，从热带雨林到沙漠的所有陆地生物群落中，生态设计师都采用了“物种打包”（species－packing）的策略。随着生态系统的成熟，他们选择的植物和动物比预期可存活的要多得多。他们努力将可能在食物链中发挥相同作用或占据类似微生境的几种生物纳入其中。另外，风媒或虫媒授粉的要求使得选择引入哪一种植物变得进一步复杂化。

对于海洋和沼泽，进行了物种选择，并引入整个生物群落。将红树林和其他沼泽植被用木箱运输到生物圈2号，这确保了大沼泽地的土壤和微生物群也被运到这里。将来自墨西哥尤卡坦半岛（Yucatan）的珊瑚收集起来，并在专门设计的半拖车上的吊耳（lug）中运输。这些吊耳中装有富含浮游植物和其他海洋生物的海水。[14]

将土壤纳入农业和野生生物群落的决定，是由对其巨大生命力的欣赏所驱使的。在1平方英尺肥沃的土壤下面，生活着大约100万只蛔虫、5 000只蚯蚓及5 000只昆虫和螨虫。微生物对土壤的作用更加明显。一小撮土壤中含有3万个原生动物、5万个藻类、100万个真菌和数十亿个细菌，而其中绝大多数从未曾被见过，也未被鉴定。[15]与其他较为复杂的生物不同，细菌在不依赖繁殖的情况下可以跨越物种边界而进行遗传物质交换，这有助于微生物迅速适应不断变化的环境条件。例如，假如一种细菌能够存活，或假如它利用了一种以前有毒的化学物质，那么它就能够将这些基因传递给其他无关的细菌。[16]

微生物生命渗透到了地球生物圈并使其发挥作用。每个生物群落中都有各种各样的微生境（microhabitat），目的是最大限度地增加土壤多样性，从而确保微生物的各种功能。在整个生物圈2号中共有30多种土壤类型，而亚利桑那地质学专家罗伯特·斯卡伯勒（Robert Scarborough）博士是建造这些土壤的主要顾问。

由于水环境中的微生物也起着同样重要的作用，所以在其中包含了很大范围的水环境。然而，对于水生微生物的生命和土壤一样未经研究，甚至对水生微生物的所有关系和功能都缺乏大致的科学认识。我们所知道的是，正如哈佛大学的生物学家威尔逊（E. O. Wilson）博士在《管理世界的小东西》（*The little things that run the world*）文中写到的：我们需要它们，但它们不需要我们。[17]开启生物圈2号的第一次封闭实验时，其中约有3 800种动植物，另外还包括大量的微生物以及其他土壤和水生生物。我们希望它们能像管理我们的地球家园一样来帮助管理我们的微型生物圈。

动物选择充满了风险和未知。科学家们很少了解野生动物，尤其是食草动物的全部食性。更难以预测的是，在集成生态系统中，包括昆虫在内的特定动物会以什么为食。另外，行为模式也决定了候选物种是否被选择。例如，我们想养蜂鸟，但负责脊椎动物选择的草原设计师彼得·沃肖尔（Peter Warshall）博士很快就发现，许多动物都进行结队飞行，有些动物的上升高度超过了100英尺（30.48 m），但生物圈2号无法满足这样的高度。

想象一下，在生物圈2号中计算采蜜者需要多少花朵、哪些物种在不同的季节开花或者确定食虫动物每天需要吃多少昆虫等是多么有趣的事情。在生物圈2号中未引入蜥蜴和蜜蜂，因为其中缺乏紫外线，而上述两种动物在白天需要利用该光线进行导航。在草拟物种清单的过程中，数以千计的类似问题困扰着我们的野生生物群落生态学家长达数年之久。

8.6 隔离与检疫规则

一旦野生物种被选中，就面临着运输方面的挑战：如何获得植物和动物？如何获得亚利桑那州的进口许可？如何把它们安置在温室里，直到需要将它们引入野生群落的时候？亚利桑那州政府非常配合，它们指定现场，建造我们专门设计的温室作为隔离区，检查和保存新的实验材料，并排除不想要的物种或害虫。

检疫规则是一个典型的悖论。虽然意在保护自然，但条例中规定的防治病虫害的化学物质却毒性极大。有人建议我们走捷径，即把脏东西从有毒的垃圾堆里清除掉。然而，这既不是一种生态技术方法，也不符合生物圈 2 号的目标。相反，该项目投向研究，设计了一种对含有法定毒物残留的污水进行脱毒处理的设施，后来申请了专利。[14]

8.7　夜猴食物链

考虑到空间限制和食物链的现实，在野生生物群落中最大的动物是夜猴，或称“丛林宝贝”，是一种来自非洲的像猴子一样的树栖小动物。夜猴成年时只有 2.5 磅重（1.1 kg），它们在生物圈 2 号中以水果和昆虫为生。它们表现得很好，在研究温室被封闭前数量已经成倍增加。为防不测，还为它们准备了补充性的“猴食”。

由于我们没有宠物，因此这些活泼、友善和不失野性的原猴（prosimian）将成为我们的灵长类表亲，可为我们生物圈人提供娱乐和一种陪伴。它们夜间活动频繁，我们预料它们会穿过热带雨林、草原和荆棘丛林。它们有着猴子般的好奇心，对这个小小的世界进行了比预期更为广泛的探索（图 8 –2）。它们穿过技术圈地下室，甚至有一只通过半开着的门进入我们的果园。

在生物圈 2 号吸引了全世界的想象力之后，有关野生群落的教育价值则体现在了无数的课堂项目中。学生们在这些项目中设计了生物圈，因此提供了趣味盎然的生态学教学。我们解释了为什么在半英亩（2 023.43 m^2）热带雨林里不能有大象、老虎或狮子，因为迷你生物圈不是一个动物园或水族馆，在那里可以为食肉动物提供大量的肉、为熊猫提供竹子、为斑马提供草及为鲨鱼提供鱼。但在这里，我们必须建立一个能够不断提供所需食物的食物链。像这样的发现对于世界各地的许多学生来说都是绝佳的学习机会，而对于我们生物圈人来说，能够与小学到大学的学生互动也非常有趣（图 8 –3）。

图 8－2　一只生物圈 2 号夜猴（bush baby）

它们是非洲树栖并夜间活动的原猴类（与猴子有血缘关系），是生物圈 2 号内最大的野生动物

图 8－3　生物圈人琳达通过双向无线电与生物圈 2 号外的访客进行交流

8.8 保护野生群落免遭农业侵蚀

尽管我们很饿，但从来没有人真正地尝试过要把野生群落变成农田。盖伊对海洋和沼泽地有着强烈的保护意识，而琳达对陆地野生群落也同样如此。我们确实添加了一些可食用的植物，特别是在第一次封闭后的更改中，但琳达警惕地抵制任何“农业帝国主义者”（agri – imperalists）的入侵。

琳达告诉《全球评论》[*Whole Earth Review*，隶属于《共同进化季刊》（*CoEvolution Quarterly*）] 编辑凯文·凯利：“构建野生群落的目的是偶尔能够提供一碗香蕉、百香果（passion fruit）、木瓜和各种季节性热带水果。只要我在，荒野永远是荒野。”

对此，我同意：“如果我们说，让我们在热带雨林里种几块芋头，琳达会很乐意让那样做的，但如果说让我们带着铁锹去那里勘探，她必定会在前面打败竞争对手。”[18]

与在农场中庄稼被收获和土壤被扰动的情形不同，野生群落中的植物不断生长，并帮助我们进行大气管理。在我们封闭后一年之际，我在凯文写的一篇文章中讲道：“如果没有野生群落，我们就无法度过圣诞节（也就是说坚持不到圣诞节就得出来。译者注）。”凯利也说：“野生群落为稳定大循环（great cycle）提供了坚实的基础。”

我们也爱上了小型生物群落的魔力，知道在创造它们的过程中付出了多少努力。[18]

参考文献

[1] U. S. Department of Agriculture. U. S. forest facts and historical trends [EB/OL]. https://www.fia.fs.fed.us/library/brochures/docs/2000/Forest – FactsMetric.pdf.

[2] KAPLAN J O, KRUMHARDT K M, ZIMMERMAN N. The prehistoric and preindustrial deforestation of Europe [J]. Quarternary Science Reviews, 2009, 28 (27 – 28): 3016 – 3034.

[3] BRADSHAW C J A. Little left to lose: deforestation and forest degradation in Australia since European colonization [J]. Journal of Plant Ecology, 2012, 5 (1): 109 - 120.

[4] European Commission, Joint Research Center. Urbanization: 95% of the world's population lives on 10% of the land [EB/OL]. https://www. sciencedaily. com/releases/2008/12/081217192745. htm.

[5] OWEN J. Farming claims almost half earths land [EB/OL]. (2005 - 12 - 09). http://news. nationalgeographic. com/news/2005/12/1209_051209 _crops_map. html.

[6] NUWER R. Raising beef uses ten times more resources than poultry, dair, eggs or pork [EB/OL]. [2014 - 07 - 21]. http://www: smithsonianmag. com/science - nature/beef - uses - ten - times - more - resources - poultry - dairy - eggs - pork - 180952103/? no - ist.

[7] The tropical rainforest [EB/OL]. (2016 - 11 - 16). http://www: globalchange. umich. edu/globalchangel/current/lectures/kling/rainfbrest/rainfbrest. html.

[8] Keystone species [EB/OL]. [2017 - 08 - 26]. http://education. nationalgeographic. com/encyclopedia/keystone - species/.

[9] GRUNWALD M. The Swamp: the Everglades, Florida, and the Politics of Paradise [M]. New York: Simon & Schuster, 2006.

[10] University of California. Earth in midst of sixth mass extinction: 50% of all species disappearing [EB/OL]. (2008 - 10 - 21). https://www. sciencedaily. com/releases/2008/10/081020171454. htm.

[11] Center for Biological Diversity. The extinction crisis [EB/OL]. [2017 - 04 - 26]. http://www. biologicaldiversity. org/programs/biodiversity/elements _ of _ biodiversity/extinction_crisis/.

[12] PETERSEN J, HABERSTOCK A E, SICCAMA T G. et al. The making of Biosphere 2 [J]. Ecological Restoration, 1992, 10 (2): 158 - 168.

[13] KENTULA M E. Wetland restoration and creation [EB/OL]. (2002 - 01 - 29). https://water. usgs. gov/nwsum/WSP2425/restoration. html.

[14] ALLEN J P. Biosphere 2: the Human Experiment [M]. New York: Penguin, 1991.

[15] DAILY G C. ALEXANDER S, EHRLICH P R. et al. Ecosystem services: benefits supplied to human societies by natural ecosystems [J]. Issues in Ecology, 1997 (2): 1 - 18.

[16] MCGEE D J, et al. Bacterial genetic exchange[EB/OL]. http://onlinelibrary.wiley.com/doi/10.1038/npg.els.0001416/full.

[17] WILSON E O. The little things that run the world: the importance and conservation of invertebrates [J]. Conservation Biology, 1987 (1): 344 - 346.

[18] KELLY K. Biosphere 2 at one. Whole Earth Review, no. 77 (winter, 1992): 90 - 105.

第9章
人工热带雨林

9.1 热带雨林建设团队及其计划

热带雨林设计者的任务是完成一项几乎不可能完成的任务：让热带雨林从无到有，确保它在亚利桑那州南部的温室环境中蓬勃发展；让严酷的沙漠阳光从所有的玻璃侧面照射进来，而使半英亩热带雨林能够利用世界上最大的生物多样性获得生物群落的感觉和生态功能。

这项任务由纽约植物园（New York Botanic Garden）副园长、亚马逊和新世界热带植物的世界级专家吉列安·普兰斯博士领导，而且纽约植物园经济植物学研究所（Institute for Economic Botany）所长迈克·巴里克博士也参与了热带雨林的设计。后来，普兰斯博士成为英国皇家植物园的园长，因此我们得到了世界上两个最大植物园专业人士的帮助。

野生群落充满了自然变化，因此提供了不同景观的镶嵌图案。每一种景观都有不同的土壤、水和特定的动植物群。在生物圈2号中，所要做的事情就是将空间多样性压缩成盆景大小。在设计研讨会期间，计划使半英亩的热带雨林尽可能地多样化并充满不同的生态型（ecotype）。

生物圈2号中的群落交错区（ecotone。也叫生态过渡带。译者注），即一种群落向另外一种群落转变的界限，其作用非常重要。在位于委内瑞拉境内的南美洲圭亚那高地发现的一座模拟桌面（tabletop formation）构造的合成岩石山，即“特普伊山脉”（tepui），占据了其北侧。[1] 这座山包括在其侧面上方的多个种植袋、在各个侧面的多个山地梯田林区以及在顶部带有喷雾器的一个云林（cloud forest），以试图复制连续喷雾。

图森拉尔森公司（Larson Company of Tucson）是用特殊形式和彩色混凝土复制天然岩石表面外观的先行者，因此由他们承建了这座热带雨林山。在建设过程中，首先建造了一个像天然岩石一样的薄钢架，然后在上面覆盖了一层薄薄的混凝土以减轻重量。另外，该公司还构建了生物圈2号中的其他大型结构，例如35英尺（约10.67 m）高的草原悬崖和沙漠洞穴。

被种植后的热带雨林是一个工作和游玩的绝佳场所。山顶上的一个水池溢出了25英尺（约7.62 m）长的水流，形成了一道瀑布，落入一个溅水池，接着在山脚处落入了一个更大的水池（名为老虎池）。然后，水流经过蜿蜒的“淹没森林地带”（várzea。具有河边植物群落的季节性洪涝地区），在那里生长着像属于商陆属（*Phytolacca L.*）这样的独特树木。[2]低地热带雨林在山脚下呈扇形分布，并向南填满了一个山谷（图9-1）。另外，阶梯式金字塔空间框架高耸在我们行走的土地上方约75英尺（约22.86 m）的高空。

图9-1　野生群落部分外观图

约在封闭实验两年前的1989年建成

在野生群落中，最高建筑是热带雨林山。在其左边是草原悬崖，而海滩上已经长有两棵椰子树

为了保护热带雨林内部不受侧面强烈阳光的照射，则在其周围设计了另外一个群落交错区。这个“姜带”被种满了姜科植物，包括姜（ginger）、豆蔻（cardamom）、姜黄（turmeric）、海里康（heliconias。也叫蝎尾蕉或天堂鸟之花）、香蕉和大蕉（plantains）。与大多数热带雨林物种不同的是，这些热带雨林植物可以承受强烈的阳光。

为了保护低地热带雨林免受亚利桑那州骄阳的暴晒，规划了一种生态序列（ecological succession）。像伞树（*Cecropia*。有着巨大的银色叶子）、木棉（*Ceiba*）和银合欢（*Leuceana*）这类快速生长的树会形成第一批树冠。之后，生长较慢、耐阴并成熟的热带雨林树木将取代它们。当边界地区被清除时，这些自然热带雨林则会面临强烈的阳光，因此热带雨林成了研究保护自然热带雨林方法的一种实验室。

竹带（bamboo belt），在生物圈 2 号热带雨林的南边形成了另一个保护性群落交错区。快速生长的竹子提供了另一种景观类型，也阻止了其相邻海洋的盐悬浮微粒（salt aerosol。也叫盐气溶胶）到达热带雨林的其余部分。

热带雨林的树种大部分来自巴西、委内瑞拉、伯利兹和波多黎各。琳达前往圭亚那收集云林物种，但她在执行任务时感染了疟疾。密苏里植物园捐赠了一些大型标本，因为当时他们正在圣路易斯重做人工气候室（Climatron）热带雨林展品。其他种子和植物来自植物园、苗圃和私人收藏品以及波多黎各山地热带雨林的生态技术项目。每种热带雨林栖息地都有一系列独特的植物，包括藤本植物（vine）、地被植物（ground - cover plant）、附生植物（epiphyte、aerophyte 或 air plant。又叫气生植物。译者注）、灌木和乔木等树种，以填充多层树冠（图 9 - 2）。

在热带雨林中，动物包括夜猴、几种蛇、蜥蜴、青蛙和乌龟。另外，他们有意引入昆虫，包括黑色的小蟑螂，以建立食物网而帮助回收死去的有机物。另外，也曾经讨论过引入不以人为食的蚊子，但后来又将这种昆虫从备选的物种名单中排除掉了。

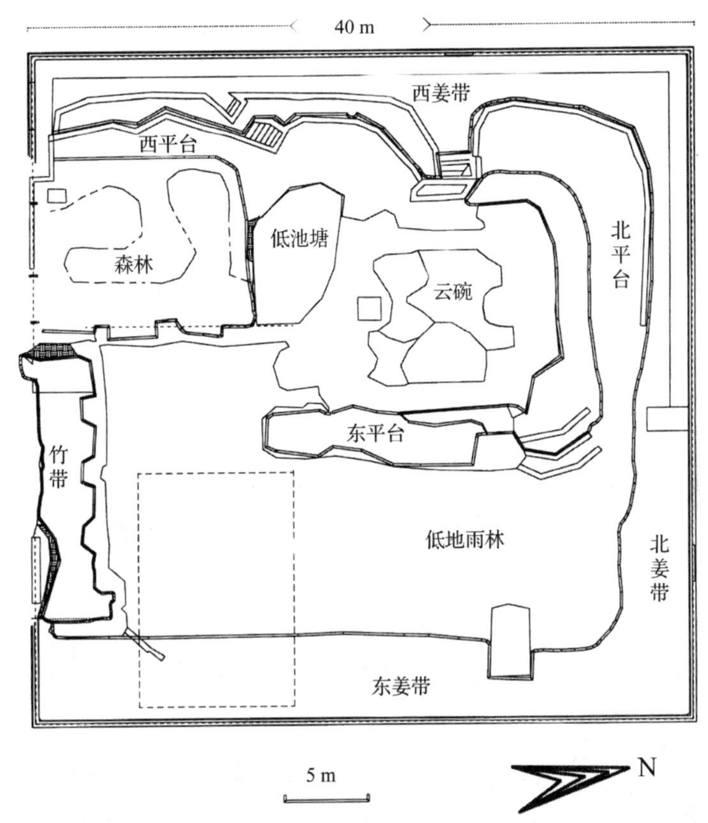

图9-2 生物圈2号热带雨林群落交错区分布示意图

9.2 绘图与测量

在半英亩的生物圈2号热带雨林中，物种打包策略（species - packing strategy）导致由分属300多个种的1 800多棵植株形成了初始种植规模。大多数都是相对较小的植株，但也有一些树种有8~10英尺（2.44~3.05 m）高。研究人员对热带雨林中的每一种植物（以及生物圈2号中的每一个生物群落）仔细进行了测绘与测量。该研究项目由耶鲁大学森林与环境研究学院的克里斯蒂娜·沃格特（Kristina Vogt）博士和丹·沃格特（Dan Vogt）博士共同主持。在该设施中，总共测量了11 000多棵植株，因此能够计算出初始生物量。另外，对每一棵植株都绘制了地图，这样就可以跟踪每棵植株的生物量等随着时间的变化情况（图9-3）。

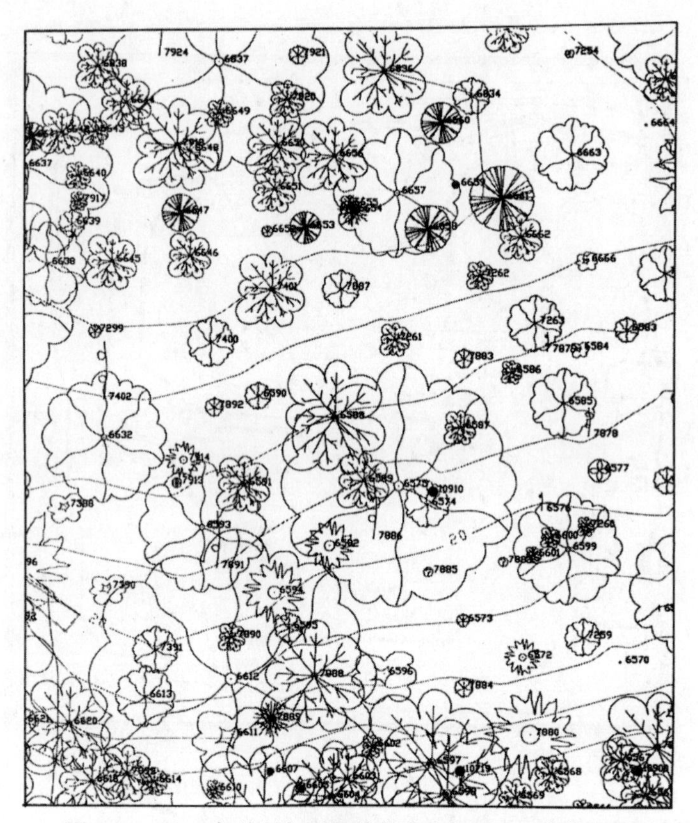

图 9 – 3　1991 年绘制与测量的部分生物圈 2 号热带雨林

一些人，如 H. T. 奥德姆（Odum）和尤金·奥德姆（Eugene Odum），认为生物圈 2 号封闭实验是有史以来最伟大的生态自组织（ecological self – organization）研究实验。此外，克里斯蒂娜和丹制定了该项目的研究方法，并在两年的封闭实验前后对所有生物群落的土壤样本进行了存档，以便将来研究时能够将生态系统变化与土壤变化联系起来。耶鲁大学的汤姆·斯卡马卡（Tom Siccama）博士和密歇根州立大学的埃内斯托·弗兰克（Ernesto Franco）博士也从事土壤分析研究，他们详细记录了两年来在热带雨林和农场中所发生的变化。

生物圈 2 号热带雨林生长旺盛，其中树木和其他植物长得很快。在这两年中，热带雨林的地上生物量增加了 400%。这些估计是基于琳达和我在这两年中所做的测量。[4] 经过两年的实验，在第二次封闭实验被启动之前，研究小组重新测量并绘制了生物圈 2 号生物群落的每一株植物。不过，这个无价的数据集从未被分析过，而且也不知道到底是谁掌控着它们。

也许是由于生物圈 2 号内的条件异常，因此树木生长得很快。由于一半的阳光被空间框架和内部阴影阻挡，因此光强很低。这里，夏季的白天比热带雨林树木在热带地区通常经历的时间要长，因为在热带地区季节差别不大。另外，较高的 CO_2 浓度也可能会增加植物增长率。结果是，整个生物圈 2 号野生群落区域中的植物长得有点像生态学家所称的“黄化”（etiolated），也就是说，与高光强下的植物相比，它们长得又高又瘦。这尤其影响了树木，即其也缺少了“应力木”（stress wood。在高紊流风中产生的高强度组织），这因此导致树木出现了一定下垂，但通过将树梢固定在高架空间框架天花板上可予以一定纠正。

出于预算考虑，原计划从热带雨林山和空间框架顶部进行热空气循环的方法未予采纳。结果，室内高温导致树木在 50 英尺（约 15.24 m）以上的空间无法生长，因此也就导致在热带雨林山顶上无法长出真正的云林植物。

热带雨林确实达到了复制自然热带雨林特征的目标——高湿度、茂密的植被和迅速形成的树冠给人一种置身于另一个世界的感觉。除了为达到生境差异和构建食物链之外，植物的选择在一定程度上也是为了给人带来特殊待遇。幼小的咖啡树和少量的马黛茶树（yerba mafe。许多南美洲人选择的咖啡因植物）可提供刺激性饮料。香蕉、芭蕉和姜科香草有助于为部分食物增添香料。热带雨林以绚丽的花朵和潮湿热带地区的芳香让我们这些首批生物圈居民感到由衷高兴。

密密麻麻的“丛林”树冠为乘员提供了隐私和特殊场所，使他们能够远离疯狂的人群，即使人群中只有 7 个人。有时，乘员就像动物园的一个展品，游客试图在玻璃展品中看到伪装得很好的动物。但在这种情况下，生物圈人是难以捉摸的动物。可以说，玻璃旁边的游客根本不知道我们在享受公共隐私，即离他们站的地方只有一箭之遥。

9.3　保护生物多样性

我们生物圈人作为大气管理者与热带雨林互动，切割能够快速再生的姜带植物，以帮助控制 CO_2 浓度。我们还充当关键捕食者。另外，我们特别仔细地观察了中间和顶部冠层树木，它们会取代大多数早期演替的树木。而且，我们会修剪过分遮阴的树木，并修剪数量太多且顺着树木爬升到顶部而直冲阳光的藤蔓。

然而，事实证明牵牛花（morning glory）是最令人望而生畏的敌人，乘员对其耗费了最多的人工干预时间。按计划，将牵牛花种植在热带雨林山上的部分土穴（soil pocket）中。我们很高兴看到绿色植物覆盖了这座山。但出乎意料的是，牵牛花并没有就此止步，而是侵入山顶和露台地区。由于事实证明水是没有障碍的，因此它们在池塘和水坑里纵横交错，并延伸到另一边来征服泛滥平原（várzea）。它们还试图分散开来以覆盖低地森林中的所有东西。当我们动员起来对抗它们时，它们甚至准备从泛滥平原的边缘入侵草原！乘员一个接一个地修剪它们。由于牵牛花在侧向生长时会扎根，因此很难确定它们的起始或结束位置。有时，拉起牵牛花藤感觉就像卷起电线的无数线轴，因为它们的茎很细。

当两年结束后，在第二批乘员开始封闭实验之前的过渡期，我们从热带雨林中移走了银合欢树。有些已经从4~5英尺（1.22~1.52 m）高的树苗长成了35~40英尺（10.67~12.19 m）高的健壮树木！移走这些树木可以让成熟的热带雨林树木获得更多的光线，因为它们已经足够强壮而会占据顶部的树冠。竹子也从4英尺（约1.22 m）高长到了30多英尺（约9.14 m）高。另外，在泛滥平原的商陆幼树现在长得已经超过了你可以用手臂环抱的大小（图9-4）。

图9-4 吉列安·普兰斯博士在两次封闭实验过渡期间视察热带雨林

普兰斯旁边的是他的妻子。后排左起分别是约翰·艾伦和魏勇丹（Yongdan Wei），前排右侧是尼尔森。普兰斯的有计划继承及保护内部热带雨林的策略非常有效

在生物圈 2 号封闭实验之后，琳达和我一样，在佛罗里达大学与 H. T. 奥德姆一起获得了环境工程博士学位。由于她的论文涉及促进生物多样性的因素，因此她的工作为我们提供了生物圈 2 号热带雨林如何发展的大量信息。

不出所料，热带雨林的多样性和植物的数量减少了，但几乎没有达到一些人担心的灾难性水平。奥德姆认为到头两年年底，我们将失去 80% 的生物多样性，而琳达保守估计会达到 20% 的损失。然而，关于热带雨林，两者的说法都不对。事实上，在封闭两年后，在热带雨林的树种由最初的 288 种减少到 181 种，减少了约 40%，而 45% 的原种存活了两年。尽管贪婪的蚂蚁消灭了几乎所有的传粉昆虫，但许多热带雨林植物还是开花结籽了。[5] 几乎所有的传粉者都消失了，这要归因于一种通才蚂蚁（generalist ant），即长角立毛蚁（*Paratrechina longicornis*），由于它的行动不稳定而被称为“疯狂蚂蚁”。这种“偷渡者”经常出现在温室里，而且在陆地生物群落中很普遍。在为期两年的实验中，只有那些没有被疯狂蚂蚁捕食的昆虫才幸存下来。[6]

9.4　夜猴的独特行为

正如所料，夜猴提供了很多娱乐和联系（bonding）。我们夜间轮流值班，在巡逻期间经常会遇到夜猴或听到夜猴的叫声。其叫声响彻整个野生群落，这让守夜人和生物圈人兴奋地外出而在野生群落里度过夜晚。在吃晚饭的时候，夜猴有好多次栖息在一棵草原树上俯视着我们。它们和我们一样，双方都很好奇。

在封闭实验前，在项目温室里被饲养的两只成年雌性夜猴发生了争斗。虽然我们的灵长类顾问认为生物圈 2 号为它们提供了足够的栖息地而让它们都有一块领地，但事实并非如此。雌性领袖对它不那么强势的竞争对手造成了严重伤害。我们最后不得不在果园里建一个宽敞的笼子，在最后一年把它们分开了。

还有一次悲惨的死亡。夜猴无疑是受我们共同的灵长类动物好奇心的驱使，使技术圈地下室成为它们探索的地方。一只幼年夜猴在找到一个未被防护的天花板接线盒时触电身亡。之后，琳达和雷瑟仔细检查了整个技术圈，并排除了可能对夜猴造成伤害的任何地方。在两年的封闭实验中，我们还为我们的头号男星和女星所生的小夜猴感到兴奋。

包括盖伊和琳达在内的几名乘员分享了他们的一些特别时刻。例如，当他们坐在热带雨林或海滩上时，一只夜猴会悄悄地走过来并坐在他们旁边，琳达觉得这像是“小妹妹”的来访。[7]他们会在一起坐一会儿，然后，夜猴就独自离开。

在两年封闭实验的后期，我们引进了另一组更小的热带雨林植物物种，包括一些水果植物来活跃餐盘。这是我们可采取策略的一部分，即在所创造的生物群落发展到最大的多样性之前，我们有足够的时间来实现生态自组织。然而，生物圈 2 号的规模限制了其拥有非常丰富的生物多样性和成熟的树冠层，而这些正是健康的原始热带雨林的特征。毕竟，生物圈 2 号只有半英亩大小。关于最终可以维持多少生物多样性，时至今日却仍然是一个悬而未决的问题。从理论上讲，随着系统的成熟与稳定，那么针对外来入侵物种所需要的人为干预就会越来越少。

琳达总结道：“生物圈 2 号热带雨林的初始动力学与其他热带雨林的接近，但不同的光照和 CO_2 浓度可能会改变其生物地球化学循环（biogeochemical cycling）的过程。因此，生物圈 2 号热带雨林是一个适合进行创新研究的平台”。[5]

生物圈 2 号热带雨林仍然是研究最具生物多样性和受威胁的生物群落的有力工具。由于多种环境参数可得到有效控制，因此生物圈 2 号热带雨林仍在像我们所希望的那样被利用。这可被作为开展亚马孙热带雨林研究的一种比较平台，还可被用作研究生物群落对气候变化可能带来的干旱、CO_2 浓度升高和增温等反应的一种实验工具。

9.5 全球热带雨林

以上我们所面临的困难与在全球热带雨林中所出现的糟糕动态情况相同——热带雨林遭砍伐而出现了碎片化现象。一项早期的研究着眼于当热带雨林地块面积分别为 2.5 英亩（10 117.15 m^2）、25 英亩（101 171.5 m^2）和 250 英亩（1 011 715 m^2）时对生物多样性和生态系统健康的影响。正如所料，较大的面积证明最具弹性。相反，较小的面积会具有更多的“边缘”效应，也就是栖息地变化较小而干燥风穿透更深。结果，许多树木因无法支撑自身而倒下了。在世界上，针对不同生物群落类型的类似研究已经证明了这些结论。[8]

拯救热带雨林地区（如迅速缩小的亚马孙河流域，以及印度尼西亚等东南亚和非洲等地区）不应该仅仅依靠保护区，而是还有必要建立国家公园（National Park），特别是要确保生物特别的多样性和独特的热带雨林栖息地得到保护。但经常是，简单地宣布一个地区受保护并不能使它成为保护区。保护热带雨林最有效的方法是将其与改善当地经济的计划结合起来，即为当地人提供保护热带雨林相关的工作岗位并合理利用资源。

这方面的一个很好的例子是在尼泊尔：将邻近人口中的前偷猎者雇用为公园护林员，以保护奇特万国家公园（Chitwan National Park）地区。该陆地是印度和尼泊尔的独特塔拉山（Terai Mountain）山麓的最大被保留的热带雨林地区之一。以前为了抗击疟疾，会大量使用杀虫剂二氯二苯三氯乙烷（DDT）进行灭蚊，但后来发现这种物质对环境会产生有害作用。因为这里是孟加拉虎和亚洲独角犀牛的重要栖息地，所以政府在20世纪70年代初决定保护这片土地。因过度切割牧草而造成破坏的村民只被允许在一年中的特定时间进入，所以他们不是简单地被排除在外。该得到恢复和管理后的地区现在为村民提供了比以前更多的饲料——因为现在的生态更加健全，以及其他更好的社会经济效益。[9]

亚马孙和其他热带雨林在外人看来很自然，但他们并不知道这些热带雨林已经被土著印第安居民管理和利用了数千年。经济植物学研究所（Institute of Economic Botany）的一项研究发现，在毗邻印第安村庄的亚马逊热带雨林中，超过80%的植物种被收获后用于制备食品、药品、纤维、油类和杀虫剂以及其他用途。[10]大多数“天然”热带雨林实际上是一个综合生态系统，因为它是与依赖它的人类文化共同形成和发展的。[11]

传统上，人们影响热带森林（以及有树草原）的一种方式是刀耕火种式农业。尽管土壤贫瘠、植被茂密及土壤养分流失，但这种方法仍可用于农业。只要在使用期之间有足够的休息期，则该系统就不会损坏土地。但是，如果人口压力增加和使用间隔缩短，就像已经发生的那样，则后果可能是毁灭性的。据估计，仍有大约3亿人从事刀耕火种式农业。

研究人员正在探索如何适应刀耕火种的小规模雨林耕作方式，以使其更符合森林的长期健康发展。一种方法是利用原生热带雨林中的豆科树木带来保护作物，并添加氮及护根覆盖物来保护土壤免受侵蚀。这样，可为热带雨林中的传统农民提供薪材以及稳定而可持续的作物，而不会对土壤造成破坏，同时保护而不为了获取短期收益而破坏热带雨林。[12,13]

9.6 短期成本与长期成本分析

长期以来，出于经济原因而必须砍伐热带雨林的说法一直存在争议。亚马孙河流域的土地所有者每年仅可获得每英亩 60 美元的转换雨林用于放牧的费用，以及每英亩 400 美元的一次性采伐费用。相比之下，有价值的食品、药品、橡胶和其他非木材用途的产值为每英亩 2 400 美元，而且可以长期维持。[14] 以这种方式利用热带雨林，不仅可以保护热带雨林的生态多样性，还给我们的地球生物圈带来其他好处。亚马孙热带雨林中多达 50% 的降雨是由森林产生的，当大面积的森林被砍伐殆尽时，降雨也就会随之消失。[15]

世界上近 40% 的药物来自植物，而其中 25% 来自热带雨林。持续的森林损失将意味着许多潜在的药物和其他有价值的植物在被发现之前将永远消失。目前，经过筛选后认为只有 1% 的亚马孙植物具有药用活性。全球一半的热带雨林面积已经消失，而在过去的 50 年里，亚马孙地区 20% 土地上的森林已被砍伐殆尽，而且现在每天仍在继续失去 20 万英亩（约 809.37 km^2）的热带雨林。

不仅热带雨林在消失，而且当地的传统部落也在消失。亚马孙河流域的原住民是当地最伟大的民族植物学家（ethnobotanists）。一个村庄在他们周围的热带雨林中使用了 200 种不同的植物作为药物。在整个亚马孙地区，据估计，有 1 500~2 000 种水果为印第安部落享用。相比之下，世界其他国家的饮食中只有 200 种水果。那么失去了这些人，则意味着我们就失去了打开他们生活药店和食品篮子的钥匙。哥伦比亚亚马孙地区的一个部落，即使没有花和果实，也能识别出他们那里所有的树种，而这是任何受过大学培训的植物学家都做不到的。[16] 亚马孙的土著人口已经从大约 500 年前的近 1 000 万锐减到现在的不到 25 万。[17]

生态技术研究所在波多黎各的湿热带森林实施过一个示范项目。自 1980 年代初以来，项目组（具体位于 Las Casas de la Selva 地区）在政府的支持下，一直在努力证明次生林（secondary forest）可被进行管理以保持森林覆盖率，同时列植（line－planting，在种植带之间保持森林完整并可提供有价值的硬木）可以提供长期经济效益。由于先前对农场和牧场的砍伐与废弃，因此次生林在各地都在增加。波多黎各本身是世界上造林速度最快的国家。可以从次生林中采伐可持续木材，方法是丰富次生林，并使用选择性的“自由疏伐”（liberation thinning）来加速宝贵的原生木材的缓慢生长。这样，就可以减轻对原始雨林的一些压力。[18]

公平贸易产品，如咖啡、巴西坚果以及未得到森林砍伐认证的其他东西，作为支持土著居民利用热带雨林的一种方式，正日益受到重视。制药公司面临着制止“生物盗版”（bio－piracy）的压力，并与当地人分享药品利润，因为当地人经常引导药品猎人找到他们知道的药用植物。

企业和政府都面临着减少与停止毁林的压力。全球气候变化活动人士支持将热带雨林作为碳汇（carbon sink）而非和开垦与转为农业相关的碳排放进行保护的计划。征收碳税会增加保护热带雨林的动力。另外，提高已转换土地的资源效率和生产力、赋予包括土著居民在内的当地利益攸关方管理热带雨林并恢复受损土地的权利、恢复受损和退化的生态系统、给消费者施加压力以避免使用导致热带雨林毁坏而得来的产品并支持可持续的非木材产品，这些都会有助于保护和恢复热带雨林。[19]

参 考 文 献

[1] SEARS R. Tepui [EB/OL]. [2017 - 05 - 02]. http://www. worldwildlife, org/ecoregions/nt0169.

[2] Amazon floodplain forests [EB/OL]. [2017 - 04 - 30]. http://wwf. panda. org/what_we_do/where_we_work/amazon/about_the _amazon/ecosystems_amazon/floodplain_forests/.

[3] ODUM H T. Scales of ecological engineering [J]. Ecological Engineering, 1996, 6 (1996): 7 - 19.

[4] LEIGH L, BURGESS T, MARINO B D V. et al. Tropical rainforest biome of

Biosphere 2: structure, composition and results of the first 2 years of operation [J]. Ecological Engineering, 1999, 13 (1-4): 65-93.

[5] LEIGH L. The basis for rainforest diversity in Biosphere 2 [D]. Gainesville: University of Florida, 1999: 364.

[6] WETTERER J K, MILLER S E, WHEELER C, et al. Ecological dominance by Paratrechina longicornis (*Hyme-Noptera: Formicidae*), an invasive tramp ant, in Biosphere 2 [J]. The Florida Entomologist, 1999, 82 (3): 381-388.

[7] ALLING A, NELSON M. Life under Glass: the Inside Story of Biosphere 2 [M]. Oracle, AZ: Biosphere Press, 1993.

[8] LAURANCE W F, CAMARGO J L C, LUIZAO R C C. et al. The fate of Amazonian forest fragments: a 32-year investigation [J]. Biological Conservation, 2011, 144 (1): 56-57.

[9] Chitwan National Park [EB/OL]. [2017-05-04]. http://whc. unesco. org/en/list/284.

[10] BOOM B M. Amazonian Indians and the forest environment [J]. Nature, 1984, 314: 324.

[11] BUTLER R. The effect of area on rainforest species richness[EB/OL]. (2012-07-31). http://rainforests. mongabay. com/0303a. htm.

[12] HANDS M R, HARRISON A F, BAYLISS-SMITH T R. Phosphorus dynamics in slash-and-burn and alley-cropping systems of the humid tropics [M]// TIESSEN H. (Ed.) Phosphorus in the Global Environment. New York: John Wiley, 1995.

[13] SITLER R. Providing an alternative to slash-and-burn agriculture[EB/OL]. (2013-10-21). http://www. resilience. org/stories/2013-10-21/providing-an-alternative-to-slash-and-burn-agriculture.

[14] TAYLOR L. Rainforest facts[EB/OL]. (2012-12-21). http://www. rain-tree. com/facts. htm#. VUF_GfldXVQ.

[15] Amazon rainforest[EB/OL]. http://www. blueplanet biomes. org/amazon. htm.

[16] TAYLOR L. Saving the rainforest: a complex problem and a simple solution[EB/

OL]. [2017 - 06 - 15]. http://csc.columbusstate.edu/summers/Outreach/RainSticks/fRainforestFacts.htm.

[17] NELSON M, SILVERSTONES, REISS K C, et al. Enriched secondary subtropical forest through line - planting for sustainable timber production in Puerto Rico [J]. Bois et Forets des Tropiques, 2011, 309 (3): 51 -63.

[18] NELSON M, SILVERSTONE S, BVRROWES P, . The impact of hardwood line - planting on tree and amphibian biodiversity in a secondary wet tropical forest, southeast Puerto Rico [J]. Journal of Sustainable Forestry, 2010, 29 (5): 503 -516.

[19] Rainforest Alliance. Halting deforestation and achieving sustainability[EB/OL]. [2017 -09 -12]. http://www.rainfbrest - alliance.org/sites/default/files/2016 - 08/Deforestation - and - Sustainability - RA - position - paper - 2015 - 04 - 13_1_0.pdf.

第 10 章
人工海洋

10.1 在高海拔亚利桑那沙漠上建人工海洋

在野生生物群落最具挑战性的项目中，无疑是创建一片有热带珊瑚礁的海洋，维持其健康需要足够的努力、创造力和热情。水族馆的热带珊瑚礁展览总是很难维持，因为它们需要定期更换新鲜的海水，以冲洗掉累积的营养物质并去除死去的珊瑚。生物圈 2 号需要一片海洋作为全球生态学实验室。科幻作家克拉克（Arthur C. Clarke）以海洋生物学家的身份开始了他的职业生涯，他指出：由于地球表面 2/3 是水，因此称这个星球为“地球”并不合适，而明显该是“海洋”。[1]

珊瑚礁象征着海洋的庄严和崇高之美，它们是世界上最古老的生态系统之一。例如，澳大利亚的大堡礁（Great Barrier Reef）绵延 1 200 英里（1 931. 21 km），已经生长了 500 多万年。珊瑚礁覆盖面积达 11 万平方英里（28. 48 万 km^2），对维持鱼类和海洋生物种群以及贫穷热带国家数百万人的生计至关重要。一块珊瑚礁可以容纳 4 000 种不同的物种，其生物多样性是公海的 100 多倍。[2]

因为存在很多种原因，所以人们认为建造微型海洋是不可能的。热带珊瑚是在地球的近赤道地区被发现的，而不是在生物圈 2 号所处的地理位置，因为这里的季节变化很大。[3] 它们位于海平面，而不是在海拔为 3 900 英尺（约 1 188. 72 m）的生物圈 2 号所在的地方。亚利桑那州离热带海洋很远，而运输珊瑚极其困难，因为它们被移动时需要照光和进行水循环。那么，怎样才能在干旱的亚利桑那州找到适合珊瑚礁生长的石灰岩？为了保持珊瑚礁的健康，则不能有营养物质的积累。

生物圈2号在与沃尔特·阿迪（Walter Adey）博士和史密森尼国家自然历史博物馆（Smithsonian National Museum of Natural History）海洋科学实验室的合作中发现了大量资源。沃尔特是为公众教育和研究创建生态中观世界（ecological mesocosm。自然系统的小型版本）的先驱，并与生物圈2号的海洋和沼泽系统项目进行合作。他的团队已经为他在华盛顿特区的博物馆创建了一个珊瑚礁生态中观世界展品，还有一个展品在澳大利亚展示大堡礁珊瑚的生态学原理。他们发明了一种方法来防止营养物质的积累，即将海藻容器缩小而作为水中的生物清洁剂。[4]

地球的地质历史起到了帮助作用。亚利桑那州和美国西南部的大部分地区现在可能又高又干，但在过去的20亿年期间，有许多浅海覆盖了它们。因此，可以在当地发现古老的海洋石灰岩，以作为珊瑚礁海洋的基础。[5]

生物圈2号的海水是一种复杂的合成物。10万加仑（约38万L。约为海洋总体积的1/10）海水，来自加利福尼亚州拉霍亚市斯克里普斯海洋研究所（Scripps Oceanographic Institute）附近的沿海水域。幸运的是，第一批货物被那些警觉的眼睛拒绝了，他们注意到运输卡车之前曾运送过燃料和油料。如果那批货物没有被拒绝，那生物圈2号从一开始就会有一个污染了的海洋，类似于工业区和城市附近太多的现代沿海水域。鉴于此，必须确保下一批货物用的是干净且不当班的运牛奶卡车！这些海水带来了数以万计的海洋微生物和小型生物以及浮游植物（phytoplankton）——我们的“酸奶”由此开始。其余的海水来自混合有速溶海盐（Instont Ocean）的井水，也就是水族馆所使用的海盐混合物。

海洋长约150英尺（约45.72 m），宽约60英尺（约18.29 m），最深处25英尺（约7.62 m），最浅处14英尺（约4.27 m），其中容纳了大约100万加仑（约380万L）的水。真空泵产生的柔和波浪拍打着海滩的岸边。除了从墨西哥湾进口的贝壳和沙子外，这里还种植了典型的耐盐海滩植物。另外，几棵幼小的椰子树给了人一种热带气候的感觉。

10.2 海洋动物引进过程

墨西哥的朋友们帮助我们获得了政府的合作和许可，从阿库马尔附近的尤卡坦海岸仔细收集了珊瑚和其他海洋生物。来自赫拉克利特号船的潜水者团队与来自亚利桑那州生物圈项目的潜水者合作。收集工作由我们的海洋生物学家盖伊负责。一旦它们被搬进新家，她将管理海洋和沼泽，同时担任生物圈 2 号研究项目副主管。

这些珊瑚的深度以及它们的位置（前礁滩、中礁滩或后礁滩）都被记录下来，这样它们就可以被类似地安置在我们的海洋中。收集品包括 40 多种，从柔软而波动的珊瑚到脑珊瑚。另外，还收集了 40 多种海洋生物，包括热带礁鱼、螃蟹、龙虾、虾和海马。卡车还运来加勒比海的沙子和石灰岩，以补充亚利桑那州当地的石灰岩。

每辆卡车都是从一辆普通的大型半挂车被改装成一辆带轮子的水族馆。货舱上方有明亮的灯光，还有水泵和管道，在装活珊瑚的水箱之间循环供水。水箱上甚至带有一套小型海藻泥炭净化系统（algal turf scrubber），以使之用来去除营养物质。在从尤卡坦半岛到该世界上最新海洋的 1 800 英里（2 896. 82 km）的旅程中，得到了墨西哥警察的护送。由墨西哥导演蒂霍加 · 鲁格（Tiahoga Ruge）制作的一部关于生物圈 2 号的五集墨西哥电视系列片，被巧妙地命名为《朝圣者珊瑚》（*The Pilgrim Corals*）。

完成安装后，生物圈 2 号则拥有了世界上最大的人工珊瑚礁。有 49 种硬珊瑚和软珊瑚，以及数十种热带鱼。现在，我们必须努力保持他们的生命和健康。

10.3 积极保持海洋健康

第一个问题，是关于海洋的 pH 值及其对珊瑚形生新组织和繁殖能力的影响。我们知道生物圈 2 号大气中 CO_2 浓度要高得多，尽管还不知道它会达到多高。海水吸收 CO_2 降低了 pH 值，而使它们变得更酸。珊瑚通常生长在 pH 值为

8.2 左右的水域。因此，当时几乎完全不知道 pH 值偏离该水平所产生的影响将意味着什么。

在这两年中，保持海洋健康是首要任务。每周进行水质分析和关键参数的跟踪。造波机仅仅关闭几个小时就会带来危险。因此，盖伊和雷瑟对真空泵报警是全天候响应，直至完成必要的维修。

海洋团队定期向海洋中添加碳酸盐和碳酸氢盐，以帮助提高 pH 值。在 1991 年 11 月初（封闭 6 周后），将沼泽与海洋隔离，因为沼泽水的 pH 值为 7.6。此外，还添加了钙化合物，这是新珊瑚组织的重要组成部分，以确保其足够供应。通过这些努力，pH 值则从未降至 7.65 以下，且在两年中大多为 7.8～7.9。在小型水族馆中，这可能是致命的，但令人惊讶的是，珊瑚在生物圈 2 中生存和繁殖时的 pH 值比在自然界中发现的要低。[6]

保持海洋处于低营养也很重要。我们使用海藻泥炭净化系统。在草原悬崖面内的一个房间里，高强度的灯光照射到堆叠在一起的塑料托盘上，托盘上有一个翻斗，可以将被泵入的水送到一个有天然海藻的区域。该系统模拟了藻类在沿海湿地的水质净化方法。每周都有两名生物圈人清理这些托盘，即刮掉上面的藻类而使其能够重新生长。藻类从海洋和沼泽中带走了营养物质。将它在烤箱里进行烘干以减小体积。之后，当海洋和沼泽可能需要更多的营养时，则藻类可以被重新引入。

刮海藻是我们必须做的也是最麻烦的工作，每周需要 10～12 h。其设计优雅，使用了一种天然过滤系统，其中有各种颜色绚丽的藻类。但是海藻净化室很吵，有盐，而且光线很刺眼（图 10－1）。当我们的海洋顾问提出用“蛋白质撇渣器（protein skimmer）”代替时，我们松了一口气。[7]这样不仅可以更有效地去除营养物质，而且不需要投入太多的劳动。该撇渣器是带有充气器的 PVC 长管，能够使含有养分的有机物在顶端形成泡沫，这样就可以将其去除掉。这些蛋白质撇渣器是用车间中的备用材料建成的，成为人类在保护野生群落方面的独创性和机智反应的又一例证。[8]

当 3 种被引进的龙虾威胁到蜗牛种群时，生物圈 2 号的海洋团队则成为关键的捕食者。蜗牛以藻类为食而有助于控制藻类。为了改善食物链的平衡，将两种龙虾剔除掉了。关于是否吃被剔除的龙虾，乘员们的意见有些分歧。一些人因为

图 10 - 1　泰伯正在清洁海藻净化室中的垫子

担心重金属会渗入海水而拒绝食用，而其他人认为这种担心被夸大了，于是我们狼吞虎咽地吃了两顿龙虾大餐。

为平衡食物链，也削减了鹦嘴鱼（一种颜色美丽的鱼，偶尔会咬珊瑚一口）和松鼠鱼（以其他鱼的幼鱼为食）的数量。以珊瑚和海葵为食的鲜红色火虫是偷渡者，它们可能是很小时搭上珊瑚卡车进来的。潜水员利用手套将它们移走了数百只，直到它们不再是问题。[9]

珊瑚礁，甚至是新的人造珊瑚礁也需要对其进行除草，尤其是当营养物质高于预期而藻类在珊瑚礁上生长旺盛时更是如此。藻类生长减少了珊瑚所需要的阳光。珊瑚已经适应了低于热带海洋处的阳光。盖伊、雷瑟并偶尔和其他潜水员也会着手清除暗礁、海底和其他表面的藻类。盖伊还在冬季将珊瑚礁上的一些珊瑚移到较高的位置，而在白天较长的月份将珊瑚移到较低的位置。

为了监测生物圈 2 号珊瑚的健康状况，我们采用了一些创新的方法，即让外面的顾问通过网络提供帮助。查尔斯顿学院的菲尔 · 达斯坦（Phil Dustan）博士是利用专用视频监视设备进行光合活性评估的先驱，因此由他负责对珊瑚进行全方位视频监视。另外，生物圈人会做进一步的人工观察。这样，即可有效跟踪珊瑚健康的变化情况。另外，康奈尔大学的罗伯特 · 霍沃斯（Robert Howarth）博士和罗克珊 · 马里诺（Roxanne Marino）博士针对海洋化学方面所遇到的问题进行了解答。

10.4 封闭两年取得的成就

两年后，得克萨斯州纪念博物馆（Texas Memorial Museum,）的朱迪·朗（Judy Lang）博士和达斯坦（Dustan）博士帮助绘制了珊瑚礁图。结果，发现了有超过1 220种的硬珊瑚和软珊瑚，而只有一种珊瑚消失了，并有87个小珊瑚群进行了繁殖。[10]盖伊回忆说："当我们封闭的时候，和我们一起工作的科学家没有一个人认为这些珊瑚会存活下来。"[11]

然而，这是一场拼搏——低光照、低pH值和水质问题的综合影响可能是两年内导致组织大小（tissue size）减少约三分之一的原因。导致珊瑚失去活力和光合作用能力的白带病（white band disease）曾短暂暴发，但没有广泛传播。乔治敦大学的唐·斯彭（Don Spoon）博士在生物圈2号海洋中发现了一种在科学上是全新的海洋微生物种——真超阿米巴生物圈菌（*Euhyperamoeba biospherica*），后来在世界海洋中也偶有发现。生物圈2号海洋中的独特生物链使这种非常原始且数量很少的生物得以扩增。[12]分析结果表明，海洋微生物多样性被保持在500多种，在两年的封闭实验前后食物网是自我维持的。[13,14]

全体乘员都在庆祝珊瑚存活了两年，而且海洋是我们生物圈人最喜欢的娱乐场所。琳达和我在封闭期间学会了用通气管潜泳。作为一个"旱鸭子"和不善游泳的人，一开始，我在周日清晨游客来参观之前去参观珊瑚礁。这很神奇，我学到了利用脚蹼和潜水服来弥补我糟糕的游泳技术。

在海洋中我们有一个指示物种——太平洋巨蚌（giant pacific clam）。它们很漂亮，而且也很大，体长超过了2英尺（约0.61 m）。它们的颜色反映了珊瑚的健康状况。在我进入生物圈2号之后，我才看到了热带珊瑚礁：澳大利亚的大堡礁和阿库马尔的尤卡坦礁，我们在那里收集了生物圈2号的大部分珊瑚。最后，终于学会了在海洋珊瑚礁中潜水而不会撞壁。盖伊回想起帮助孕育和养育珊瑚礁海洋时做出的拼搏与收获的快乐时，抒发了以下感慨。

有时，当你到达更深的海洋时，你会环顾四周，想一想，我在哪里，因为那里有很多藻类，而没有那么多珊瑚……不像野外的珊瑚礁……但是有时你可能会在珊瑚礁上，你会想，天哪，我在加勒比海，我在墨西哥，你会看不见墙壁，你会沉浸在其中。这将是对海浪和一切东西最激动人心而难以置信的体验，但感觉我们真的做到了。[6]

10.5 世界海洋会遭受破坏吗

纵观人类历史，人们可以严重影响或破坏海洋的想法是无法理解甚至是可笑的，然而，这种情况发生了相当突然的变化。现在，认为海洋可以吸收任何污染物或化学物质的想法已经站不住脚了。鱼类的数量也不是如此之多，因此不能认为它们几乎是无限的。依靠海洋的大小来减轻局部污染已不再有意义。

我们知道生物圈2号的海洋很小，很珍贵，如果我们不积极管理它，防范它无法应对的情况，它就会面临巨大的危险。在地球生物圈中，人们花了比应该花的更长的时间来敲响警钟。对鱼类的需求已经导致世界上70%的渔场处于过度捕捞状态，而30%的渔场其现在的产量不到以前的10%。而且，过度捕捞也降低了海洋生态系统的恢复能力。[15]

在生物圈2号之后，盖伊和雷瑟带头创建了生物圈基金会（Biosphere Foundation），旨在将生物圈2号珊瑚礁的研究方法推广到世界海洋。该基金会租用了生态技术研究所的“赫拉克利特号”帆船，以用于进行全球珊瑚礁探测（Planetary Coral Reef Expedition），以便绘制全球珊瑚礁地图和监测珊瑚礁的健康状况。在生物圈2号的时代，没有人知道世界珊瑚礁的范围和位置，甚至没能定位到一个数量级以内。然而，之后从1995年到2008年，科学家们使用赫拉克利特号帆船研究了在红海、印度洋、中国南海、南北太平洋等地的珊瑚礁。[16]使用的方法包括识别珊瑚、鱼类和无脊椎动物，以及利用达斯坦（Dustan）博士（生物圈基金会珊瑚礁首席科学家）开发的一种快速表型观察评估技术，来监测珊瑚礁。[17]

生物圈基金会和“赫拉克利特号”帆船站还与拉蒙特·多尔蒂地球天文台（Lamont - Doherty Earth Observatory）和斯克里普斯海洋学研究所（Scripps Institution of Oceanography）合作，在珊瑚骨架上钻取深岩心。这提供了过去气候和大气条件的数据，对我们了解全球气候变化非常重要。[18]

事实上，地球珊瑚礁的健康及甚至长期生存都可能受到威胁。沿海水域的污水和化肥径流（runoff）会使珊瑚礁和其他海洋生态系统退化。21世纪，全球气候变化可能会使海洋温度再升高 1 ~ 7 ℉，从而对海洋种群造成压力。此外，通过吸收不断上升的大气 CO_2，海洋酸化也会加剧这些威胁。尽管生物体会全力应对不利的环境条件，但变暖、酸化和缺氧这三个“致命的三重奏”将会继续降低海洋生产力。更糟糕的是，累加效应（cumulative impact）可能会对海洋在生物圈循环中发挥的许多关键作用产生连锁和不可预测的影响。[19]

我们为什么要关心地球海洋的健康呢？这个问题几乎不应该问，因为地球上令人敬畏的自然美景和惊人的生物多样性的很大一部分是在海洋中发现的。一个名为“生态系统和生物多样性的经济价值评估”（Economic Valuation of Ecosystems and Biodiversity）的全球项目得出结论：“海洋生态系统可能是所有生态系统中生物多样性最丰富但却被了解最少且其价值最被低估的一种生态系统。”[20]

海洋浮游植物产生大气中约 2/3 的 O_2。90% 的蒸发水来自海洋，因此占了大部分的雨水来源。[21] 正如伟大的海洋生物学家和探险家西尔维亚·厄尔（Sylvia Earle）直截了当地说：“没有蓝色，就没有绿色，也就没有我们。”[22]

热带珊瑚礁——因其高度的生物多样性和生命保障而成为海洋中的热带雨林——正受到科学家和公众的关注。在生物圈 2 中，对海洋酸化进行连续抵消，这就导致沉积了碳酸钙而限制了珊瑚和其他海洋生物的生长能力。当大气中的 CO_2 浓度达到 450 ~ 500 ppm（这可能在 2030 年至 2050 年发生），珊瑚的生长速度将赶不上石灰岩的溶解速度。而此时试图像我们在生物圈 2 号中那样添加化学物质来缓冲世界海洋是不可行的。珊瑚科学家一致悲观地认为，许多珊瑚类将消失且大多数珊瑚将遭受严重退化，除非大幅降低温室气体释放以及减慢全球气候的变化速度。[23]

在生物圈 2 号中，海洋温度被控制在 24. 4 ~ 26. 6 ℃。自 1900 年以来，全球变暖已经使世界海洋温度上升了 1. 3 ℃，如果气候变化不逆转，则全球变暖还会进一步加剧。当地的热点地区形成，而在这里的极端温度上升会甚至导致以前原始珊瑚的大面积死亡或退化。

几年前，基拉巴蒂凤凰岛（Kirabati Phoenix Islands）的珊瑚礁曾被誉为是异常丰富而健康的珊瑚礁。在全球珊瑚礁探险（Planetary Coral Reef Expedition）项目实施期间，“赫拉克利特号”帆船在 2004 年的一次热点事件之后对这些岛屿进行了调查。最后，他们就珊瑚礁突然遭到破坏的情况提交了调查报告，并认为“偏远的地理位置并不能为全球范围的人为影响提供避难所”。[24]海洋变暖已经导致更多的珊瑚疾病暴发，如漂白病和白带病。

一些贫穷渔民的破坏性行为对珊瑚礁的影响尤其大。毒鱼是用氰化物或漂白剂使鱼昏迷，特别是针对家庭水族市场的观赏鱼。而且，这一过程导致的其他物种的附带损伤率及甚至所引起的死亡率是相当高的。在菲律宾现在遭到破坏的珊瑚礁中，每年在其所在的海洋中使用了 65 t 氰化物。炸药捕鱼实际上粉碎了珊瑚礁。每次爆炸都会摧毁 100～200 平方英尺（9.29～18.58 m^2）的面积，这会摧毁重要的海洋动物栖息地和鱼种场，因此断了生态旅游的收入。[25]

然而，工业化规模的高科技捕鱼造成的危害更大。海底拖网捕鱼会把所有东西都拖到几英里外。这样，至关重要的深水中的冷水珊瑚会遭到破坏，而这些珊瑚是鱼类和甲壳类动物的主要栖息地。海底也变得平滑，这样也减少了海洋生物的栖息地。[26]拖网捕鱼会导致底层鱼虾的连带伤亡，占捕获物的 8%～25%。[27]由于深海或海底的鱼类及冷水珊瑚的繁殖和生长速度较慢，因此应对这种过度捕捞所带来的后果将需要更长的时间。可悲的是，副渔获物（by－catch）包括大约30 万头鲸、海豚和江豚、成千上万的海龟及大量的海鸟，以及大量的幼鱼，其中一些现在已濒临灭绝，这必然会危及未来的海产品收成。[28]

10.6 保护珊瑚礁和海洋

建立海洋保护区（marine protected areas，MPA）的国际行动越来越多，其中通常包括对可使用捕鱼设备类型的限制。[29]美国大约 40% 的水域都在 MPA 的范围内，但国际上目前只有 2% 的海洋处于某种形式的 MPA。2003 年的德班行动计划（Durban Action Plan）要求保护 20%～30% 的海洋。[30]2004 年，《联合国气候变化框架公约》的成员国同意建立一个全面而具有生态代表性的海洋保护区网络，并同意保护和保存至少 10% 的主要生态区，包括海洋。[31]

一些人认为推动建立一个具有代表性的海洋保护区网络是扭转海洋生态破坏的最大希望。[32]最近的研究表明，海洋保护区可以帮助恢复海洋食物链和鱼类种群，甚至是生活在距离保护区很远处的幼鱼。[33]我们面临的挑战是认真对待我们的新现实，否则，我们将面临由于我们的行动而在今后几十年中使我们的地球热带珊瑚礁消失的可怕前景。[34]

改变观点是必要的。我们必须明白，我们的全球海洋是我们在陆地上所做一切的接受者。减少污水和化肥的养分流失，转向低碳密集型的耕作、工业运输和能源生产，并努力实现可持续的及可再生的捕鱼限制，这些都是解决方案的一部分。

参 考 文 献

[1] GAITHER C C, CAVAZOS - GAITHER A E. Gaithers Dictionary of Scientific Quotations [M]. New York: Springer, 2008: 1636.

[2] Coral reefs: tropical corals[EB/OL]. [2017 - 05 - 15]. http://wwf. panda. org/about_our_earth/blue_planet/coasts/coral_reefs/tropical_corals/.

[3] In what types of voters do corals live [EB/OL]. [2017 - 08 - 29]. https://oceanservice. noaa. gov/facts/coralwaters. html.

[4] ADEY W, LOVELAND K. Dynamic Aquaria [M]. San Diego: Academic Press, 1991: 463.

[5] SCARBOROUGH R. The geologic origins of the Sonoran desert[EB/OL]. [2017 - 05 - 15]. https://www. desertmuseum. org/books/nhsd_geologic_origin. php.

[6] REIDER R. Dreaming the Biosphere [M]. Albuquerque: University of New Mexico Press, 2009.

[7] ESCOBAL P R. Aquatic Systems Engineering: Devices and How They Function [M]. Dimension Engineering Press, 2000.

[8] HOLMES - FARLEY R. What is skimming[EB/OL]. http://www. reefkeeping. com/issues/2006 - 08/rhf/index. php.

[9] ALLING A, NELSON M. Life under Glass: The Inside Story of Biosphere 2 [M]. Oracle, AZ: Biosphere Press, 1993.

[10] Results of Biosphere 2[EB/OL]. [2017 - 04 - 25]. http://www. biospherics. org/biosphere2/results/.

[11] SPOON D M, HOGAN C J, CHAPMAN G B. Ultrastructure of a primitive,

multinucleate, marine, cyanobacteriophagous ameba (*Euhyperamoeba biospherica*, n. sp.) and its possible significance in the evolution of lower eukaryotes [J]. Invertebrate Biology, 1995, 114 (3): 189 -201.

[12] SPOON D M, ALLING A. Preclosure survey of aquatic microbiota of Biosphere 2 [C]//the Third East Coast Conference on Protozoa, Mount Vernon College, VA, May 21 -22, 1991.

[13] LUCKETT C, ADEY W H. MORRISSEY J. et al. Coral reef mesocosms and microcosms: successes, problems, and the future of laboratory models [J]. Ecological Engineering, 1996, 6 (1 -3): 57 -72.

[14] Latest review of science reveals ocean in critical state[EB/OL]. (2013 -10 -03). https://www. iucn. org/content/latest - review - science - reveals - ocean - critical - state.

[15] OLDS K, DUSTAN R, ALLING A. Eight years of coral reef data from Melanesia and southeast Asia: vitality, percent cover, reef cover and effects of earthquake [C/OL] // the International Coral Reef Symposium, Florida, 2008. http:// www. pcrf. org/pdf/ICRSKatieO8. pdf.

[16] DUSTAN R. Developing methods for assessing coral reef vitality: a tale of two scales [C]//Proceedings of the Colloquium on Global Aspects of Coral Reefs: Health, Hazards, and History. Miami, FL: University of Miami, 1994: 38 -44.

[17] Planetary coral reef expedition (research) [EB/OL]. [2017 -09 -02]. https:// biospherefoundation. org/project/pcrf - planetary - coral - reef - fbundation/.

[18] FREUND J. Coral reef: threats [EB/OL]. [2017 - 09 - 02]. http:// wwf. panda. org/about_our_earth/blue_planet/coasts/coral_reefs/coral_threats.

[19] Oceans and coasts[EB/OL]. [2017 -09 -02]. http://www. teebweb. org/areas - of - work/biome - studies/teeb - fbr - oceans - and - coasts/.

[20] The water cycle: the oceans[EB/OL]. (2016 - 12 -02). https://water. usgs. gov/edu/watercydeoceans. html.

[21] SULTAN J. Sea - news: the demise of phytoplankton, earths ultimate producer [EB/OL]. (2010 - 12 - 31). http://mission - blue. org/2010/12/sea - news

the – demise of – phytoplankton earths ultimate producer/.

[22] ATEWEBERHANA M, et al. Climate change impacts on coral reefs: synergies with local effects, possibilities for acclimation, and management implication [J]. Marine Pollution Bulletin, 2013, 74 (2): 526 – 539.

[23] ALLING A, DOHERTY O, LOGAN H. et al. Catastrophic coral mortality in the remote central Pacific Ocean: Kiribati Phoenix Islands [EB/OL]. http://www. pcrf. org/pdf7CantonPaper 0&pdf.

[24] Overfishing and destructive fishing threats[EB/OL]. [2017 – 04 – 30]. http://www. reefresilience. org/coral – reefs/stressors/local – stressors/overfishing – and – destructive – fishing – threats/.

[25] The Ocean Portal Team. Deep sea corals[EB/OL]. http://ocean. si. edu/deep – sea – corals.

[26] Threats: bycatch[EB/OL]. [2017 – 04 – 20]. https://www. worldwildlife. org/threats/bycatch.

[27] Dolman S. End bycatch: stop deaths in fishing gear. Whale and Dolphin Conservation, accessed April 25, 2017, us. whales. org/issues/fishing.

[28] Analysis of U. S. MPAs[EB/OL]. (2017 – 07 – 31). http://marineprotectedareas. noaa. gov/dataanalysis/analysisus/.

[29] GORIUP R. Protected Areas Programme, 2008, 17 (2). https://cmsdata. iucn. org/downloads/parks_17_2_web. pdf.

[30] What is a marine protected area? [EB/OL]. [2017 – 04 – 25]. http://oceanservice. noaa. gov/facts/mpa. html.

[31] LAFFOLEY Dd'A. Towards Networks of Marine Protected Areas: The MPA Plan of Action for IUCN's World Commission on Protected Areas [M]. Gland, Switzerland: IUCN WCPA, 2008: 28.

[32] CHRISTIE M, TISSOT B N, ALBINS M A. et al. Larval connectivity in an effective network of marine protected areas [J]. PLoS ONE, 2010, 5 (12): e15715.

[33] Oregon State University. Drifting fish larvae allow marine reserves to rebuild

fisheries [EB/OL]. (2010 - 12 - 26). https://www.sciencedaily.com/releases/2010/12/101222173105.htm.

[34] MONTALVO D. Hawaii's bleaching problem: how warming waters threaten coral [EB/OL]. (2015 - 07 - 18). http://www.cnbc.com/2015/07/18/hawaiis - coral - threatened - by - bleaching.html.

第 11 章
人工沼泽

11.1 红树林等生物引进

你需要在亚利桑那州南部的沙漠中建造一个小型的沼泽地，来打造一个人造生物圈吗？人们可能会预料到，一路上会引发一些怀疑和混乱，这种奇怪的尝试在亚利桑那州的边境上得到了证明。为了防止农业害虫和疾病，亚利桑那州对植物、动物和食物都有严格的限制。这是一种经典的“迷失东京”的场景：从南方腹地来的卡车司机说话拖着沉重的调子，边境人紧急打电话将运送杧果树的卡车退回。当边境官员被告知这些司机是运送红树林时，他们以为听错了，因为这太不可能了。亚利桑那州是一个内陆州，杧果更有意义，但不被允许。

是的，它们确实是来自佛罗里达大沼泽地（Florida Everglades）的红树林和其他植被。这个荒野生物群落包含了数英里的河口植被类型。内陆淡水湿地通常距离海岸上的红色红树林有几十英里，但在生物圈 2 号内的沼泽与红树林生物群落，相隔只有几百英尺的距离。

这些植物大都来自大沼泽国家公园（Everglades National Park）和大柏树国家保护区（Big Cypress National Reserve）。它们被移走时间隔很大，被放进边长为 4 英尺（约 1.22 m）的正方体箱子中，这就确保了其中具有土壤、动物、微生物群（microbiota）和天然种子库。从大沼泽地也带来了一小部分水，以作为其水生生物的酸奶培养物。另外，还收集了鱼、牡蛎、螃蟹、蜗牛和其他生物。待红树林到达生物圈 2 号现场后，用管道建造了一座温室，以使得红树林箱子之间能够进行水循环。[1]

11.2 从中观世界逐级放大

为了测试这样一个河口系统（estuarine system。也叫河口湾体系或河口三角洲系统。译者注）是否可被成功缩小，太空生物圈风险投资公司资助了两个中观世界（mesocosm）项目，这两个中观世界是由史密森尼海洋科学实验室（Smithsonian Marine Sciences Laboratory）的沃尔特·阿德（Wafter Adey）和他的团队建造和负责研究的。一个中观世位于自然历史博物馆地下室，是被用来模拟切萨皮克湾（Chesapeake Bay。大西洋一海湾，突入美国弗吉尼亚州及马里兰州。译者注）河口，这是一个生态环境受到严重威胁的地区。另一个中观世界位于华盛顿特区的温室内，是生物圈 2 号系统的原型，即被建在亚利桑那州的大沼泽地河口的一个较小版本。事实证明，这两种方法都是成功的，这让建造较该中观世界大 10 倍以上的系统有了信心。[2]

生物圈 2 号沼泽生物群落有六个区域。离海洋最远的是淡水沼泽，那里有香蒲等湿地草及柏树和柳树等树木。其次是寡盐地区（微咸地区），具有巨大的湿地蕨类植物［长 8 英尺（约 2.44 m）高］和灌木。然后是红树林和牡蛎湾地区，这里主要是白色红树林、黑色红树林及环绕海洋的红色红树林（图 11－1）。最

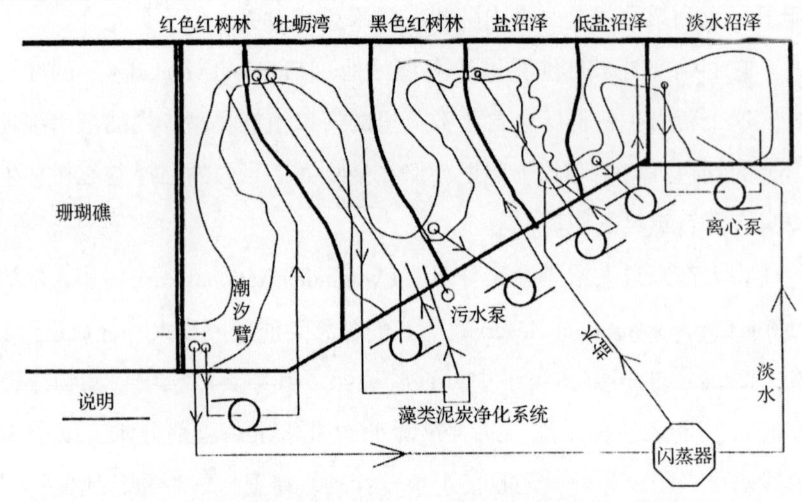

图 11－1 生物圈 2 号沼泽/红树林生物群落的分布情况

初的计划是要求通过潮汐将沼泽与海洋连接起来。然而，在添加了来自幼期的沼泽/红树林的低 pH 值及富含营养和单宁的水后，出现了不良效应，因此最终就不再使沼泽与海洋之间有联系了。[3]

11.3　亚利桑那红树林

1990 年，共 208 个而每个重约 2 吨的沼泽箱，被吊入生物圈 2 号并安置到位(图 11－2)。像在上述人工海洋中一样，利用藻类泥炭净化系统来去除营养物质。

图 11－2　1990 年建成之后不久的幼年期生物圈 2 号沼泽生物群落

沼泽生态系统发展迅速。3 年内，生物量比最初的水平增加了 3 倍。只有 5% 的红树林无法生存，总体生长速度超过了大沼泽地的幼期红树林。较快的增长可能是由于生物圈 2 号内较高的 CO_2 浓度、较低的光照和冬季较高的温度所致。所有红树林的发展都类似，从 1990 年的平均高度约 3 英尺（约0.91 m）上升到 1993 年的 9 英尺（约 2.74 m）以上。一些较高的红树林有 13 ~ 18 英尺

(3.96～5.49 m) 高。

树冠发育更为强劲，其经历了从相当稀疏到封闭再到重叠的发展过程。树冠的阴影导致许多林下植物消失，就像在天然红树林地区一样。在两年封闭后所做的调查中，发现了 20 多种鱼、多种虾、青蛙、螃蟹、牡蛎、贻贝和红树林昆虫。观察到所有种类的红树林都完成了开花、结实和繁殖，这是该系统生命力的另一个重要标志。[4]

在沼泽地里待一段时间对乘员来说是一件乐事。这也是一个潜水的好地方。我与马特·芬恩（Matt Finn）合作，他正在完成一篇博士论文，即开展生物圈 2 号和大沼泽地的沼泽（以及整个野生生物群落）中垃圾掉落与分解的比较研究。该研究旨在通过记录生物群落中营养和碳循环的主要部分，从而了解在土壤和沉积物中添加了多少叶材料，以及它们的降解率（图 11－3）。[5]

图 11－3　穿着保暖的潜水衣在沼泽地的红树林区域收集落叶

琳达和我还制定了时间表，以用来观察所有生物群落中各种植物的物候关系（phenology。与季节相关的植被变化情况）。我在沼泽地做了生物物候学研究，这给了我另一个享受那里时光的理由。当对生物圈 2 号沼泽地的凋落物和物候数据与大沼泽地的沼泽和红树林进行比较时，发现两者吻合得非常好；另外，这表明生物圈2号中的生物群落是一个成功的微型复制品的又一个标志。[4]

沼泽地为生物圈2号的生命增加了多样性，而且它们的快速生长有助于进行大气 CO_2 浓度管理。乘员在淡水沼泽地割青草和芦苇，储存收割物以隔离碳并刺激植物快速再生。然而，沼泽地几乎不需要乘员干预，因为大多数入侵植物不能忍受湿地或盐碱条件。红树林可以生存，但当它们从雨水中获得淡水时，则实际上生长得会更好。因此，尽管它们被称为“嗜盐者”，但也只是说明它们能“应付”（handle）盐而已。

红树林是非常耐寒和自力更生的植物。它们有时被称为“陆地先驱”，因为它们在海岸带的新地区定居，并在其生长过程中帮助创造富碳泥炭土。研究发现，它们处理盐分和给根区充气的方法十分巧妙。许多红树林能够过滤掉高达90%的海水盐分，而且某些红树林会从其叶片上分泌多余的盐分。[6]红色红树林的支撑根（prop root）结构就像一栋坐落于高跷上的房子。黑色红树林从根部向上推起被称为呼吸根（pneumatophore）的铅笔状呼吸管。

11.4 地球生物圈中的红树林

红树林在热带沿海地区发挥着多种有益的作用。它们盘根错节的根系为鱼、虾和螃蟹等提供了一种保护地。在茁壮生长的红树林附近的珊瑚礁所在的位置，通常鱼类数量要高得多。这些红树林根系还可以捕获沉积物、减少海岸土壤侵蚀并有助于稳定海岸线。而且，这种沉积物的滞留还可以保护珊瑚礁免受过量营养物质和污染物的影响。传统上，生活在红树林附近的人们利用硬质防腐木材建造房屋、利用其木材烧火、从红树林植物收获药物并利用红树林树叶作为饲料。另外，作为潜水和浮潜的美丽生态旅游景点，它们的价值正在不断增长。[7]

可以说，在减少风暴、飓风和海啸等对内陆的破坏性方面，红树林也首当其冲，并形成第一道防线。经分析后认为，600英尺（约182.88 m）宽的红树林带可以减少高达75%的波浪力[8]，并可使洪水深度减少5%~30%。[9]例如，2004年，印度尼西亚亚齐的地震引发海啸，波及斯里兰卡两个类似的沿海村庄。一个红树林完好的村庄只有几人死亡，而红树林被砍掉的内陆村庄则失去了

6 000人。[10]

另外，红树林支持着重要的野生动物，包括印度和孟加拉国桑德班的标志性野生动物，如短吻鳄、鳄鱼、鹿甚至老虎。[11]许多沿海鸟类在红树林沼泽的保护下茁壮成长，因此这里成为候鸟重要的休息和觅食场所。从北极圈到澳大利亚和新西兰的东亚－澳大拉西亚航线上有200万只鸟类，它们沿途依赖大洋洲的红树林。[12]

11.5 保护红树林

在地球生物圈中，红树林正在受到攻击。到2001年，仅仅在过去的几十年里，全世界35%的红树林已经消失。其中，被转为水产养殖场或养虾场造成了一半以上的损失。工业木材和木屑作业、棕榈种植园建设和沿海开发等也破坏了红树林。[13]

红树林正在以比热带雨林更快的速度消失，但直到最近才引起了人们的注意。亚齐海啸和其他报告（表明了红树林损失与极端天气事件中人的死亡与毁坏之间的相关性）有助于提高人们的认识。新的研究表明，红树林比热带雨林能储存更多的碳，因为它们在所生长的地方可形成泥炭土。因此，对红树林进行保护与恢复可以成为应对气候变化的重要工具。[14]

由110个国家签署的《拉姆萨尔保护全球重要湿地公约》已指定850个地点，保护1.25亿英亩（505 857.05 km^2）土地，其中1/3含有红树林。另外，700多个海洋保护区包括红树林，其中许多位于拥有大片红树林的国家，包括澳大利亚、印度尼西亚和巴西。[15]在拥有红树林的100个国家中，有20个已经开展了恢复工作，以尽力重新造林和重新种植。[16]

致力于保护和再生退化红树林的环境团体包括红树林行动项目（Mangrove Action Project）、国际湿地组织（Wetlands International）、自然保护协会（Nature Conservancy）、国际自然保护联盟（International Union for Conservation of Nature，IUCN）和世界各地的其他基层活动家团体。

红树林是另一个出乎意料的生物群落。将佛罗里达州南部的位于海平面沼泽中的沼泽植物移植到高海拔的亚利桑那州沙漠可能吗？然而，马特·芬恩和他的同事通过对两者的比较研究得出结论：“佛罗里达州西南部的红树林植成功移植到生物圈 2 号内的中观世界。密林红树林的特点与佛罗里达州天然红树林相当，是从最初种植在中观世界中的小苗和树苗发展而来的。它们是天然红树林的良好模型，可用于了解更多有关红树林生态系统的结构和功能。”[16]

参 考 文 献

[1] FINN M. Mangrove mesocosm of Biosphere 2: design, establishment and preliminary results [J]. Ecological Engineering, 1996 (6): 21 –56.

[2] ADEY W, LOVELAND K. Dynamic Aquaria [M]. San Diego: Academic Press, 1991, 463.

[3] ALLING A, NELSON M. Life under glass: The Inside Story of Biosphere 2 [M]. Oracle, AZ: Biosphere Press, 1993.

[4] FINN M. Comparison of mangrove forest structure and function in a mesocosm and Florida [D]. Washington D. C. : Georgetown University, 1996.

[5] NELSON M. Litter fall and decomposition rates in Biosphere 2 terrestrial biomes [J]. Ecological Engineering, 1999 (13): 135 –145.

[6] What's a mangrove? and how does it work? [EB/OL]. [2017 –09 –05]. https://www. amnh. org/explore/science – bulletins/bio/documentaries/mangroves – the – roots – of the – sea/what – s – a – mangrove – and – how – does – it – work/.

[7] RATH A B. Mangrove importance [EB/OL]. [2017 – 05 – 12]. http://wwf. panda. org/about _ our _ earth/blue _ planet/coasts/mangroves/mangrove _ importance/.

[8] MASSEL S R. Tides and waves in mangrove forests [M]//MASSEL S R. Fluid Mechanics for Marine Ecologists. Berlin: Springer – Verlag, 1999: 418 –425.

[9] SPALDING M. et al. Mangroves for coastal defense [EB/OL]. http://www. mangrovesfborthefuture. org/assets/Repository/Documents/WI – TNC – mangroves – for – coastal – defence. pdf.

[10] International Union for the Conservation of Nature. Early observations of tsunami effects on mangroves and coastal forests[EB/OL]. (2005 –01 –07)[2017 –03 –

17]. http://www. iucn. org/infb_and_news/press. pdf.

[11] Sundarbans mangroves[EB/OL]. [2017 -08 -30]. http://wwfpanda. org/about_our_earth/ecoregions/sundarbans_mangroves. cfm.

[12] WELLS S, RAVILIOUS C, CORCORAN E. In the front line: shoreline protection and other ecosystem services from mangroves and coral reefs [R]. UNEP - WCMC, 2006: 33.

[13] VALIELA I, BOWEN J L, YORK J K. Mangrove forests: one of the world's threatened major tropical environments [J]. BioScience, 2001, 51 (10): 807 -815.

[14] HUTCHINSON J, Manica A, Swetnam R, et al. Predicting global patterns in mangrove forest biomass [J]. Letters in Conservation, 2014, 7 (3): 233 - 240.

[15] SPALDING M D. The global distribution and status of mangrove ecosystems, mangrove edition [J]. International Newsletter of Coastal Management Intercoast Network, 1997 (Special edition #1): 20 -21.

[16] FINN M, KANGAS P, ADEY W. Mangrove ecosystem development in Biosphere 2 [J]. Ecological Engineering, 1999, 13 (1 -4): 173 -178.

第 12 章 人工草原

12.1 草原的重要性

人类与草原有着特殊的关系，我们是由树上的灵长类祖先进化而来的。在非洲，进化跳跃（evolutionary jump）发生在有树木覆盖的草原上，直立行走给了我们生存的优势，因为在开阔的草原上，这样可以更好地发现和避免危险的捕食者。[1]环境心理学家表示，我们对割草的热爱，反映了我们与开阔草地之间的历史联系，以及在突然袭击中它们提供的安全性。[2]

草原是介于森林与沙漠两者之间的生态过渡生物群落。雨水多，会使之变成森林，而雨水少，则会使之变成沙漠。在生物圈 2 号的热带区域，我们的草原邻近热带雨林和荆棘灌木/沙漠。草原在各种各样的气候中茁壮成长，雨季和旱季界限分明，即旱季或雨季较长，或年降雨量分布较均匀。[3]稀树大草原上的植物在干旱年份生长缓慢，而在潮湿年份生长迅速。

12.2 复合大草原

我们的"生物群落队长"彼得·沃肖尔（Peter Warshall）博士决定使大草原成为世界热带草原的综合体。联邦科学和工业研究组织（CSIRO）提供了澳大利亚草种，我们采购了南美、中东和非洲的物种，以及圭亚那的一支探险队收集了白蚁（图 12 - 1），这些白蚁是回收有机物所必需的，而且如果它们逃跑也不会造成损害。机敏而警惕的工程师进行了“白蚁口味测试”，以证实它们不会把间隔框架的密封胶吃掉。[4]

图 12－1 彼得·沃肖尔博士（右远处）和琳达在南美洲圭亚那收集白蚁

大草原具有丰富的多样性景观：公园绿地、黑土（沉重的而排水不良的土壤，这并不支持树木）、平地、山地和石头山。在雨季，有流动的“死水潭”（billabong），这是一种典型的干涸河床，季节性地被洪水淹没，之后可能会干涸。在生物圈 2 号的地势较高的草原内，一排金合欢树长廊林沿着小溪排列，小溪的尽头是一个浅水池和死水潭，水从这里被抽回起点。往下走一小段斜坡，可以到达地势较低的草原，那里是一片草海。我们的草原又长又窄，因此从这片高地上看去，我们可以略微领略一下这个生物群落著名的广阔而伸展的视野。

12.3 割草运动

成群的食草动物在草原和温带草地上漫步。北美大平原曾经养育了3 000 万～6 000万的布法洛人。[5] 草与食草动物共同进化，草具有一种独特的能力，能在被啃食的地方再生，而且周期性的放牧可以改善草的健康。[6] 设计师在会议上开玩笑说：在草原上需要一个“请来打扰”的标志。由于没有畜群，这就使我们生物圈人成了打扰因素。

我们会定期用镰刀“吃”热带草原的草。我们并没有消化这些草，而是将装满干草的大袋子运到下面的碳汇储存区。我们移动了超过 1 t 的生物量。为了好玩和方便工作，我们把袋子做成船形，这样我们就可以滑过地下室而到达“肺”。该草原“生物阀门”（bio - valve）有助于调节大气 CO_2 浓度。另外，割草还使生物群落保持了健康。手持镰刀，割下 8 ~ 10 英尺（2. 44 ~ 3. 41 m）长的死水潭中的草，这些野草伸展开来，重新扎根在疯狂的绿色乱团中，这片草原确实让人感到更加广阔（图 12 - 2）。

图 12 - 2　生物圈人尼尔森正在草原上“放牧”（意指割草）

随着自然生态等级本身的确立，一些草开始占据主导地位。在物种密集的生物群落中，其他物种竞争激烈。在长廊森林中的金合欢树长了 20 多英尺（约 6. 10 m），已经接近它们顶部的空间框架。由于缺乏应力木而削弱了金合欢树，因此引起一些热带雨林树木发生了身体倾斜（图 12 - 3）。

百香果（passion）的藤是生物多样性的主要威胁。虽然百香果是经过挑选的物种，但它们生长茂盛并往上爬而遮住了树木。生物圈人把它们修短，这样在我们工作的时候就能够享受百香果的迷你盛宴。一旦百香果的藤被移除，那么高处的草原则因为在长廊森林和下层植被（grass understory）中恢复了阳光照射而茁壮成长。夜猴把长廊森林作为从热带雨林到荆棘灌木丛的空中干道。

图 12－3　在两年的封闭实验结束后托尼·伯吉斯（Tony Burgess）博士和皮特·沃肖尔（Peter Warshall）博士在低处草原研究再测量和绘制每种草的方法

12. 4　世界草原受到威胁

草原遍布全球，主要分布在非洲、南美、中东、印度和澳大利亚，当前面临着造成人类不幸的生态威胁。毁灭性的干旱和饥荒蹂躏着人口过剩、过度开垦和过度放牧的草原。

我在热带稀树草原待了几十年。1978 年，我在澳大利亚西北部金伯利地区帮助启动了生态技术研究所的伯德伍德当斯（Birdwood Downs）项目，其目标是开辟生态途径来再生土地，包括种植抗旱青草和豆类牧草，以扭转土地退化和过度放牧所造成的恶劣形势。[7] 这里，5 000 英亩（约 20. 23 km^2）土地是澳大利亚北部广袤大地的典型代表。一个多世纪的畜牧业和农业对生态造成了严重破坏。

项目组成员用拖拉机和手清除了入侵伯德伍德当斯项目所在地的金合欢树，因此恢复了美景。在该过程中，我深深地爱上了古老内陆的魔力，以及生活在那里的足智多谋的丛林人和土著人。我们清楚恢复受损的热带稀树草原土地所面临的困难及所需付出的艰苦工作。

澳大利亚北部的热带稀树草原面临着典型的生态挑战。降雨分布差异很大，例如在伯德伍德当斯项目所在地，这里的最多降雨量为60英寸（约1 524 mm），而最小降雨量为8英寸（约203 mm）。其实，26英寸（660 mm）的“平均”降雨量意味着很少。另外，降雨分布甚至比总降雨量更重要。热带气旋和风暴可以在一天内引起12英寸（约305 mm）的降雨量。然而，降雨间隔时间也可能很长。例如，与许多热带稀树草原一样，在金伯利地区雨季只持续4～5个月，而其余时间尽管气温保持热带，但几乎不下雨。[8]

火灾是热带稀树草原生态系统的自然而且重要的组成部分。金伯利森林大火可以蔓延30～40英里，从而烧毁数百万英亩土地。许多热带稀树草原的种子，只有在丛林大火中其坚硬的种皮被打开后才能发芽。大自然已经完善了时机：在丛林大火之后，新生的幼苗几乎不会面临竞争。热带稀树草原通常生长在风化严重及养分被剥夺的热带土壤上中。[9]

热带草原是与放牧动物一起演化而来的，这些动物通过进食、撞倒或干扰树木和树苗来使得土地对牧草保持开放。过度放牧和土壤侵蚀意味着失去一种能够维持火势的健壮草地群落。缺乏周期性的火灾，无论是自然的还是受控的燃烧，都会导致更多的树木占据优势，通常是侵入性的灌木丛树木。这就是我们在伯德伍德当斯项目所在地所遇到的情况，即由于两条赶运牲畜的路线穿过其中，因此这里就出现了严重过度放牧的情况。[10]

早期的澳大利亚定居者并不了解大草原。根据雨季的不同，可以养活多少牲畜差别很大。郁郁葱葱的季节会误导你以为干旱年份提供的饲料是多么少。在澳大利亚，牧场往往规模宏大——50万英亩（约2 023 km^2）到100万英亩（约4 046 km^2）。100万英亩等于1 600平方英里——每边长40英里（64.37 km）！减少放牧动物的数量需要数月的围捕，以满足干燥或干旱的实际情况。这些牛必须被用卡车运到几千英里外的市场。

澳大利亚广袤的热带草原大多被中度到重度过度放牧，因此荒漠化情况普遍存在。在我到昆士兰布里斯班参加的一次热带稀树草原国际会议上，一位南非科学家周游澳大利亚，听说并看到了各地的生态破坏情况。他把温斯顿·丘吉尔（Winston Churchill）的话改述为："从来没有这么多的东西被这么少的人如此迅速地退化掉。"

早期的澳大利亚牧民发现，在丛林大火后，草会重新生长。"绿色选择"似乎很神奇。在旱季中期，当草失去营养价值时，高蛋白绿色牧场从变黑的土地上出现。至少有 5 万年历史的土著文化用"火棍"塑造了这片土地。[11] 但是，他们使用的是拼凑而成的凉爽的小规模火灾，而不是使用更具破坏性的大面积热丛林火灾。狩猎采集（hunter – gatherer）的土著人并不具有牲畜群。现代牧民经历过痛苦后发现，如果你年复一年地焚烧和大量放牧，那么你就等于是杀了下金蛋的鹅。

在牧草的根系保留物处长出了绿梗（green pick）。如果这些根系保留物被过度放牧而耗尽，那么更有价值的牧草就会被杀死。然后，要么较差的草场植物占主导地位，要么该地区出现沙漠化，再要么就是入侵的木质灌木丛占上风。在金伯利于 19 世纪八九十年代被开放后的几十年间，牛羊数量达到了顶峰。这样，过度放牧破坏了许多顶级牧场，因此导致了占主导地位的牧草种类减少，并发生了土壤侵蚀、盐渍化和荒漠化。[12]

12.5 人口压力与荒漠化

在其他地方，不断增长的人口加剧了热带稀树草原气候和土壤的挑战。可悲的例子是在萨赫勒地区（Sahel）反复发生的干旱和饥荒，而萨赫勒是非洲撒哈拉沙漠以南的半沙漠到草原/热带稀树草原地区。20 世纪 60 年代，在萨赫勒地区的降雨量超过平均水平，因此政府鼓励数百万人前往该地区。然而，之后萨赫勒地区遭受了 50 年来非洲最严重的干旱。因燃料需求而导致的树木损失、土壤侵蚀、土地退化和饥荒，是由于人口增加与农业和放牧扩张等多种因素的紧密结合所致。[13] 在萨赫勒地区，持续的气候变化会引起更具毁灭性的干旱和饥荒。[14]

热带稀树草原向农业的转变是世界性的。巴西热带草原的一半土地已被开垦用于耕种和放牧。[15] 南美洲中部的巴西塞拉多草原（Cerrado）位于前 25 个生物多样性热点地区。这里约有 10 000 种植物、800 种鸟类和 150 种爬行动物、哺乳动物和两栖动物。然而，在这个世界上最大热带稀树草原之一的 70 万平方英里（约 1 812 992 km^2）内，只有 20% 的土地仍保持原状，并仅有 2% 的土地受到保护。[16]

非洲大草原占地 500 万平方英里（约 12 949 941 km^2），约占非洲大陆的一半。保护情况因国家而异。对于许多种热带稀树草原，只有 5% 的面积受到了保护。旅游业和大型狩猎游戏有助于保护热带稀树草原的部分地区，即阻止其转变为农业和畜牧业。[17]

尽管有生态旅游的帮助，但大象、狮子和老虎等具有象征意义的热带草原动物的命运仍不确定。非洲象很脆弱，亚洲象受到的威胁更大。20 世纪，野生狮子从 30 万只减少到不足 3 万只。由于野生狮子的栖息地分散并被转变为农业用地、对猎物物种过度捕杀以及为了保护家畜而被人为杀害，因此它们已经从其历史上 80% 的非洲地区消失。[18]老虎的栖息地是森林和热带草原，而现在野生老虎的数量只有3 200 只左右；20 世纪损失了 97%，包括爪哇虎等一些种已经灭绝。[19]

萨沃利研究所（Savory Institute）的阿兰 · 萨沃利（Alan Savory）开发了一种非常有希望但却有争议的方法，即利用放牧动物（通常被认为是问题）来恢复草原和草地的生态健康。部分科学家对这一结果存在争议。这种方法模拟了巨大的迁徙牧群，并使用非常密集的放牧，然后在没有动物的情况下进行长时间的恢复。许多牧民，包括弗吉尼亚州多面体农场（Polyface Farm）的发起人乔尔 · 萨拉丁（Joel Salatin），都采用了被称为“整体管理”（holistic management）的方法来恢复退化的草原，在改良退化草地方面往往呈现出较甚至完全的去库存（destocking）方式更好的结果。[20]

参考文献

[1] CHOI C Q. Savanna, not forest, was human ancestors' proving ground[EB/OL]. (2011 - 08 - 03). http://www. livescience, com/15377 - savannas - human - ancestors - evolution. html.

[2] FALK J H, BALLING J D. Evolutionary influence on human landscape preference [J]. Environment and Behavior, 2010, 42 (4): 479 – 493.

[3] MCKNIGHT T L, HESS D. Climate zones and types [M] // MCKNIGHT T L, HESS D (Ed.). Physical Geography: a Landscape Appreciation. Upper Saddle River, NJ: Prentice Hall, 2000.

[4] ALLING A, NELSON M. Life under Glass: The Inside Story of Biosphere 2 [M]. Oracle, AZ: Biosphere Press, 1993.

[5] Time line of the American bison [EB/OL]. [2017 – 09 – 05]. http://www.fws.gov/bisonrange/timeline.htm.

[6] STEBBINS G L. Coevolution of grasses and herbivores [J]. Annals of the Missouri Botanical Garden, 1981, 68 (1): 75 – 86.

[7] NELSON M. Synergetic management of the savannas [M] // TOTHILL J C, MOTT J J (Ed.). Ecology and Management of the Worlds Savannas. Brisbane: University of Queensland Press, 1985.

[8] Climate of the tropical savannas [EB/OL]. [2017 – 05 – 10]. http://www; savanna.org.au/all/climate.html.

[9] TOTHILL J C, MOTT J J. Ecology and Management of the World's Savannas [M]. Brisbane: University of Queensland Press, 1985.

[10] Tropical savannas: biomes of the world [EB/OL]. [2017 – 05 – 10]. https://php.radford.edu/ – swoodwar/biomes/? page_id = 105.

[11] GAMMAGE B. The Biggest Estate on Earth: How Aborigines Made Australia [M]. Sydney, Australia: Allen & Unwin, 2011.

[12] SPECK N H, WRIGHT R L, RUTHERFOR D K, et al. No. 9 general report on lands of the west Kimberley area, W. A. [J]. Land Research Surveys, 2010 (1): 1 – 228.

[13] HUNTINGTON E. A System of Modern Geography [M] (1834).

[14] KIRBY A. Climate renews famine risk to Africa's Sahel [EB/OL]. (2014 – 10 – 20). http://www.dimatenewsnetwork.net/climate – renews – famine – risk – to – africas – sahel/.

[15] SPANNE A. Industrial farming plows up Brazil's 'underground forest' [EB/OL]. (2014 - 11 - 15). http://www.climatecentral.org/news/industrial - farming - brazil - cerrado - 18332.

[16] DA SILVA J M C, BATES J M. Biogeographic patterns and conservation in the South American Cerrado: a tropical savanna hotspot [J]. BioScience, 2002, 52 (3): 225 - 234.

[17] PICKRELL J. Trophy hunting can help African conservation, study says [EB/OL]. [2007 - 03 - 15]. http://news.nationalgeographic.com/news/20003/070315 - hunting africa.html.

[18] The state of the lion [EB/OL]. [2017 - 03 - 12]. http://www.panthera.org/node/8.

[19] Tiger [EB/OL]. [2017 - 03 - 15]. http://www.worldwildlife.org/species/tiger.

[20] GABOR A. Inside Polyface Farm, Mecca of sustainable agriculture [EB/OL]. (2011 - 07 - 05). https://www.theatlantic.com/health/archive/2011/07/inside - polyface - farm - mecca - of sustainable - agriculture/242493/.

第 13 章 人工沙漠

13.1 雾漠建设

我们知道，在一种狭小而密闭的新环境条件下，野生生物群落可能会以不同于预期的方式逐渐演变。这样，在生物圈 2 号沙漠中发生的变化可能会被认为是某种程度上意料之中的惊喜。

很早以前，我们的首席沙漠设计师及图森沙漠实验室的托尼·伯吉斯（Tony Burgess）博士，就决定建造一个“雾漠”（fog desert）或沿岸沙漠。[1] 住在热带雨林、红树林沼泽和海洋附近意味着湿度会很高。雾漠植物通过从附近水体产生的潮湿空气中吸收而获得相当大的比例的水分。虽然生物圈 2 号沙漠是其他沿海沙漠的混合物，但墨西哥下加利福尼亚州（Baja California）提供了大部分植物。

在那里，一些最奇怪的植物生长在北美最干燥的沙漠中，该沙漠位于太平洋和科尔特斯海之间的一个狭窄半岛上。许多是特有的，仅在那里发现。[2] “布足姆”（Boojum）是根据刘易斯·卡罗尔的一首诗命名的，它像一个倒立的胡萝卜。它的顶部扭曲得很奇怪，形成了奇怪的景观。龙舌兰（cardón）是一种柱状仙人掌，与生物圈 2 号周围索诺兰（Sonoran）沙漠中的巨大仙人掌（*Saguaro cacti*）关系密切。

在生物圈 2 号中，沙漠地带包括沙丘、盐碱地、峡谷、季节性水池和高地。墨西哥下加利福尼亚州冬季气候活动频繁，即大部分地方降雨量不足，但雾却很频繁出现。因此，在生物圈2号中模拟了这种季节模式，即在深秋激活沙漠，然后在早春停止降雨。沙漠里有各种各样的植物，有仙人掌和肉质植物，还有沙漠灌木和草类（图13-1）。

图13-1 封闭两年早期的沙漠生物群落

沙漠植物通常具有独特的香味，这是一种防御机制，连同尖刺可以有效阻止放牧动物啃食。因此，在生物圈2号中，沙漠具有引人注目的景观，并是一场鼻子的盛宴。只要你带回来挥之不去的香味，那么其他人就知道你肯定是在沙漠中待过一段时间。

13.2 沙漠发展偏离了规划

其他生物群落的发展与预期相当，但沙漠却没有。只是在干旱地区，真正的沙漠仙人掌和肉质植物才能存活下来。而在其他地方，小型灌木和大型灌木、一年生植物和草开始占据主导地位。其原因是，从空间框架滴下的冷凝水增加了冬季的水分，以及高湿度生物圈2号环境中较低的蒸腾蒸发作用（evapotranspiration），导致了这种转变。后来，研究人员决定让该沙漠继续演变，而使其更像地中海林地或海岸灌木丛丛林生态。在两年封闭实验后的研究过渡期间，研究人员种植了更多适应地中海气候的灌木和树木，从而扩大了这部分原始沙漠的生物多样性。[3]

荆棘灌木丛与沙漠的两侧相邻。位于草原低处与沙漠之间的荆棘灌木丛是托尼·伯吉斯和包括作者尼尔森在内的一个技术团队在墨西哥阿拉莫斯附近的西马德雷山脉（Sierra Madre Occidental）收集的。以非洲马达加斯加植物为主的低处荆棘灌木丛靠近淡水沼泽。两者在冬季也很活跃。荆棘灌木丛是一个扎人的地方。托尼开玩笑说，荆棘灌木丛可以教会乘员灵活，这样我们就可以跳舞穿行了。我们控制了一些藤本植物，包括蓝花藤（*Antigonon leptopus*），但荆棘灌木丛只需要少量干预。

目睹沙漠的自组织提醒我们，在深层次上，人并不是生物圈 2 的“负责人”。人在保持技术圈的功能方面发挥着重要作用。另外，研究人员还就作物选择、轮作和农业管理作出了决定。但即使这样，土壤和农作物的生命也是研究人员试图利用但无法控制的方面。在野生生物群落地区，人充其量只是“私人助理”。我们对沙漠一直很少进行干预。我们控制了沙丘上的狗牙草（*Bermuda grass*），这是一种不请自来的物种。然而，研究人员主要关注沙漠的成长及其性质的改变。

在生物圈 2 号封闭实验的第二年，越来越清楚的是，适应干旱的植物不再占据沙漠的主导地位。项目管理层和工作人员几乎没有反对，他们认为最好的办法是让开而让沙漠改变它的特性。在两年的封闭实验后，根据项目目标引入了更多在生态上同样生长茂盛的种类。然而，生物圈 2 号不同于植物园，因为后者主要是致力于维护其展示植物（display plant）。生物圈 2 号实验的一部分是探索野生生物群落的发展和自组织情况。沙漠的演变证明了这一过程是可行的，但并不像设计者所预期的那样（图 13 - 2）。

沙漠的转变让我们想起了在封闭实验前所做的各种预言，即生物圈 2 号根本不会维持独特的生物群落。一些著名生态学家认为，侵略性植物将主导其中的陆地生物群落，使其成为一个融合体（amalgamation），就像城市杂草主导可用生境一样。这与已经发生的事情并不接近。人们低估了提供不同环境条件的复杂技术圈，以及每种生物群落的植物塑造栖息地的能力。

图 13-2　生物圈 2 中的沙漠按照自己的方式演变

在两年封闭实验的后期，是灌木和草类而非仙人掌和其他肉质植物占据主导地位

13.3　让生态按照自己的方式发展

生态学家 H. T. 奥德姆访问生物圈 2 号时，强烈主张减少人对野生生物群落的干扰。他认为我们应该让生物群落“做自己的事”，这与我们的文化强调人类发号施令而尽可能多地行使控制权完全相反。同样，奥德姆反对向入侵物种发动攻击，而是主张接受大自然创造的东西，即使它包括来自其他地方繁茂的植物。这种观点与某种“生态上正确”的思想（其试图回归到原始而只有本地种的状态）背道而驰。

H. T. 奥德姆甚至敦促我们让生物圈 2 号中的珊瑚礁消失：停止去除藻类并停止竭力降低营养。他认为珊瑚礁可能与生物圈 2 号目前的生态状况不相适应，但几年后可能会相适应。他当时可能是对的，但我们忽视了他的建议。实验中，生物圈人的做法是意图帮助珊瑚礁满足它的任何需要。作者认为，海洋系统的整体健康状况以及他们在这一过程中所学到的知识证明了他们的决定是正确的。斯图尔特·布兰德（Stewart Brand）还主张“追求成功”。我们失去了蜂鸟和雀类，但有几只家麻雀和一只弯喙矢嘲鸫在封闭前躲过了人们的驱赶。他告诉琳达，系统通过达尔文的自然选择告诉我们想要繁殖什么，所以顺其自然吧。[4]

13.4 生物圈2号的生物多样性教训

观察指出了这项创造合成生态的伟大实验所揭示的其他挑战。偷渡者“疯狂蚂蚁”（crazy ant）的繁衍极大地减少了蚂蚁和传粉者的多样性。由于这种蚂蚁的行为古怪，因此它们被称为疯狂。这种蚂蚁可能是随着温室盆栽土壤被带进来的。疯狂蚂蚁在世界上广泛分布，经常在受干扰的栖息地占据主导地位。它们以美洲大螽斯（katydid）、粉虱（mealy bug）、蚜虫（aphid）和蝉（cicada）等大量吸液昆虫（同翅目）为食。后来，关于疯狂蚂蚁的一项研究结论如下：

生物圈2号是一个被沙漠包围的1.28公顷的栖息地岛屿，对于一个高度受干扰的亚热带小岛来说，它似乎是一个相当好的生态模拟器。随着对生物圈2号中生态动力学的更多了解，其研究结果可能会为简化生态系统的运作提供重要支持，而这些运作对保护和恢复地球上日益被干扰的栖息地非常有用。将来，在生物圈2号中的研究可以更密切地研究蚂蚁、同翅目昆虫和植物之间的相互作用，并研究生物引入的影响，特别是引入蚂蚁和同翅目昆虫的天敌所带来的影响。[5]

我同意以下看法，即生物圈2号的封闭实验表明，到目前为止人们还没有足够的知识来创造出模拟地球生物圈的平衡而可持续的环境。即使是精密的机器、巨额的资本投资以及所谓的生物圈人的“英勇努力”（heroic effort），也无法阻止注射O_2以能够继续维持封闭的必要性（见第14章）。[6]我们希望生物圈2号能够传授以下经验教训：了解全球生物圈在维持我们和所有生命方面的作用。而且，对于生物圈是如何运行的我们还有很多需要了解的地方。正如《生物圈2号和生物多样性：迄今为止的教训》的作者洛克菲勒大学的科恩（Joel E. Cohen）和明尼苏达大学的蒂尔曼（David Tilman）所强调的那样：

目前，在维持地球宜居性方面还没有其他已被证明的替代方案。还没有人知道如何设计系统而为人类提供生态系统所免费提供的生命保障服务。必须谨慎对待由于人类的广泛活动而将主要生物群落分割为小块的情况。地球是已知的唯一能够维持生命的家园。[6]

他们错误地暗示生物圈2号曾被打算作为维持地球生物圈的一种替代方案。令人惊讶的是，人们经常会遇到这种说法。恰恰相反，生物圈2号封闭实验的目的在于了解全球生物圈的服务与健康是多么重要。俄亥俄州立大学的威廉·米奇

（William Mitsch）博士在一本关于生物圈 2 号研究的书的序言中指出：

> 让我产生共鸣的真正一点是，创造封闭的健康生态系统所需的资金、材料和能源成本非常巨大……生物圈 2 号的生态信息是明确的——我们应该理解并努力掌握我们所拥有的生物圈的运作情况。可以说，生物圈 2 号帮助我们在许多方面做到了这一点。[7]

微型生物圈最终将被用来在太空中实现长期居住。但即便如此，这也将是一个从简单得多的空间生命保障系统逐步演变而来的过程。科恩和蒂尔曼断言，在生物圈 2 号中的物种大量减少是“意外的”。物种多样性可能大幅下降的预期推动了“物种包装”（species - packing）方案。他们承认，尽管海洋规模较小，但其物种损失要低得多。

另外，他们还忘记了，作为一个设计寿命为 100 年的长期实验设施，我们预计会定期引进新物种并采取纠正措施。已知小种群存在遗传瓶颈问题。没有人预料到第一次人造微型生物圈的尝试是完美无缺的。如果科学已经知道如何做到这一点，那么我们建造该设施的动机就会减少，并从发展中学习的机会也会大大减少。他们指出，对“改进型生物圈 2 号的研究很可能有助于对维持生物圈 1 号——地球生物圈的任务提出令人兴奋的见解”。[6]幸运的是，通过哥伦比亚大学和现在的亚利桑那大学在封闭实验后的几年内进行的研究，而正在逐步实现这一目标。

13.5 遵从大自然发展规律

沙漠茂盛了，但只是没有按照预想的方式发展。沙漠所表现出的避开并协助自组织比逆势而行更有意义。这个例子说明了当前全球生物圈所缺乏的东西。人们需要倾听大自然并帮助它，而不是强迫它符合我们的先入为主的观念。

进化是一个持续的过程。对地球上物种数量的估计差异很大，从 1 000 万到 5 000 万，甚至更多。由于绝大多数还未被鉴定，因此尚不能确切地知道具体数量。[8]类似地，估计有超过 99% 的曾经生活过的物种已经灭绝。一些物种有了继任者，而另一些物种则干脆消亡了。[9]哺乳动物物种的平均寿命为 100 万年，但有些物种的寿命为 1 000 万年。[10]

为了在生态和文化方面茁壮成长，并在进化阶段享受长期发展，我们人类更好地利用了我们的智慧，并学会了改变。也许如果一切顺利，智人（Homo sapiens。被半开玩笑地称为“无所不知的人类”）将进化为生态人（Homo ecologicus）。或者可能是生物圈人（Homo biosphericus）：理解自己是生态秩序的一部分的人，他们的行为就像我们与所有其他生命共享生物圈一样。古希腊哲学家赫拉克利特（Heraclitus）提醒我们：变化是唯一不变的。所有生命，从物种到种群或从生态系统到生物群落，都是要么进化或要么消亡。

参考文献

[1] NORTE F. Fog Desert [M] // MARES M A. Encyclopedia of Deserts. Norman, OK: University of Oklahoma Press, 1999.

[2] WLERO A, SCHIPPER J, ALLNUTT T. Southern north America: Baja California Peninsula in Mexico [EB/OL]. [2017 - 03 - 17]. http://www. worldwildlife. org/ecoregions/nal301.

[3] ALLING A, NELSON M. Life under Glass: The Inside Story of Biosphere 2 [M]. Oracle, AZ: Biosphere Press, 1993.

[4] KELLY K. Biosphere 2 at One. Whole Earth Review, 1992, 77: 90 - 105.

[5] WETTERER J K, MILLER S E, WHEELER D E, et al. Ecological dominance by *Paratrechina longicornis* (Hyme - noptera: Formicidae), an invasive tramp ant, in Biosphere 2 [J]. The Florida Entomologist, 1999, 82 (3): 381 - 388.

[6] COHEN J E, TILMAN D. Biosphere 2 and biodiversity: the lessons so far [J]. Science, 1996, 274 (5): 1150 - 1151.

[7] MITSCH W. Preface [J]. Ecology Engineering, 1999 (13): 1 - 2.

[8] BRYSON B. A Short History of Nearly Everything [M]. New York: Broadway Books, 2003: 350 - 370.

[9] STEARNS B P, STEARNS S C. Watching, from the Edge of Extinction [M]. New Haven, CT: Yale University Press, 2000.

[10] The current mass extinction [EB/OL]. http://www. pbs. org/wgbh/evolution/library/03/2/l_032_04. html.

第 14 章 大气中 O_2 浓度管理

14.1 异常现象

1993 年 1 月 14 日晚上 9 点左右，我有了一生中最令人惊奇的生理体验。大多数乘员成群结队来到生物圈 2 号的一个“肺”，体验我们通常认为理所当然的东西——O_2，而且是充足的 O_2。这是因为，在过去的 16 个月里，生物圈 2 号内的大气 O_2 浓度一直在下降。

在封闭 6 个月后，当我们分析整套大气样本时，首次发现大气 O_2 浓度出现了下降。一支有故障的自动传感器未能提前向我们发出警报。O_2 浓度从 20.9%（与室外大气一样）下降到了 19%。这一发现促使我们进行了更加频繁而详细的监测。另外，大家也开始寻找原因。

最直接的想法是光合作用和呼吸作用之间存在不平衡。光合作用是绿色植物（包括海藻和浮游植物）在阳光的驱动下从大气中吸收 CO_2 的方式。植物利用 CO_2 和水来生产糖来构建植物组织。在这个过程中，它们释放 O_2。植物是能源库，提供其组织中的糖作为燃料，供我们和其他动物、真菌和需氧微生物在呼吸过程中燃烧，以获得代谢能。呼吸作用消耗大气中的 O_2。植物的呼吸过程很小，而主要是在生长过程中构建组织并产生 O_2。

光合生物（photosynthesizing organism）利用这一基本机制来改变地球的大气层和进化过程。对于早期的厌氧地球生命来说，O_2 是一种致命的毒药。当蓝藻发明光合作用后，随后植物开始进行光合作用，这样，O_2 这种副产物则开始在大气中积累。然后，需氧菌进化出了利用氧气的能力。同时，厌氧菌撤退到没有大气的地方，如深层土壤、沼泽和动物的消化道。在过去的数亿年间，植物消耗 CO_2 和产生 O_2，而微生物和动物则恰恰相反——消耗 O_2 和产生 CO_2，这样在它们之间达成了一种动态平衡。在大气中，该绿色联盟创造和保持了自由的 O_2。

地球的大气层比生物圈 2 号的大气层要大 30 万亿倍，而更重要的是，地球上的 O_2 如此之多，如果没有光合作用的持续补充，地球上所有动物的呼吸在一个多世纪内只会使大气 O_2 浓度从 20.9% 下降到 19.9%，即只降低 1%。然而，在生物圈 2 号中，却没有这样的奢侈。如果没有植物的光合作用，生物圈 2 号中的所有需氧生物（包括 30 000 t 土壤中的呼吸微生物）将会使大气 O_2 浓度每周减少约 1%。

有一个谜团：氧气去哪里了？计算结果表明，如果将其用于呼吸，则大气中将会积累有数万 ppm 的 CO_2——但事实上并没有。另外，碳酸钙沉淀器捕获的 CO_2 量远远不足以解释这一差异。

14.2 问题追踪

鉴于此，将生物圈 2 号中的 O_2 研究队伍扩大到包括著名星球建模师华莱士·布罗克（Wallace Broecker）博士和哥伦比亚大学研究生杰夫·塞文豪斯（Jeff Severinghaus）。弱光照季节时（植物生长较慢，放 O_2 速率较低）的 O_2 浓度下降量较强光照季节时（植物生长较快，放 O_2 速率较高）的要快。生物圈 2 号具有生命高度集中、快速循环和储存量少等特点，这就意味着其缓冲不平衡的能力要低得多。地球上的植物在 2000 年内产生的 O_2 足以取代大气层中的 O_2，而生物圈 2 号中的植物只花了一年时间就补充了大气。[1]

项目管理层和团队一致认为，我们得到了一个很好的研究机会。我们不会立即通过注射 O_2 来认输，而是与我们的住院医生罗伊会诊后决定“把 O_2 浓度压下去”。人的反应是未知的，因为 O_2 供应量通常只有在爬山时才会下降。随着海拔升高，空气变得稀薄，这样大气压力出现下降。即使大气中的 O_2 浓度相同，但我们的身体接收的 O_2 也较少。一段时间后，登山者适应了，身体会产生更多的红细胞来携带 O_2。在营地的时间有助于登山者适应更高的海拔。

氧气下降期间的医学检查表明，我们的身体出现了轻微或未被预期的生理变化。这表明，低压而不是低氧会引起人的适应。[2] 它需要高度密封的生物圈的特殊条件来分离通常情况下不可分离的这两种因素。

古希腊哲学家苏格拉底（Socrates）说过："未经审视的生活是不值得过的"[3]。我们则开玩笑地说，拥有上千支传感器，收集了所有的生物医学数据，并仔细称量和记录了我们吃下的每一盎司食物，因此可以这样更改古希腊哲人的说法了："未经测量的生命是不值得审视的！"

14.3　意外反应

其他反应令人着迷。一些新闻媒体宣布生物圈 2 号是一个"失败"，比如说："你说它会完全平衡，而现在氧气已经减少。当你注入氧气时，实验就结束了，整个项目都失败了。"

与此同时，科学家们却给出了完全不同的观点。美国 NASA 生命保障项目的研究人员打来了电话。即使对那些持怀疑态度的人来说，缓慢的氧气下降速度（每月下降 1% 的 3/8）也表明，他们已经成功地使结构的气密性达到了惊人的程度（图 14－1）。否则，内外空气交换会掩盖 O_2 浓度的缓慢下降，这样你可能永远都不会知道 O_2 在减少！

我发现另一种反应非常有趣。一些人说，他们对只有几英亩土地的生态系统会产生完全无法预料的东西感到惊讶。这是真的。我记得，每个人都在封闭前项目审查委员会（Project Review Committee）会议上列出了他们最担心的问题。然而，失去大气中的 O_2 却从未被列入清单。

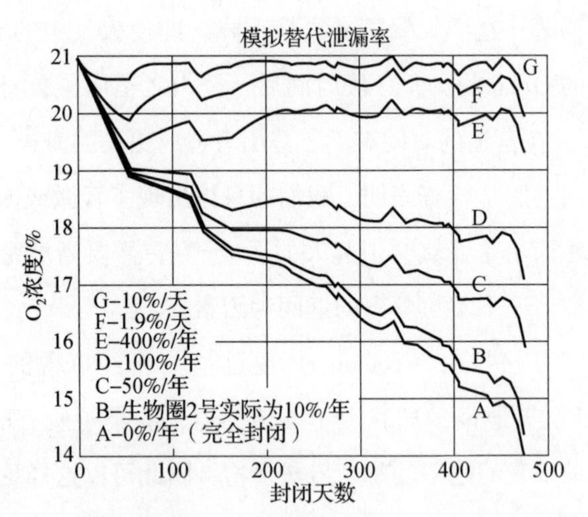

图 14－1 在生物圈中大气泄漏率对 O_2 浓度下降的影响[4,5]

曲线 A 表示在完全封闭（0% 大气交换）下的 O_2 浓度下降值。曲线 B 表示在每年 10% 大气泄漏率下的 O_2 浓度下降值（出现在生物圈 2 号中的实际值）。其他曲线表示在较高大气泄漏率下 O_2 浓度的下降值。位于美国佛罗里达州肯尼迪航天中心的 NASA 受控生态生命保障系统试验板装置（CELSS Breadboard Facility。用于作物栽培）的大气泄漏率为 5%~10%/d。在图中的曲线 F 和曲线 G 之间本会产生一条大气交换量曲线。

14.4 原因剖析

在寻找失踪 O_2 的过程中，采用了最先进的方法。对丰富的碳－12 和稀有的碳－13 的同位素分析有助于追踪碳的路径。乘员收集了具有三种不同光合作用途径的植物新的生长状态，三种植物分别属于 C_3 植物的草类、属于 C_4 植物的树木以及属于景天酸代谢途径（crassulacean acid metabolism pathway，CAM 途径）的仙人掌和其他肉质植物；另外还收集了用于这些碳研究的土壤（图 14－2）。

约翰·塞文豪斯（John Severinghaus）是杰夫的父亲和一名工程师，他提出了一条重要建议：检查生物圈 2 号内未密封的混凝土，而将其作为可能的碳汇（carbon sink）。混凝土通过碳化过程（carbonation）而吸收空气中的 CO_2。在内部的地板、墙壁和结构柱中有大面积的裸露混凝土。因此，舱内外人员分析了同时在内外浇筑的混凝土芯。分析表明，内部混凝土的碳化量是原来的 10 倍（图 14－3）。内部 CO_2 浓度很高时会加重碳化作用，这也就能够解释为什么在冬季时 O_2 的损失量会更大：植物光合作用下降会导致空气中 CO_2 浓度更高。

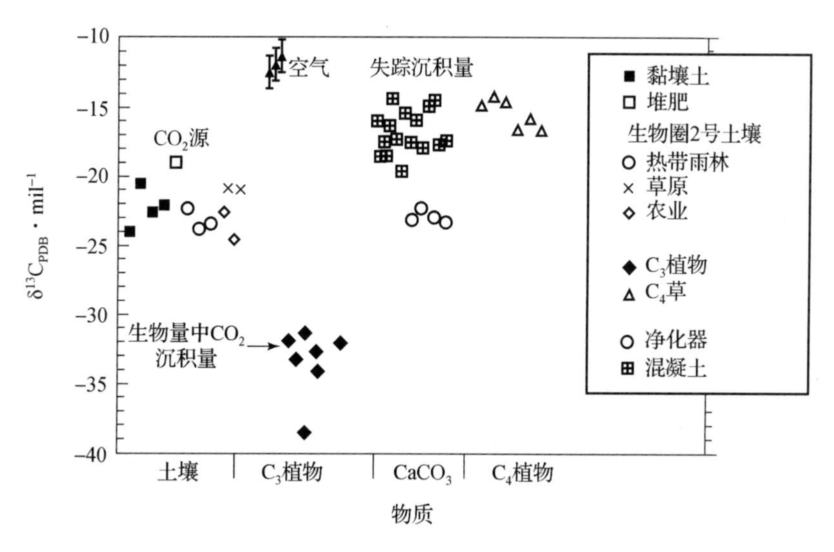

图 14－2　生物圈 2 号中通过跟踪碳－13 同位素来探究氧气去处的部分研究[6]

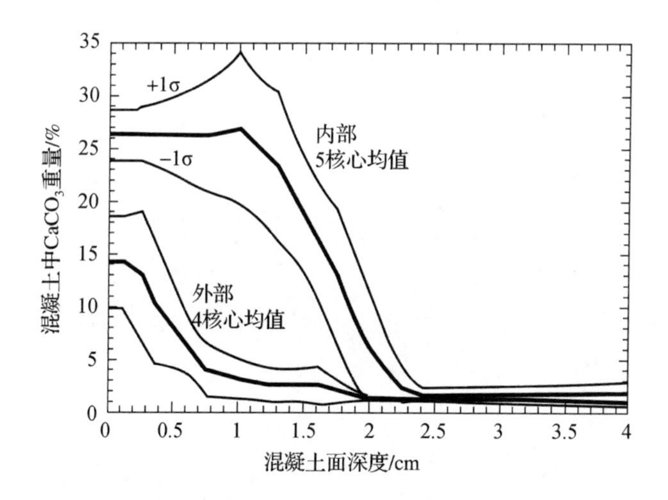

图 14－3　生物圈 2 号中混凝土较强碳化作用的数据[6]

在结构内外同时进行混凝土的批次浇筑实验

结论是明确的。罪魁祸首是生物圈 2 号内 30 000 t 土壤中的微生物造成的光合作用与呼吸作用之间的不平衡。失去的氧气最终通过二氧化碳的呼吸途径进入了混凝土，因此掩盖了不平衡这一简单的事实。

项目设计者最初做出了一个艰难的选择。一开始库存过剩，或限制资源，并可能导致增长放缓。平衡的做法是，需要肥沃的有机土壤，以促进生物群落中植物/树木的快速发展和农业地区的作物生产。在短期内，预计在光合作用和呼吸作用之间会出现一些不平衡。随着植物生物量的增加，则希望达到更加稳定的大气动力学状态。事实上，在第一次封闭实验大约 5 年后，生物圈 2 号中的土壤，尤其是富含有机物的农田土壤，其碳氮比从最初的 16：1 下降到了 12：1。这是典型的多产农业土壤，并且处在碳和氮的稳定范围内。因此，在短短几年内，生物圈 2 号中的土壤碳氧化作用就大大减少了[7]。

14.5 冬眠性适应

当生物圈 2 号内大气氧气浓度低于 16% 时，有一半的乘员开始出现与氧气利用率降低有关的症状，如睡眠呼吸暂停（sleep apnea。或叫窒息）（图 14－4）。由于身体会感觉到缺氧，因此这会使人突然从睡眠中醒来。为了缓解这些症状，从分析实验室的氧气浓缩器到 4 间乘员居住室之间布设了管路。乘员戴上氧气呼吸管来对抗睡眠呼吸暂停。

图 14－4 在修剪草原期间乘员放松并试图休息

注意泰伯在休息时在其戴着手套的手中还握着镰刀。由于热量和氧气受到限制，因此我们的身体学会了精确利用而不浪费任何精力

低氧会损害人的理性思维和判断。因此，乘员的待命医务人员被告知，如有必要，他们可以推翻罗伊·沃尔福德的决定。当罗伊发现自己无法算出一行数字时，他要求顾问打电话。所有人都同意，在经历了 16 个月的氧浓度下降而达到 14.5%左右之后，现在是补氧的时候了。乘员以科学的名义同意进行更多的生物医学测试。他们骑着固定式自行车，身体上装有仪器，向特殊装置吹气，甚至喝了加有同位素的饮料，以便对尿液做进一步分析（图 14-5）[8]。为了避免潜在的更严重的健康问题，工程师们将注入足够的纯氧，以使浓度达到 19%。

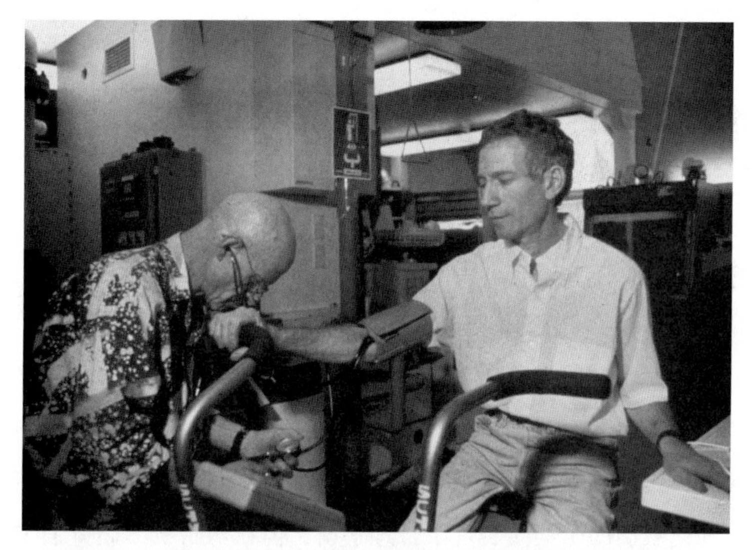

图 14-5 作者尼尔森正在骑一辆用于科学研究的健身脚踏车[8]

随着耗氧工作的进行，我们已经排满了医疗检查和研究的日程。在一项研究中，我们都喝了一些含有特殊同位素的水，以便对我们的生理和代谢进行详细研究

乘员进入西“肺”，在这里，氧气被保持了一夜，以便在其进入空气之前可进行精确测量。从位于冷藏车上的纯氧被运到这里以来，气温已经低到了 10 ℃。乘员对 26%氧气的反应几乎是立竿见影。琳达回忆道：

深呼吸真是一种幸福感，我几乎不需要马上再呼吸一次。我几乎没有注意到外面的人透过肺窗看着我们，我突然产生了一种完全出乎意料的冲动，即无意识地绕着“肺跑”，驱使我双腿的只是一种冲动。我感觉自己就像一个重生的呼吸者，向我以前呼吸困难的伙伴赞美氧气。[9]

我们都疯狂地笑着跑着。我突然想到，我已经好几个月没有听到奔跑的脚步声了。朋友们说，观看我们生物圈人的工作就像一场慢动作舞蹈。通过食用卡路里受限的饮食和呼吸低氧，人们的运动则更加经济，根本没有多余的能量可以燃烧。

罗伊和他的同事研究了我们的医学与生理数据。他们从理论上推断，热量限制使我们的身体不愿意制造更多的红细胞。他们得出的重要理论是，生物圈人是为了应对缺氧和低热饮食而首次开始出现冬眠症状的人类![10]

之后，我们开始走上一段楼梯前往乘员生活区——这又是一次令人惊讶的经历。当我们进入含氧量为 14.5% 的空气中时，每呼吸一次并每走一步，我都能感觉到我的呼吸变弱了且动作也变慢了。再次说出一个长句迫使你深吸一口气，直到结束。在此，我在那个充满氧气的“肺”里感觉到的少年已经不见了。当我到达我的房间时，我感觉自己已过了 45 岁了。

14.6 必然解决途径

氧气的流失说明我们可以从生物圈 2 号学到一些东西。解开该谜团则可以充分揭示生物圈 2 号中的土壤、植物、生物圈人和空气之间的关键平衡问题。通过总结经验和吸取教训，则可以将未来的生物圈实验室设计得更好。我们的顾问已经预见到，即使早期的生物圈实现了合理平衡，但在初始土壤储量消失后，可能需要再引入部分碳和其他养分。尽管生物圈 2 号非常复杂，但仍可以从中发现因果机制。仅仅用了一年多的时间就弄清楚了这一神秘的氧沉降（oxygen sink）的原因。

这里，将其与全球碳预算做一个对比。30 年来，“缺失的碳”一直困扰着地球系统科学家。这可不是一小部分未被计算的碳。人类每年会产生 70 亿~80 亿吨二氧化碳，而其中 10 亿~20 亿吨（占总量的 15% ~25%）的去向不得而知。[11]在生物圈 2 号封闭实验启动之前，我参加了一些会议。在这些会议上，海洋科学家和陆地生态学家互相指责对方没有足够好的数据来找到碳汇（missing sink）。目前，人们认为北方的森林土壤是碳汇。研究还远未确定，但一些数据表明该碳汇分散在北方森林和热带森林之间。[12]

其他评价指出，在生物圈 2 号中所发生的一切与全球生态学之间存在着惊人的相似性。目前，正在进行关于生态自组织的重要实验，有许多经验和教训需要学习。

经过 26 个月的自我组织后，对生物圈 2 号内生态系统的检查……表明系统似乎正在加强收集更多能量的物种……植物的物种多样性正在接近正常的生物多样性……如果被允许继续，那么所观察到的演替趋势（碳酸盐吸收二氧化碳和“杂草物种植被”的高净产量）最终将产生足够的总产量，以适应正在逐渐下降的土壤呼吸。因此，人的生命保障的自组织发展（self - organizational development）正在成功进行……小而快的生物圈 2 号是研究地球生物地球化学动力学（biogeochemical dynamics）的良好模型。[13]

生物圈 2 号中的代谢被证明是整个地球代谢的一种很好的模拟……关于生物圈 2 号的研究提供了一种重要见解，即在地球上范围广泛的氧水平在一定程度上受钙和碳酸盐循环的控制，而且只有考虑到这些生物地球化学循环的相互作用，我们才能深刻了解地球的内环境稳定（homeostasis。身体对变化作出自我调整）和反馈机制。由于生物圈 2 号的性质与地球的相似，因此这就为研究气候驱动（climate forcing）和碳含量较高的大气可能对全球碳和氧收支产生的潜在影响提供了机会。[14]

随着“重返地球大气层”（re - entry）倒计时的临近，我在白天和夜间围绕生物圈 2 号进行了多次旅行。我想让该经历能够留下深刻印象，即能够与我们内部的所有生活系统如此紧密地联系在一起——从农作物到野生生物群落。有相当多的精神反应和情感反应，也有真实的抱树（actual tree - hugging）。我们，生物圈 2 号的所有生命，都在一起进行着史诗般的旅行。

我花时间拥抱并感谢了技术圈地下室的几根混凝土柱子，它们也做了自己的工作。如果它们没有吸收一定量的二氧化碳，我们则可能无法在可接受的二氧化碳水平下生存。混凝土通过防止 pH 值过低而挽救了海洋中的珊瑚礁，并且通过防止二氧化碳达到危险水平而有助于植物生长。它们帮助乘员在生物圈 2 号内成功地生活了两年，这是一个一直悬而未决的问题。

他们有自己的教训要教给我们。在一个封闭生态系统中，一切都起着一定的作用，即使是我们没有预料到的。生态学的第一定律是一切事物都与其他事物相联系。让我们把这种想法也拓展到我们技术圈的每一个部分。

生物圈2号教会我们永远不要想当然地对待任何事情，包括我们几乎不曾想过的事情：维持我们生存的氧气是我们的生物圈提供的。

参考文献

[1] BROECKER W. Et Tu, O_2? [EB/OL]. [2017 - 04 - 19]. http://www.columbia.edU/cu/21stC/issue - 2. l/broecker. htm.

[2] WALFORD R L, BECHTEL R, Mac Cgllam T, et al. Biospheric Medicine as Viewed From the Two - Year First closure of Biosphere 2 [J]. Aviation, Space, and Environmental Medicine, 1996, 67 (7): 609 -617.

[3] LONSTAFF S. The unexamined life is not worth living[EB/OL]. (2013 - 06 - 02). http://www. newphilosopher. com/articles/being - fully - human/.

[4] DEMPSTER W F. Tightly closed ecological systems reveal atfmospheric subtleties—experience from Biosphere 2 [J]. Advances in Space Research, 2008, 42 (2008): 1951 -1956.

[5] WHEELER R M. Crop productivities and readiation use efficiencies for bioregenerative life system [J]. Advances in Space Research, 2008, 42 (2008): 706 -713.

[6] SEVERINGHAUS J P, BROEC KER W S, DEMPSTER W F, et al. Oxygen loss in Biosphere 2 [J]. Eos, Transactions, American Geophysical Union, 1994, 75 (3): 33, 35 ~37.

[7] TORBERT H A, JOHNSON H B. Soil of the intensive agriculture biome of Biosphere 2 [J]. Journal of Soil and Water Conservation, 2011, 56 (1): 4 - 11.

[8] WEYER C, WALFORD R L, HARPER I T, et al. Energy metabolism after 2 years of energy restriction: the Biosphere 2 experiment [J]. The American Journal of Clinical Nutrition, 2000, 72 (4): 946 -953.

[9] LEIGH L. Linda's Journal—Oxygen [J]. Biosphere 2 Newsletter, 1993, 3

(1).

[10] WALFORD R L, SPINDLER S R. The response to calorie restriction in mammals shows features also common to hibernation, a cross – adaptation hypothesis [J]. J Gerontol A Bio Sci Med Sci, 1997, 52 (4): B179 – B183.

[11] HERRING D, KANNENBERG R. The mystery of the missing carbon[EB/OL]. http://earthobservatory. nasa. gov/Features/BOREASCarbon/.

[12] Scientists close in on missing carbon sink[EB/OL]. (2007 – 06 – 21). http://www. ucar. edu/news/releases/2007/carbonsink. shtml.

[13] ODUM H T. Scales of ecological engineering [J]. Ecological Engineering, 1996 (6): 7 – 19.

[14] ENGEL V C, ODUM H T. Simulations of community metabolism and atmospheric carbon dioxide and oxygen concentrations in Biosphere 2 [J]. Ecological Engineering, 1999 (13): 107 – 134.

第 15 章
人际关系及意外事故处置

15.1 鼓足勇气

在封闭生态系统领域，我们的俄罗斯同事拥有数十年的实践经验。尽管美国NASA热衷于可控技术并在太空生命保障方面似乎总是想要限制生命，但是约瑟夫·吉特尔森（Josef Gitelson）告诉了我们他们从Bios-3中学到的东西：“相信生命，它是可靠的；大自然在数十亿年的进化中完善了它。依靠技术来打破它——这不是一个‘如果’的问题，而是‘什么时候’的问题。”

就在约翰·艾伦进入生物圈2号测试舱进行第一次有人的封闭实验之前，叶夫根尼·谢佩列夫（Yevgeny Shepelev）博士给我们发了一条信息。“祝贺你们迈出了历史性的一步。但请记住，人在生态系统中是最不稳定的因素。鼓足勇气!”

我们怀疑群体动力学（group dynamics。又叫团体动力学或集团力学，是研究诸如群体气氛、群体成员间的关系、领导作风对群体性质的影响等群体生活的动力方面的社会心理学分支。译者注）可能是生物圈2号更具挑战性的方面之一。事实上确实如此!

15.2 “非理性对抗”

当人们被关在禁闭室内时，幽居病（cabin fever。又名舱热症或幽闭症，是一种由于长时间待在封闭空间内而产生的一种不安与易怒状态。译者注）会导致紧张局势加剧。虽然大家都是互相尊重的好朋友（图 15－1），但这种情况还是发生了，如果长期隔离情况会变得更糟。心理学家称之为“非理性对抗”（non-rational antagonism）。[1]在探险界，这被称为“探险家霍乱”（explorer's cholera）。伟大的极地探险家伯德海军上将写道：“我认识一个人，除非他能在餐厅大厅里找到一个地方，否则他就不能吃东西，而这个人在吞咽之前要严肃地咀嚼 28 次。在极地营地，这样的小事甚至能把纪律严明的人逼到精神错乱的边缘。”[2]

图 15－1 刚进去后成为亲密朋友的 7 名生物圈人

（左起）后排站立者：莎莉、盖伊、泰伯、琳达和作者尼尔森；（左起）前排跪者：罗伊和简

对于我们这些生物圈人来说，虽然我们的世界是多样而美丽的，但它却是有限的。我们只与其他 7 个人进行了 731d 的密切身体接触，其间在一起共吃过 2193 顿饭。很快，每个人都明白了别人的缺点、习惯以及如何激怒别人（everyone figures out the tics, habits and how to push the others' buttons），就像失和家庭（dysfunctional family）的晚餐一样！

盖伊和我在结束时写了一本书，但尚未出版。我们有一章的标题是“来自地狱的早餐”（The Breakfast from Hell）。乘员们故意互相挑衅，起初在进攻和反击中都是明显恶意的。当我们意识到发生了什么时，终于有了乐趣。互相激怒对方是一项可以无休止进行的运动——有时看起来确定如此——因为我们彼此非常了解。

这可以有积极的一面。你可以有最深刻或最痛苦的感受（或介于两者之间的任何体验），因为你必须动用自己的资源。简回忆道："我们在西方世界已经习惯了不断地被各种事件、各种各样正在发生的事情和跑来跑去而大肆抨击。当你身处一个与世隔绝的环境中，大部分都会消失。你只剩下自己了——只剩下自己的大脑和思想。"[3]

这可能是一种机会。每天早餐、午餐和晚餐，你都要面对7面镜子，反射出你想要改变的一面。如果你的队友觉得不愉快，那你就得独自生活。在能够充分了解他人的感受之后，那么所生活的生物圈2号则是改变性格特征的理想场所。这是为期两年的强化团体治疗"马拉松"：使相同的人进行长时间的治疗。两年的炼金术为我带来了一些非常深刻的改变（restructuring），我想我们所有人都是这样。另外，除了我自己的工作之外，我们生活中的特殊情况以及它所催化的意识也一定发挥了作用。

15.3 群体动力学：理论与实践

生物圈人的培训包括群体动力学理论和在偏远地区与小群体的合作。我们研究了拜昂（W. R. Bion）的方法，他是英国心理学的先驱，发现了基本的小团体机制（basic small group mechanism）。在第二次世界大战期间，他曾与饱受炮弹袭击而出现创伤后应激障碍（PTSD）的英国空军飞行员团队合作（PTSD是指个体经历、目睹或遭遇到一个或多个涉及自身或他人的实际死亡，或受到死亡的威胁，或严重的受伤，或躯体完整性受到威胁后，所导致的个体延迟出现和持续存在的精神障碍。译者注）。他分辨出两种管理群体的截然不同的模式。一种模式是一个"任务小组"记住他们的目标，并智能地利用可用的时间和资源来实现目标。另一种模式是"群居动物"。通常无意识的群体动物表现为"杀死领导者"、"依赖"、"配对"或"战斗或逃跑"等群体行为。一个仍然了解这些机制的团队往往会继续完成任务。[4]

但是，没有为任何一组人都没有尝试过的体验做好准备。一旦我们身后的气闸舱关闭，我们则只有 8 个人。我们是作为朋友进来的。每个人都致力于实验的成功。尽管工作量很大，但乘员还是自愿帮助进行额外的样本和数据收集，并与外部科学家合作开展新项目。

除了身体上的隔离，我们还面临着许多压力。这些压力包括卡路里受限的饮食、低氧和媒体——会支持或破坏项目。我们陷入分析科学和整体系统科学之间长期酝酿的争论之中。H. T. 奥德姆评论道："一些记者在公共媒体上严厉批评管理层，将该项目好像视为一场奥运会比赛，就想看到不打开气闸舱门能做多少事情。"[5]

我们使用了各种可用的通信方式。我们给人们打电话，在窗口会见朋友和同事。我们通过双向无线电与内外人士交谈，通过原始的互联网召开视频会议和使用电子邮件。我们在指挥室进行了演讲，并通过视频参与了研讨会和会议。1992 年 4 月，生物圈 2 号主办了第三届密闭生态系统和生物圈学国际会议（Third International Conference on Closed Ecological Systems and Biospherics）。我通过给参加者打电话来组织他们。那次会议用了一天时间与全球气候变化研究领域的重要科学家进行了有关碳主题的研讨（图 15－2）。我们的会议被转播到美国 NASA

图 15－2　1992 年 4 月罗伊在生物圈 2 号举办的第三届密闭生态系统与生物圈学国际会议上做报告

下属的几个相关研究中心、在日本举办的国际空间大学（International Space University）夏季培训班、探险家俱乐部（Explorer's Club）年度晚宴和科罗拉多州博尔德火星案例（Case for Mars in Boulder）等太空会议。我们写了科学论文和大众媒体文章。

与学校团体的互动始终是乘组人员士气的助推器。即使当该项目在媒体上受到攻击时，看到成千上万游客的热情则使我们感受到生物圈 2 号的乐观而戏剧性的故事正在影响着人们。

15.4 媒体采访与报道艺术

在封闭实验前的几个月，我们才接受了媒体培训，没有预料到全世界对实验的浓厚兴趣。项目经理拜访了海明威传媒集团（The Hemingway Media Group）的卡罗尔·海明威（Carole Hemingway）和弗雷德·哈里斯（Fred Harris）。感谢他们所做的一切！

观看乘员们学习如何接受媒体采访的最早视频是很令人忍俊不禁的。我们显然认为停止工作是一种令人难以置信的强迫。我们的肢体语言说："我们有很多事情要做，以让本人和设施为封闭实验做好准备。你想让我们坐下来录制视频并回答问题？"

媒体培训至关重要。否则，由于我们并不了解自己正走进什么而会完全成为被媒体宰杀的羔羊。培训也是非常有效的心理治疗和自身行为的客观反映。在视频回放中，无论你认为自己在做什么，都很明显：你的肢体语言、微妙的情绪状态以及衣着或表达方式的邋遢都是显而易见的。看着自己是一件尴尬的事，也是一种启示。

卡罗尔教我们简短评述（sound bite）的技巧。每个简短评述的时间从 20 世纪 60 年代的 40 多秒下降到了现在的 9 秒。[6] 再多说一点，就会被删掉。试着在 9 秒内形成基本要点（try formulating anything of substance in 9 seconds）！这需要努力和专注才能把事情做好。缓慢而清晰地说话，会让你看起来自信而博学。作为一个说话很快的前纽约市孩子，卡罗尔让我看电影《巴顿》（*Patton*）来强调这一点。

我们发了誓——我们不会通过谈论我们的性生活或我们想谁或想什么来贬低我们在生物圈 2 号中的经历。奇怪的是，一些美国媒体对里面是否会有婴儿产生感兴趣。我记得有一个不耐烦的回答："我们是现代女性，可以实行节育。我们现在有很多工作要做。"

《亚利桑那州共和国报》指出，几乎每一次新闻采访都会包括有关性的问题，比如我们是否像诺亚方舟上的乘客一样配对。他们重复了我们的两个闪烁其词的回答。我说："人就是人。你可能期望发生在人身上的一切都发生在这里"。莎莉回答道："在这里，每个人都可以随心所欲地谈恋爱。"[7] 我们不想停留在世俗的个人层面。当然，我们会想念家人和朋友，很想跟他们外出吃饭或看电影等。

当我们 8 个人被决定组成一个规模合适的乘组时，项目负责人做了一个关于性别平等的声明，即一半是女性、一半是男性。单身、已婚或有伴侣等不是选择因素。有 4 个人没有恋爱关系，而其他 4 个人有：盖伊和雷瑟以及泰伯和简。因为我们的隐私很重要，所以我们没有对媒体或彼此谈论性！简写道，有泰伯作为搭档是快乐和稳定的重要源泉。[8]

我喜欢生物圈 2 号这样一个简单的世界，以及这里简单的生活——具有明确的责任和例行程序，并能够具有更多的时间进行思考与反思。梭罗（Thoreau，美国作家、哲学家及超验主义代表人物，代表作有《瓦尔登湖》。译者注）在瓦尔登湖（Walden Pond）种豆子时曾敦促："简化、简化、简化!"我做了两年快乐的生态和尚（eco - monk）。

由于有更多的时间思考，因此我写了大量日记，通常在深夜撰写。这是我有生以来第一次把大部分空闲时间花在写作上。由于热量低而氧气更是如此，因此我们所有人都在不知不觉中保持了体力劳动。

媒体纪律，尤其是网络电视，意味着要配备 6 ~ 7 段你想要传达的关于生物圈 2 号发生了什么的简短评述。有一种"问题转向"（question turn around）的运动。不管他们问什么，要把问题（优雅地）转过来，以便回到你的简短评述之一。

这种新闻和媒体的采访占用了我们的大量时间。简是我们电视采访的理发师和化妆师。雷瑟用摄像机和麦克风进行了技术设置。在全球通讯的早期，每天经常会用几个小时与世界各地的媒体进行一系列连线，而且工作人员轮流接受采访（图 15 - 3）。

图 15 - 3 盖伊在生物圈 2 号指挥室通过视频向媒体发表讲话

当你知道采访和媒体报道可能会影响数百万人时，你会感到压力很大。

但我们引起了全世界人们的极大兴趣，并得到了极大支持

所有媒体的关注为公众教育和传播我们所经历的现实与挑战提供了黄金机会。作为“通信主管”，我在项目的前几个月努力实现了几乎实时共享所有内容。因为具有知识产权问题，所以对于一家私人投资的企业来说，数据和照片的发布受到了限制。然而，当开始做周报和月报时，我们与媒体的关系得到了改善。

项目主管和生物圈人并没有幻想一切都会从一开始就顺利运行。在某种程度上，我们甚至预计必须做出改变以保持生物圈 2 号的正常运行。现在，当回忆起封闭前发布的新闻稿时着实令人尴尬，因为当时曾宣布：“不会有空气、水或其他物质将穿过生物圈 2 号与其周围的地球生物圈之间的气密层。”

的确，该项目犯了很多错误。然而，当你考虑到这件事情是多么地新鲜和困难时，这是可以理解的。事后看来，我们应该分享设计师和顾问的前十大未知与担忧，包括不少噩梦场景。这本来应该强调生物圈 2 号是一套实验设施。如果我们认为一切都会完美地工作，那为什么还要费心建造它呢？如果外面的游客能看到我们技术圈地下室的一部分，并了解到需要多少工程设备来维持我们这个小世

界的运转时，那么我也会很高兴。

15.5　拉维达生态学（La vida ecologica）

我们努力过着尽可能完整、满意和“正常”的生活。我们没有被生态剥夺（we were not deprived by being ecological）！我们嘲笑那些信件和记者们的猜测，认为我们可能是在一条小溪里洗衣服——我们有洗衣机！与我们的生命世界一起生活并照顾它是一种快乐，也是一种责任。我们的主要工作是保持机器运转。有时，我们作为生物多样性研究团队（Team Biodiversity）会介入生物群落。

乘员时间的细分表明我们过着多种多样的生活。农业种植占我们劳动力的 25%，通信（包括撰写报告和论文）占 19%，做饭占 12%，家畜照料占 9%，陆地生物群落照料和研究各占 6%，海洋系统照料占 5%，维修和维护各占 4%，包括研究在内的分析和医学实验各占 3%，最后，样本导出和媒体采访各需要占 2%。[9]

我们有一个奇怪的公共隐私——我们工作时慢慢习惯于被人注视——游客的热情总能鼓舞士气。这是我们进去三天后我写的日记：

我们星期五早上收获了两片稻田，收成很好。但当我要去捡起更多的稻鞘时，我突然注意到有 40 ~ 50 个学生正透过玻璃在看。人们现在都围在生物圈 2 号四周。我承认这需要习惯。你一个人工作后，突然抬头一看，有一群人很高兴地见着你，试图引起你的注意，照相机对着你咔嚓响起。我正在克服我的害羞，学会微笑和挥手，并继续我正在做的事情。这很有启发性，让我更加关注工作的精确性和优雅性。

我们都觉得这是我们教育拓展的一部分，例如，让人们看到我们种植粮食、照料污水处理用人工湿地、照料珊瑚礁以及照料野生生物群落。我们是一种活生生的展品：这就是人们如何与生物圈共存，以及我们是如何用温柔的关爱对待它的。

15.6 乘员内部两极分化与合作

生物圈2号没有金钱、包装和垃圾，但我们也不能幸免政治和权力斗争。我无法区分我们团队互动的起起落落，而不去想我们的问题在多大程度上是由于外面对项目管理和方向的斗争而加剧的。早期，虽然我们都是朋友，但一些社会分化开始出现。在某种程度上，两个非正式团体开始形成。这很正常，因为在任何一个群体中，有些人会相处得更好，并且喜欢一起交往。

外部的权力斗争使内部团队两极分化，并导致紧张局势明显加剧。较为相容的两个4人小圈子站在了对立面。莎莉、盖伊、雷瑟和我支持该项目的领导者和初衷，而罗伊、琳达、简和泰伯则赞成变革。

争论的核心问题是，首要目标是否是尽可能保持封闭的自给自足，并改善设施，包括努力生产乘员所有的食物。另一种选择方案是通过从外面送食物来减轻工作量，从而给乘员更多的时间来进行研究。该首次封闭实验被称为“适应新环境的任务”(Shake - down Mission)。

该项目科学咨询委员会（SAC）的一部分人过去提出研究建议，并提出了项目管理改革建议。这使得这个问题更具有煽动性。现在回顾这一切，这似乎有点疯狂，因为这是如此多斗争、内部分裂和有时激烈对抗的原因。但是，管理层和项目方向都发生变化的前景让其他不满浮出水面，如我们8个人中谁应该负责管理生物圈2号的哪些方面。[10]当指挥链受到挑战时，强烈的情感就会释放出来。

权力斗争引发了一个充满活力的时期，当时我们的群体互动和人际关系最为艰难。我们遵循为该生态技术项目所制订的周计划。它包括三个特别的夜晚。周二是文化之夜，人们可以看电影（新版本通过电子方式发送)、听音乐、开展书籍讨论或在显微镜下观察昆虫和花卉。星期四晚上，我们会讨论在心理上有趣的话题或不同精神传统的读物，并进行非线性思维练习。周日是我们的庆祝晚宴，有自制葡萄酒和吐司面包，然后是个人体会演讲。最初，在周六上午安排进行表演和运动锻炼。另外，这时还可以进行戏剧演出，既可以是现有作品，也可以是即兴之作（图15-4和图15-5)。

图 15－4 生物圈 2 号内的“生物乐队”（Bio Band）人员组成及基本演奏内容

由泰伯负责鼓乐，简负责声乐和键盘，罗伊有时会演奏电子萨克斯。

他们的录音融合了自然和技术圈的内在声音

图 15－5 在生物圈 2 号内举办的艺术节

通过双向视频，我们与外界的艺术家、音乐家、电影制作人和诗人建立联系，展示我们的作品，聆听和观看他们的作品。乘员们被激发去以艺术的方式来探索和交流生活在生物圈 2 中的体验

15.7 心理疗法

戏剧是培养团队活力和士气的绝佳方式。将你的日常生活融入戏剧化的形式

会有助于解决个性冲突，并将人们深深地吸引在一起。多年来，在澳大利亚金伯利（Kimberley）项目中，我们即兴创作了一年一度的内地喜剧，取笑我们自己和边疆的生活。在当地节日上、附近城镇、土著社区或在我们自己的住所，我们向观众表演了节目。

在封闭实验之前，当时的生物圈人乘组（我是后期替补）与导演兼戏剧天才凯瑟琳·格雷（Kathelin Gray）合作，创作了一部名为《错误的东西》（*The Wrong Stuff*）的搞笑戏剧作品。从某些方面来说，这部戏剧作品出奇地准确——里面有乘组人员与任务控制中心之间发生摩擦的场景。有一句话是："死去，废话少说"（cut the cable，cut the crap）。另外，还有食物偷窃、抱怨无休止的农活以及在决策和政治阴谋方面的权力斗争。

在这两年的早些时候，我们减少了表演和动作训练，理由是我们有太多的事情要做，也担心被批判性的媒体误解。在外部权力斗争最激烈的时候，开始有4个人（持不同政见者）在晚上与其他人分开吃饭。此外，个人要么选择参加其他的周活动，要么抵制祝酒会和演讲，这样就减少了本应是周日举行的庆祝活动。没有人就此提出任何问题，因为所有这些活动都是自愿的。然而，它们是不和谐的反映而令人不安。

15.8 黑暗的日子

在那段黑暗的日子里，作为演讲会主席，我不得不拒绝向"叛徒"（也就是那些支持管理层更迭的人）敬酒。人们越来越不愿意通过每周的演讲来分享他们的内心生活。还有两起随地吐痰事件（我后来才知道）。很明显，一些人不喜欢外面的一个或两个关键项目领导人，希望他们离开，这很危险。

几年后，琳达承认："分裂是有争议的。当我回顾那段时间我的行为时，我感到非常震惊。这真的很可怕。在那里，我会对另一群人如此冷漠，从他们身边走过，甚至不看他们一眼。而且，你知道，你处于一个封闭的系统中——只有8个人——这太可怕了。"[3]

罗伊写道："在强烈支持和强烈不满任务控制中心干预的人之间存在分歧。"（图15－6）[11]但这一切都是意料之中的。在乘组人员和任务控制人员之间的愤怒和紧张情绪的出现，在太空乘组人员中是众所周知的现象。[12]例如，一名宇航员中断了一天的地球通信，任务控制中心从未问过为什么，但直到第二天乘组人员再次开始与他们交谈时，他们才松了一口气。[1]奥列格·加森科（Oleg Gazenko）是我们的非官方老朋友和苏联几代宇航员的精神科医生。他告诉我们，他们的一些冲突是在他们返回地球很多年后才暴露出来的。这是阿尔法人格（Alpha personality）的一部分：不会表现出软弱或情绪化。我回想起读过一本有关“礼炮号”（Salyut）空间站的俄罗斯书籍，其中说一名宇航员曾写道：“住得如此近就是一种完美的杀人秘诀。”

图 15－6　封闭实验后期，乘员在一次视频会议上讨论他们与任务控制人员之间的紧张关系时所展现的肢体语言和面部表情

在这次会议上 8 名乘员都在，但在这张照片中其中两人被裁掉了

任务控制中心定期提醒我们，我们是志愿者。在任何时候，不问任何问题，我们可以通过气闸舱离开。我认为我们中没有人会受到诱惑。我们为了来到这里付出了巨大的努力，待在里面太有趣了，也太令人满意了。

但是，在一个人口有限的小世界里生活的压力是真实的。然而，回顾我的《生物圈 2 号》日记，我被团队士气和紧张情绪上下波动的程度所震撼。在这两年中，出现过很激烈的摩擦和冲突，但也有过极具凝聚力和极高团队士气的时候。我们确实在努力。我们甚至在周四晚上的系列节目中，集体一章一章地重新阅读了比昂（Bion）的书。之后，我们详细讨论了我们的总体任务进展情况，以及“群体动物”（group animal）模式的表现趋势。一天晚上，我们以美国原住民的方式传递了一种“发言棒”（talking stick），让每个人都不受干扰地发言。我认为这些都有帮助。即使你没“解决”潜在的紧张和分歧，但我们将它们摆出来则意味着我们仍然意识到它们。

在离开前 3 个月，我被问到，在一个封闭系统中，是否不仅生态循环而且人类和社会循环都在加速？我在日记中记录了我的反应："从我们的经历来看，我想是的。我在这里去过无数次天堂和地狱，受到了启发也受到了极大的打击，凡是你能想到的我都经历过。"生物圈 2 号确实是生命科学的回旋加速器。

丽贝卡·里德（Rebecca Reider）将她在哈佛大学的科学史论文扩展成一本书时，向我们 8 个人发表了讲话。她惊讶地评价道："我被这两个 4 人所居住的不同的精神世界所震撼。他们尽可能亲密地分享了他们的物理世界……两年来，吃着同样的食物，呼吸着同样的空气，并面对着所有相同的情况。然而，听他们描述他们的关系，听起来好像他们生活在不同的生物圈里。"[13]

摩擦很早就开始了。罗伊在进入封闭实验几周后就抱怨说，在农场工作导致他不能有足够的时间来开展医学研究。我的日记记录了雷瑟的愤怒回应："我们要创造一种新的生活方式，而你想把我们分成农民和科学家！"

虽然拉斯蒂·施威卡特（Rusty Schweickart）警告过我们避免在孤立群体中出现"我们与他们"的分裂词语，但这仍然发生了。简甚至把回忆录中的文字大写。"我们"是"站在科学一边"的好人，而"他们"（盖伊、莎莉、雷瑟和我）是管理层的"忠诚者"，也许不那么支持科学；尽管我们会争辩说我们是支持科学的，包括综合和整体科学。

当我思考我仍然在做的这些互动状态分析时，我发现乘员之间的分歧并不是主要存在于乘员之间。其核心是，这是乘员与外部项目管理之间的分歧，正像宇航员与任务控制人员之间的典型分歧。一些研究人员指出，对任务控制人员的敌意通常有助于进一步团结乘组人员。[12]但是，在我们的实验中却并未出现这种情况。

乘组人员对任务控制人员的态度完全不同，这取决于他们所居住的是哪一个"精神世界"。我还记得与罗伊的激烈讨论，他声称对我们生物圈人比对宇航员管得还要细。在与多名宇航员交谈之后，我简直不敢相信这种说法。宇航员的日子通常是被一分一秒地排好的。即使在太空实验室（Skylab）这样的任务中，当宇航员有更多的回旋余地来安排他们的工作日时，这也是因为他们能够更好地完成任务目标。在我看来，生物圈人实际上在乘员会议上安排了我们的日子和任务。我们在内部做出了无数的操作决策，包括改变我们的饮食、作物选择和轮作等。

早些时候，我们禁止在周日举办所有会议和开展不必要的工作（除了动物喂养），所以我们有一整天的休息时间。为了鼓舞士气，我们还投票决定让我们在外部员工庆祝的所有假期期间都休息，并在没有假期的几个月内创造了假期。

后来，当我重读我的日记时，我震惊地发现团体互动及乘员士气绝非是线性的——人际关系时好时坏。我读了简的回忆录，很惊讶地看到她在书中坚称："在最后的 14 个月事情就是这样，我们再未正视过对方。"[8] 真的是这样吗？我的日记和记忆与之完全相反。即使其他人只记得在那个时期的不良情绪，但实际上也有休息和快乐的时候。例如，1993 年 6 月 10 日，我在日记中写道：

在我们每周的乘员会议上，大家谈论幽默、畅所欲言并开玩笑。我们自发地决定明天庆祝乘长的生日，作为一个节日，就像在英国和澳大利亚一样，按照传统为女王的生日放假。我们会告诉外面的工作人员这是一个"叙旧"或写论文等的日子。罗伊首先发言，他有点半认真地说他在老虎池（热带雨林山瀑布下）附近被当地的火蚁严重咬伤，如果他看起来神志不清或疯疯癫癫，那就是原因。由此引发了无数的笑话，说这是阳光下一切的原因。

当我们希望与外部科学家一起启动新的研究项目时，这从未被任务控制中心否决过。他们知道我们的工作量很大，但同意我们增加研究项目的愿望。

罗伊是加州大学洛杉矶分校的终身教授，他习惯于自作主张，并随心所欲地经营自己的研究实验室。然而，生物圈 2 号并不是为了让 8 个生物圈人可以做自己想做的事情而建造的。有大量的财政投入，因此该项目最终由最高管理层指导。我告诉里德，"想象一下，美国 NASA 的宇航员要是可以自行决定他们讨厌的任务控制指令和太空任务总体计划时会多么可怕！"盖伊同意："只要你在一个组织里……不管你喜欢与否，都必须听老板的。"[13]

当然，这种分歧是由试图改变项目管理的科学咨询委员会派系授权的。那时，生物圈 2 号的建造和运行的方式面临挑战。科学咨询委员会于 1992 年 7 月（即封闭 10 个月后）发布了一份报告。他们称该项目是具有"远见和勇气的行动"，并指出"生物圈 2 号已经提供了意想不到的科学成果，而这通过其他途径是不可能获得的……生物圈 2 号将在生物地球化学循环、封闭生态系统生态学和恢复生态学等领域做出了重要的科学贡献。"[3]

科学咨询委员会还提出了一系列改进科学计划的建议。几乎所有这些都得到了实施，如样品和设备的进口和出口、聘请约翰·科利斯（John Corliss）博士作为独立的研究主管，以及呼吁更正式地确立研究计划。罗伊和盖伊很快就正式制定一个包含 60 多个具体项目的研究计划。然而，有些建议在执行时不受欢迎。另外，将分析实验室设备送了出去，以便外部工作人员实施操作，从而减少乘员的工作量。然而，这引起了泰伯的不满，因为他心爱的实验室被清空了，而且我们所有人都对在外面重新开始分析所花的时间感到沮丧。

我们很难表达自己内心的压力。负面媒体关注我们是否在做“真正的科学”，因为简带着行李袋离开和回来而被指控“作弊”，以及不是特别“秘密”的二氧化碳净化器。有时，它就像一口高压锅。我们中没有人习惯于如此高调，然后在达到数百万人的报道中受到谴责。我记得，《新闻周刊》（*Newsweek*）声称海洋正在消亡，乘员们每天都乘船去打捞死鱼。纯属捏造，而且我们乐了：难道他们不知道我们一开始根本就没有那么多鱼吗？

乘组人员的评论反映了我们的脱节感（feeling of disconnect）。例如，盖伊说：“有人能说我们做得很好吗？有人能拍拍我们的背吗？除了从事该项目的直接人员都受到攻击之外，还有人可以伸出友谊之手，或只是欣赏这一切的荣耀吗？”简说：“因为我们正全力以赴地进行一次真正有价值而有趣的冒险，而没成想媒体对我们怀有如此多的敌意，真是太疯狂了。”我附和道：“媒体认为，如果生物圈 2 号不完美，那就是失败。”[13]

在那种压力下，难怪一些乘组人员决定与他们所认为是高学历的科学咨询委员会结盟，或者与希望罢免管理层的科学咨询委员会的派系结盟。像奥德姆（H. T. Odum）的声音很少在媒体上被引用：“良好的生态工程涉及渐进式的变化，以使技术操作适应自组织生物群（self - organizing biota。生物群也叫生物区或生物区系。译者注）。1992—1993 年利用数据来发展理论的管理过程，通过模拟进行了测试，并应用了纠正措施，这是最佳的科学传统。”[5] 在这两年之前和期间，杰出的科学家来到这里进行演讲，并了解生物圈 2 号。

还有一些深层次的个人问题在起作用。简后来诚实地写道，他指的是约翰·艾伦：“10 年来，我一直认为他是无可指摘的，对他的尊重如此之高，以至于没有人能达到上帝般的形象。当他表现出自己有缺陷、有裂纹、不够完美、有人性缺陷时，我的崇拜变成了仇恨。”[8]

毫无疑问，我们犯了很多错误。显然，外面的管理层也一定感到了巨大压力而全神贯注，并且不得不采取一种围攻心态。他们感觉遭到了部分乘组人员的破坏，并限制了其与外面科学家的沟通，因为担心他们会为接管工作添油加醋。这些互动方式在生物圈 2 号的内外引起了恶感。

我试图让罗伊站在我们这边，以便与生物圈 2 号的最初愿景重新一致，但没有成功。我们讨论了不同的科学方法以及非假设驱动研究的合法性。他是简所说的“我们”中学历最高也是最具影响力的乘员。后来，在我们封闭实验结束后的几年，罗伊深刻地重新思考了这些在大多数学术界流行的狭义科学定义。

罗伊在 1999 年写了一篇题为“生物圈 2 号的发现之旅：来自内部的意外发现”（Biosphere 2’s Voyage of Discovery：the Serendipity from Inside）的论文，他将其与达尔文在小猎犬号（Beagle）帆船上的航行进行了比较，当时达尔文并未具体想要发现什么。罗伊赞同“综合科学”的重要性，即“试图在更大范围来处理自然问题，因为在此对系统的认识仍不完整，因此发生意外是不可避免的，而预测会有危险并可能会遇到突发性——这源于复杂系统的内部非线性动力学”。[11] 他承认，通过对系统向我们展示的东西做出响应而使我们学到了很多东西。第二次封闭实验时间较短，其中会包含更多的科学家，这会提高我们利用这些机会的能力。

15.9　全方位合作

罗伊赞扬了我们的乘员——肯定了他们通过严格而非传统的训练计划而表现出的异质性和适应性。事实上，我们的团队由 4 名女性和 4 名男性组成，并来自不同的文化和个人背景。我们在很大程度上是按照“工作民主”（work democracy）模式运行的——每个人都有一个主要的责任领域（通常不止一个），他们是运行和战略管理者。[14] 在必要时，我们会在各自的责任范围内提出援助要求。一般情况下，在上午召开会议审查运行情况，并制订出日、周和月计划。

令人惊讶的是，即使在群体压力（group stress。也叫集体应激，指群体对其成员形成的约束力与影响力，包括信息压力和规范压力两种。译者注）和分裂的时期，特别是在外部权力斗争期间，我们仍继续共同努力，并公开讨论这些冲突。而且，从来没有过针对整个生物圈2号或任何人的研究或操作领域而造成蓄意破坏的例子。的确，我们对共同的“救生船”的担心和目标压倒了一切。[15]因此，我们一起度过了这一切。

奥列格·加森科（Oleg Gazenko）是科学咨询委员会的成员，在1992年和在1993年我们“重返地球大气层”时见到了我们。他总结道：“与我们的宇航员相比，你们在生物圈2号中所遇到的困难微不足道。”[16]

在孤立而封闭的环境群体中，也有夸大团体动力学（group dynamics）和心理问题严重性的趋势。[17]简把她撰写的书的一章命名为“饥饿、窒息和慢慢发疯”。尽管有几名生物圈人报告说感到抑郁，并通过电话会议接受了私人咨询，但当对乘员进行心理测试时，却没有任何抑郁的证据。[8]事实上，我们的得分非常相似，但高于宇航员，而且生物圈人男性和女性的情况非常相似。作为一个群体，我们符合“冒险家/探险家”的形象。[18]

亚利桑那大学医学院精神科主任艾伦·格伦伯格（Alan Gelenberg），与我们每个人进行了私人电话交谈。就此谣言四起，说我们快疯了。当我们外面的心理医生结束诊断后，他告知我们的精神状态良好。亚利桑那大学的罗伯特·贝克特尔（Robert Bechtel）和迈克尔·伯伦（Michael Berran）博士让我们在里面完成了明尼苏达多相人格指数（Minnesota Multiphasic Personality Index，MMPI）调查。他们得出，我们所有人均表现出高水平的独立思考和足智多谋。伯伦也评论道：“如果我在亚马逊迷路了而需要一群人来救我，那么你们将是我的第一选择。”[19]

15.10 跌宕起伏与特殊时机的休战

我们受益于具有一个美丽的世界以及多样而健康的饮食。我们嘲笑媒体所报道的美国NASA的CELSS项目——仅用三种粮食作物制成食物。说真的，在生物圈2号中即使有几十种农作物，我们也渴望新的口味和食物惊喜。令人惊讶的是，无论团体动力学是什么，但只要有特殊事件，尤其涉及到食物和饮料，那么冲突就会暂停！

是的，这是可以指望的——节日，生日聚会，咖啡早茶会——我们都会十分愉快，这时大家闲逛，根据我们共享的生活和以往的经验而交换故事与轶事。人们天生就渴望幸福，这是人类的默认设置。因此，尽管我们的分歧和个人冲突仍然存在，甚至可能加深，但每个人都想玩得开心，因此利用特殊的时机和有限的自制酒精来举行聚会、跳舞以及制作或听音乐等（图 15－7）。[20]

图 15－7 生物圈 2 号及周围的雪后景致

这些时候，乘员们渴望到外面的雪地里玩。当我们看到人们穿着厚重的大衣时，与我们里面的热带、T－恤和短裤环境形成鲜明对比。但我们有一种感觉，里面总有更多的东西需要探索与学习

部分研究结果表明，探险的第四分之三的时段是最艰难的。我们的时间是从 1992 年 9 月到 1993 年 3 月。我们的乘员对这件事是否属实意见不一。有些人说是的（包括我），有些人认为第一时段我们适应成为生物圈人是最困难的。肯定有一个适应因素，但这需要时间，其取决于你所适应的环境条件有多不同。在冬季，我们的日子也不好过，这既是因为众所周知的季节性适应障碍（seasonal adaptation disorder，SAD），也是因为二氧化碳浓度上升——粮食作物和生物群落在较短的白天生长较慢所致。

也是在我们的第四分之三时段，与我们的科学咨询委员会在项目管理方面的斗争达到了顶峰。随之而来的乘员两极分化最为严重。这也是氧气下降幅度最大的时候，从而增加了当你吃热量受限的饮食时可获取的有限能量。权力斗争最终以项目董事会解散科学咨询委员会而告终。它的大多数成员选择在我们的最后 6 个月内继续从事生物圈 2 号的科学项目研究。

奥列格·加森科对一个团队是否适应了新环境的简单测试就看你是否感觉到自由。对我和大多数乘员来说，情况确实如此。

15.11 几乎中断任务的事故

在两年封闭实验结束之前，发生过几起事故和技术故障，它们都有可能导致实验突然中断。我们在里面待两年从来都不是一件确定的事。我们的应急队长雷瑟在我们过于自满的时候，很擅长用医疗和消防应急演习让我们大吃一惊。中断一项任务不需要太多时间。

第一个冬天，我们的二氧化碳净化器几乎被大火吞没，因为一根三叉（three - prong）电线被错误接线并留在了一个水箱顶部。当泰伯碰巧经过时，它外面的包皮塑料刚刚开始融化。烟雾缭绕，已经开始着火。如果完全燃烧起来，就会严重污染生物圈2号内的空气。

还有一次，罗伊在医学实验室的电热板上留下了个什么东西，但不小心把自己锁在了外面。在接到寻找备用钥匙的指示后，他无法回到驻地，而是一直打盹到早上，而电热板还一直在开着。幸运的是没有起火。另外一次，琳达在发生过敏反应后几乎陷入过敏性休克，但幸运的是罗伊在医学实验室有解药。她摔倒了，并导致背部擦伤。还有一次，当我在水泥地板上滑倒时，我担心会发生脑震荡。没有人从草原悬崖、热带雨林山或空间框架上坠落，不然那样一定会造成严重伤害。

对于我来说，终于是承认我差点把手指割断的时候了。我下定决心照料胜利花园（Victory Gardens）。我在一个星期六晚上加班，在我们的工作台锯上为新的花盆剪下了一些东西。20世纪70年代初，我在协同农场（Synergia Ranch）经营了一家木工企业有很多年，在使用动力设备时，我对自己近乎病态的护理感到自豪。但有那么一刻，我漫不经心，结果感觉到我的拇指被刀刃削掉了。一年前，简的手指在全球媒体上引起轰动的景象在我脑海中闪过。

我想：哦，天呢，我怎么会愚蠢地干这种事呢？当我鼓起勇气时，我终于敢看了一眼。还好，它刚刚擦伤了我指甲肉的一个边缘。我把流血不止的手指包起来，但没有告诉任何人。几天后，在康复过程中，我让罗伊给了我一些抗生素，不过我从来没有告诉他我是怎么受伤的。

最近的一次通话是在封闭实验结束前的3个月。在1993年6月初下午5点左右，一系列不太可能发生的事件拉开了序幕。一场罕见的丛林大火切断了公路交通，并破坏了通往生物圈 2 号的输电线。停电应该会自动启动我们的发电机。我们的 3 台发电机中有一台停机维修；由于未知原因，无法启动另一个；当能源中心的人员让剩下的最后一台发电机运行时，总闸却处于关闭状态。因此，并未能给生物圈 2 号供电。

在里面，所有乘员都全部到岗。琳达负责监测和报告热带雨林的温度，这是我们最敏感的生物群落。在外面，他们试图为生物圈 2 号逐步恢复供电。乘组人员四处奔跑，以关闭空气处理器和泵，从而减轻负荷。断路器（circuit breaker）拒绝重新设置。琳达报告说，温度已经从 37.2 ℃上升到了 40 ℃。这时，我们开始审查疏散方案。

在外面的比尔·登普斯特（Bill Dempster），就像在里面的雷瑟一样是“修理先生”（Mr. Fix – it），他最终在镇上被通过手机给联系上了。他试着让能源中心的人员进行重置操作。在听到断路器响了十几次之后，他让他们停了下来。显然这样做并不能奏效。接下来，他让他们复查操作手册。果然，在断路器复位之前，还必须做一些其他事情。

很快，电力得到了恢复，而且室内温度也开始下降。然而，如果这种情况发生在中午或下午早些时候，那么恢复电力所需的一个多小时可能是致命的。假如这样，则生物圈 2 号的内部温度可能会迅速升高到 66 ℃，这必将会严重损伤植物。那么接下来，为了避免中暑和更为糟糕的情况发生，我们除了离开则别无选择。

15.12　热爱我们的“救生艇”——我们都在一起！

我们热爱生物圈 2 号，我们看到它从一种想法发展成为一个建设项目，并进而发展成为我们的家园和世界。在一篇 4 名生物圈人共同撰写的关于探索中人因的论文中，提到了生物圈 2 号：“所有乘员都知道，伤害居住和技术系统的任何事情都可能会迅速和直接地危及他们自身的健康。[我们] 是以一种非常发自内心而深刻的方式，来持续关注整个生物圈 2 号中的空气和水的质量以及空气中二氧化碳和氧气的浓度，而不仅仅是作为一种抽象思维。这种亲密的‘代谢联系’

使乘组人员能够识别和回应该生活系统中的细微变化。"[15]相仿，在一篇关于生物圈 2 号教训的综述文章中（作者为 Mark Nelson，Kathelin Gray 和 John Allen），作者强调："对生物圈相互联系和相互依赖的价值的欣赏被理解为一种日常的美丽和具有挑战性的现实。"

这种合作超越了个人的敌意和与项目管理的不和。罗伊承认："我不喜欢他们中的一些人，但我们是一个极好的团队。这是派系主义的本质……但尽管如此，我们运行着这该死的东西，我们完全配合。"[13]

15.13 乡痛症及为保护世界而战

我们的生物圈 2 号经历与重新调整全球生物圈的方式有相似之处。尽管可能会有冲突和分歧，就像困扰我们乘员的分歧一样，但这并不排除我们与生物圈及与大自然之间更深层的联系和责任。这表现为如此多的人和文化对他们所处的世界所感受到的爱和联系。

在生态心理学（ecopsychology）中，"乡痛症"（solastagia）是指看到你所爱的地方受到环境破坏时感到的痛苦。[21]这个词引起了全世界许多人的共鸣。我们对世界现状和当地环境感到悲痛和焦虑，即使我们没有完全意识到这一点。

在全世界，人们都在为自己的社区、土地和大自然的一部分而战。他们正在超越"不在我的后院"到"不在任何人的后院"，而是在不同文化和大陆之间结成联盟。[22]虽然开采的力量看起来可能不可战胜，但强大的抗衡力量深深植根于我们的人性和进化史。其中包括"生物自卫本能"（biophilia。也叫热爱生命的天性或亲生命性）——人们与生俱来的爱以及与生命和生活系统的联系，[23]以及"恋地情结"（topophilia）——我们对地方和景观的爱恋之情。[24]

正如内奥米·克莱因（Naomi Klein）在她对当前生态危机的调查中所说："全球变暖的解决方案不是修复世界（例如地球工程），而是修复我们自己。"[22]我们必须改变这种"榨取主义"（extractivism）的主导心态——好像自然界和生物圈是一种我们可以不加节制开发的无限资源。与"控制自然"的幻觉不同，我们必须重新唤起对世界的敬畏和更温和的参与。这些态度深深植根于当今占主导地位的全球文化中，其驱动力是我们的经济体系追求利润最大化和消费的无限增长。

15.14 古代与现代智慧

在生物圈 2 号中的 8 个人，有时会觉得自己作为第一批人类居民是我们这个世界上的土著人。我们是一个新的部落，有着与我们的生活伴侣——生物群落和农场中的所有动植物以及土壤和水体中的微生物——一起成长的奇妙经历。我们知道它们有平等的生命权。事实上，正是它们的生命和活力才使我们能够活下来并保持健康。

在土著文化中，有着对所有生命相互依存关系的深刻认识。几乎所有人都赞赏他们的家园和地球是受尊重的而因此充满了神圣。这种关系与认为地球是为我们所创造的想法截然不同。

与之相比，土著人民的态度更为谦逊（并立足于现实）。部落内兹佩尔斯人（Nez Perce）说："每种动物都比你知道得多。"苏族（Sioux）印第安人断言："在一切事物中，我们都是亲戚。"它们生活在一个富足的世界里，但只吃他们需要的东西："青蛙不会喝光它生活的池塘。"[25]

争取一个更加可持续、美丽而和平的世界，就是要重新获得这种神圣的感觉，并采取行动。我们都是地球上的原住民。阿尔伯特 · 施韦策（Albert Schweitzer）认为，人类所有的道德都植根于对生命的尊重，即"善良在于维持、帮助和提高生命，而破坏、伤害或阻碍生命则是邪恶的"。[26]

所有人类对家庭和家乡的爱，以及由此延伸到对地球的爱，可以作为通向更美好未来的道路和治愈"乡痛症"的路标（guidepost）。治愈这种近乎普遍的现代疾病的方法，在于通过重建与自然世界的联系来修复我们自己。

简单地说："我们不需要成为大自然的管理者，而是需要成为我们自己的管理者。"[8]我们 8 个人确实已成为自己的管家。有一种无法想象但没有人曾试图去干的罪行，就是伤害我们生活的生物圈 2 号世界。在外部，这将意味着让对地球的爱来激励、指导和告知我们的行动。

参考文献

[1] ROACH M. Packing for Mars: the Curious Science of Life in the Void [M]. New York: W W Norton & Co. , 2010.

[2] BYRD R E. Alone, (New York: Putnam Books, 1938), quoted in BARABASZ A F. A Review of Antarctic Behavioral Research, in From Antarctica to Outer Space: Life in Isolation and Confinement, eds: A. A. HARRION, Y A. CLEARWATER, and C. R MCKAY (New York: Springer - Verlag, 1991), 21 - 30.

[3] Biosphere 2 Plus 15 [EB/OL]. (2006 - 03 - 17). http://www. loe. org/shows/segments. html? programID = 06 - P13 - 00011&s segmentID = 3.

[4] BION W R. Experiences in Groups: And Other Papers [M]. New York: Routledge, 1968.

[5] ODUM H T. Scales of ecological engineering [J]. Ecological Engineering, 1996, 6: 7 - 19.

[6] FEHRMAN C. The incredible shrinking sound bite [EB/OL]. (2011 - 01 - 02). http://www. boston. com/bostonglobe/ideas/artides/2011/01/02/the_incredible_shrinking_sound_bite/.

[7] Biospherians mum on birds and bees [EB/OL]. (1993 - 09 - 25). https://wwwLnewspapers. com/newspage/123014124/.

[8] POYNTER J. The Human Experiment: Two Years and Twenty Minutes inside Biosphere 2 [M]. New York: Avalon Publishing Group, 2006.

[9] ALLEN J, NELSON M. Biospherics and Biosphere 2, mission One (1991 - 1993) [J]. Ecological Engineering, 1999, 13: 15 - 29.

[10] NELSON M, GRAY K, ALLEN J R. Group dynamics as a critical component of space exploration and terrestrial CELSS with humans: conceptual theory and insights from mission one of biosphere [J]. Life Sciences in Space Research, 2015, 6 (2005): 79 - 86.

[11] WALFORD R L. Biosphere 2 as voyage of discovery: the serendipity from inside

[J]. BioScience, 2002, 52 (3): 259 - 263.

[12] KANAS N, MANZEY D. Space Psychology and Psychiatry [M]. El Segundo, CA: Microcosm Press and Springer, 2003.

[13] REIDER R. Dreaming the Biosphere [M]. Albuquerque: University of New Mexico Press, 2009.

[14] ALLEN J P. People challenges in biospheric systems for long - term habitation in remote areas, space stations, moon, and Mars expeditions [J]. Life Support and Biosphere Science, 2002, 8 (2): 67 - 70.

[15] ALLING A, et al. Human factor observations of the Biosphere 2, 1991 - 1993, closed life support human experiment and its application to a long - term manned mission to Mars [J]. Life Support and Biosphere Science, 2002, 8 (2): 71 - 82.

[16] GAZENKO O. Personal communication with K. Gra [Z]. 1993.

[17] OLIVER D. Psychological effects of isolation and confinement of a winter over group at McMurdo Station Antarctica [M]//HARRISON A A, CLEARWATER Y A, MCKAY C P. (Eds.): From Antarctica to Outer Space: Life in Isolation and Confinement. New York: Springer - Verlag, 1991: 217 - 227.

[18] BECHTEL R B, MACCALLUM T, POYNTER J. Environmental psychology and Biosphere 2 [M]//DEMICK J, TAKAHASHI T, WAPNER S, et al. (Eds.) Handbook of Japan - United States Environment - Behavior Research. New York: Springer, 1997: 235 - 244.

[19] NELSON M. Private Biosphere 2 Journal, 1991 - 1993, September 24, 1993.

[20] Alling et al., Human factor observations of the Biosphere 2, A. Alling and M. Nelson (Eds.) Life under Glass: The Inside Story of Biosphere 2 (Oracle, AZ: Biosphere Press, 1993).

[21] ALBRECHT G, et al., Solastalgia: the distress caused by environmental change [J]. Australas Psychiatry, 2007, 15 (1): 95 - 98.

[22] KLEIN N. This Changes Everything: Capitalism vs. the Climate [M]. New York: Simon and Shuster, 2014.

[23] WILSON E O. Biophilia [M]. Cambridge, MA: Harvard University Press,

1984.

[24] TUAN T F. Topophilia: a Study of Environmental Perception, Attitudes, and Values [M]. Englewood Cliffs, NJ: Prentice - Hall, 1974.

[25] Native American proverbs and wisdom [EB/OL]. http://www.legendsofamerica. com/na - proverbs2. htmL.

[26] SCHWEITZER A. Out of my Life and Thought: an Autobiography [M]. Baltimore, MD: Johns Hopkins University Press, 2009.

第 16 章
经验与教训

16.1 测试舱转换

正是在生物圈 2 号测试舱（Biosphere 2 Test Module）中的 24 h，使我坚信要成为一名生物圈人。

1988—1989 年，共进行了三次测试舱进人封闭实验。先是约翰·艾伦在其中驻留 3 d，然后是盖伊驻留 5 d，最后是琳达驻留 21 d。他们被戏称为脊椎动物 X（图 16－1）、脊椎动物 Y 和脊椎动物 Z。在一年多的生态测试之后，启动了正

图 16－1 被戏称为脊椎动物 X 的约翰·艾伦在生物圈 2 号测试舱内 3 d 封闭期间的状态

这是我们在密闭生态系统中开展的第一个包含一个人的封闭实验

式的封闭实验。[1]我们的第一个人工湿地占地15平方英尺（约1.4 m^2），被用于处理一名居住者所产生的废水。另外，对土壤生物过滤种植床（soil biofiltration planting bed）进行了测试。[2]

我们不知道人在密闭生态系统中会是什么情况，也不知道它的危险。为了安全起见，艾伦在睡觉时戴了一个鳄鱼夹（finger alligator clip。也叫弹簧夹），上面装有显示脉搏和溶解血氧饱和度的传感器。亚利桑那大学医学院的丹·莱文森（Dan Levinson）博士睡在现场。环境也受到严密监测。艾伦的反应出人意料，他写道：

我的身体和植物之间已经开始建立起一种奇怪的伙伴关系。我发现我的手指在抚摸，能够感受到吊兰柔软的橡胶般质地，知道它当时正在吸收放气产品……请注意，我的注意力越来越转向植物的状况……我一直感觉到植物是活的且反应灵敏，甚至是活的象征。但现在它们是必需的……既然它们是必需的，因此我会照顾它们……看来我们正在与植物、土壤、水、阳光、夜晚和我等接近平衡，我们通过视觉和声音与世界交流，但触觉、味觉和嗅觉却各不相同。

约翰在从测试舱出来后说："我从身体、智力和情感上都知道，达尔文（Darwin）和韦纳德斯基（Vernadsky）对生命力量的理解是正确的。"

在完成了以上进人封闭实验后，则将注意力转移到了完成为期两年的生物圈2号封闭实验。该项目要求工作人员必须一天24 h全部待在系统内。我报名了。没错，我想亲身体验一下这一切！[3]

16.2 全在身体当中

在我身后的气闸舱门一被关上，则身处新世界的一股气息和感觉就迎面袭来。辛辣的香气包围着我，因为这个微型世界中充满了植物，而且是各种各样的植物。我们有微型生物群落，所以有热带雨林、草原和沙漠等物种。较浓的空气使呼吸的体验不同，而且我的身体感觉到它摄入了比正常情况下更具营养的东西。接下来的几个小时所发生的事情很不寻常。关于我与那个世界的代谢联系的知识从我的头传到了我的身体，变得可触摸到并可感觉到。当我四处走动而看着植物时，则呼吸着我们共同的空气，因此我的身体得到了它。这些植物和我一起呼吸。它们都是我的第三叶“肺”。我的呼吸和新陈代谢正在帮助它们，如果没有它们我怎么能生存？这种细胞意识在我的内心一直存在。即使在该测试舱的小“公寓”里，我也能感觉到自己加入的另一种生活的存在。这是一种美妙的感觉：我和我的身体完全与他们联系在一起。这就像是加入一个已经在进行中的生活交响乐团，我也要扮演我的角色。我在这里的存在改变了这个世界，但我适应得很好——这里具有我的空间。

事情的预感：我在去了卫生间后，出去检查了人工湿地系统中的植物。我微笑着，它们看起来也很高兴。很高兴能够发挥作用！多好的感觉啊——我的“垃圾”是它们的食物。

路过的朋友可以看到我的表情。我比进来之前放松多了，非常愉快。习惯性的压力和愤愤不平在这种归属感中消失了。我的身体自由自在。这里很漂亮，没有污染物。我知道这里的空气、水和食物都很健康；我周围的生命都在照顾它。就像在船上或飞机上一样，这里也有风扇和电机等的机械声音以及电灯嗡嗡作响的声音，这是这个科技生活世界中声景（soundscape）的一部分。我感觉到我是一种强大力量的一部分。这种有机体、空气、水和土壤的组合是古老而永恒的，其时刻充满活力。一切都在交流中，并在新陈代谢的互联中。这个充满活力的世界现在包括并支持我的身体存在（图 16－2）。

图 16－2　1989 年叶夫根尼·谢佩列夫（Yevgeny Shepelev）博士往里凝视着充满生命的生物圈 2 号测试舱

谢佩列夫在思考这与他那个时代在密闭舱内只与小球藻为伴有何不同

在我从该测试舱出来后，我进入候选生物圈人的名单，并开始训练。出乎意料的是，1991 年我很幸运进入第一梯队。

16.3 进入生物圈 2 号的世界

在生物圈 2 号中，被与生命相连的感觉并没有如此迅速而强烈地击中一个人，可能是因为它的面积要大得多。但是，这种感觉会随着时间的推移而增长，直到你能够完全理解。这个生物圈，即这个生命世界正在塑造和维持我的有机组织，而且我的身体完全是其整体代谢的一部分。

这种连通性（connectedness）的感觉要比代谢联合的奇妙细胞感觉更深刻。我们在生物圈 2 号中扮演的角色强化了这一点。生物圈人的责任是开展通常由不同类别的人完成的所有工作，也就是说，我们在一天之内一般要承担农民、工人、技术人员、研究人员和管理人员等多个工种角色。

我们是生物圈 2 号中的农民。我们种植、照料和收割庄稼。农业能够让我们吃上饭，而且是我们这个世界中新陈代谢的重要组成部分，它会影响空气和水的质量。知道我们的农场被设计成与生物圈 2 号的其他部分能够实现完全融合，而且它不会产生损害我们或其他生命的任何东西，因此这让我们这些农民尽管付出了辛勤劳动，但却得到了令人难以置信的满足。我们生物圈人很少会忘记这种经历。我们知道饭菜中每道菜中每种食材的全部历史。我们帮助让每一种作物到达餐厅的饭桌上。

我们是这个微型世界中的技术人员和工程师。我们必须检查、校准、维护并有时维修传感器和设备。这里有一个设备齐全的车间，在此，技术魔术师雷瑟可以制造所需的设备或进行维修。技术圈的许多关键部分通过传感器被实时显示在计算机屏幕上。我们曾经意识到大自然通常所做的一切，以及我们必须用技术来取代什么。也许，这增加了我们作为管理者的感觉，以成为所有内部生命的助手。我们认为，像我们一样，你们已被隔绝于地球生物圈——其能够提供天气和季节、风和波浪，以及作为一个更大世界的一部分而带来的相对安全。但你可以指望我们为你工作。我们最重要的工作之一是确保所有取代自然的技术能够发挥作用，以使得在生物圈 2 号中的生存成为可能。

我们作为我们自身健康和生物圈健康的研究者和安全卫士的角色发生了重叠。我们认真监视着空气和水中的东西。其他研究项目包括跟踪生态发展和生物群落的变化，就像这个世界中的其他东西一样，我们想知道其究竟发生了什么。我们和这里的生物群落就像孩子一样成长，并学会如何在一个新的世界中共同生活。生物圈 2 号中的生物群落会像林恩 · 马古利斯（Lynn Margulis。美国女生物学家。她推动了细胞起源的研究，还提出了共生理论，即细菌在活体细胞发展中起着主要作用的理论。此理论被人们称为同时连续内共生理论。译者注）所预测的那样被城市杂草淹没吗？[4] 会像奥德姆（H. T. Odum）所认为的那样将失去 80% 的物种吗？我们非常认真地对待自己作为关键捕食者的工作。事实证明，我们每周要工作很多个小时，其结果是既保护了生物多样性，又帮助生物群落茁壮成长。

16.4 外部的和我们内部的野生群落

野生群落和不可阻挡的生命力量不仅存在于“外面”，也存在于我们心中。我们是这个生命世界的一部分。相反，即使是无意识的，人类的心灵和精神也会感受到曾经质朴的地区的退化。在生物圈 2 号中拥有野生群落让我们享受到了大不相同的生活质量。它们就是我们的约塞米蒂国家公园（Yosemite），我们的大峡谷国家公园（Grand Canyon），也是我们的中央公园（Central Park）。

当我们在人类生活区（Human Habitat）中的时候，有一种在里面的强烈心理感受，而当我们在农场或生物群落中的时候，则有一种在外面的强烈心理感受。就像任何到达国家公园的游客一样，置身于绿色和美丽之中会滋养你的精神。观看我们喜爱和保护的生物群落的日复一日和季节性的变化，是一种永无止境的快乐。当我们准备离开时，我们像父母一样为他们的孩子感到骄傲。我们看到了生物群落是如何成长的，就像我们在一起的两年旅途期间是如何成长的一样。

然而，生物圈 2 号微型生物群落的狭小和脆弱意味着，除了采取某种程度的人类管理之外别无选择。我们在晨会上开玩笑说，我们收到的“天气请求”比天气报告还多。我们的对话是这样的：

琳达计划今天下午 3 点在较低的热带雨林浇水 45 min。有人对此有问题吗？——时间表需要改变吗？如果没有，如果你想在多雨的雨林中散步，那就是你的时间了。雷瑟将让任务控制中心的人员知道，可以将草原的夜间温度降低 2~3 ℃，并确保我们将农场的相对湿度保持在 40% 以下。

我们都有一种强烈的感觉，即尽管我们的角色很重要，但保持我们的世界以及我们健康的最终力量是我们无法控制的。这是大自然，正像其在地球生物圈中的一样。人们强烈地意识到我们欠同龄人的债。正如约翰·艾伦在第一次测试舱封闭时所报告的那样，我们本能地会照顾好我们的植物，并在经过它们时从不粗心。在半小时内，我们可以环游我们的世界，并感谢所有植物所做的一切，另外感谢土壤微生物的贡献——保持了我们的健康以及它们的美丽。我们知道我们被生命的力量和智慧所包围和保护。

尽管生物圈 2 号看似非常干净，但对我们的血液进行的分析发现了一些令人惊讶的事情。事实上，各种各样的环境污染物，包括像滴滴涕（DDT）这样很久以前就被禁止的污染物，都在激增。减肥和脂肪释放了我们年轻时储存的污染物。这些污染物的含量在封闭实验后期有所下降。[5]

16.5 与生物圈结合

我们在时间机器上的两年航程彻底改变了我们的身份。我将这看作在生物圈 2 号中所进行的涤荡或净化的结果。那种不必参与其中以及努力保持生物圈健康而能够获得充足的可用食物和富氧空气，并成为我们生物圈的受益者的假设已经不复存在。那种认为水只是从水龙头和管道里出来，而不知道它的质量、它从哪里来以及它和我们的废物去了哪里等的假设已经不复存在。

一些人哀叹生物圈 2 号内部不会有神秘感，因为它是一个由人类设计和建造的世界。一些人怀疑这是一个控制自然并使技术至高无上的项目。他们离目标很远。在设计这个项目的过程中，我们了解到很多关于生活的基本知识是未知的。生活在其中，我们每天都能感受到生活的神秘与魔力。

沙漠或荆棘灌丛植物有一种神秘的智慧，它能告诉这些植物什么时候该发芽或落叶。作为博物学家，我们在外面科学家的帮助下提高了技能，读取指示植物

（indicator plant）的信号，以确定何时开始或停止降雨，并对有机体和生态系统健康的微妙信号做出反应。红树林和珊瑚的实际生长情况与最初关于它们适应生物圈 2 号不同地区高海拔的预测不符。

在这么小的空间里，体内的生命是如何将自己组织成如此截然不同的生物群落的？我很确定，即便被蒙着眼睛，我们 8 个人都可以通过其独特的气味和空气来判断我们所处的生物群落。定量科学与自然科学的结合帮助我们做好了作为该微型世界管理者的工作。我们可以在我们的生物群落中行走或潜水，感受它们的健康和问题，并检查我们的传感器和数据。

1991 年春天，也就是在生物圈 2 号被封闭前几个月，在部分管理层的监督下，技术作家凯文·凯利（Kevin Kelly）被独自留在生物圈 2 号内待了几个小时。他在这个别致而富有诗意的地方四处体验和思考。他后来写道：

> 在生物圈 2 号内，将会学到很多关于我们的地球、我们自己和我们赖以生存的无数其他物种等方面的东西……它已经让我这样一个局外人认识到，人类的生活就意味着与其他生物一起生活。机器技术将取代所有生物的这种令人恶心的恐惧已经在我脑海中消退。我相信，我们将保留其他物种，因为生物圈 2 号有助于证明生命是一种技术。生命是终极技术……因为它的自主性——它可以自行走动，而且更重要的是，它可以自行学习。[4]

关于“第 9 个生物圈人”（ninth biospherian）的理论比比皆是。夜猴是第 9 个生物圈人吗？罗伊认为生物圈本身就是第 9 个生物圈人。我个人喜欢后一种观点。我们 8 个人总共减轻了 160 磅（约 72.6 kg）的体重，这相当于另一名乘员。尽管这些分子不再是我们身体的一部分，但它们成为生物圈 2 号的一部分。琳达观察到：“生物圈 2 号拥有这些分子。”

这些碳、氮、氧和其他元素在我们的世界各地进行循环，它们被结合在土壤、水、珊瑚、混凝土、甘薯藤和树木中，有时存在于空气中，而有时则出现在其他地方。只要生物圈 2 号仍然是一个封闭系统，它们就会这样做。我们将被另一组乘员取代，但我们的幽灵原子（ghost atom），即第 9 个生物圈人，将留在其代谢活动（metabolic dance）中，并与这一整个微型世界相连。这是真的，这是多么地令人惊讶！

对于我们在地球生物圈中来说也是如此。我们的原子是在古老恒星的超新星爆炸中形成的，而且我们的身体与高度密封的地球上的一切东西均处于亲密而无尽的代谢周期中。在某个人死后，每一个曾经是“我们”的分子都将留在生物圈循环活动中。

我们的连通性当然会延伸到队友。我们如此相互依赖于为任务和共同生活所带来的技能和奉献精神。也许这项艰巨的任务帮助我们一起度过了好时光和坏时光。我们之所以能够成功运营生物圈 2 号，是因为我们的团队与项目经理和顾问网络形成了协同效应，因此远远超过了我们作为 8 个人所能做到的。我们都与生物圈 2 号有着紧密的联系，并最终彼此联系在一起。我们知道每个人都在做自己的工作，在需要的时候则伸出援助之手并出谋划策，做需要做的事情，并经常做超越职责范围的事情。

我在离开生物圈 2 号之后不久写道：“当你生活在一个可以悠闲漫步 15 min 的世界里时，这种相互依赖则成为你生活中的一种真实情况，并改变你的思维和行为……做好事，该生物圈就会蓬勃发展，而轻率或愚蠢以及你的不良行为将对你自己的生活产生不利影响。每一种行动或每一个动作都很重要，因为在你的世界里只有 8 个人，聪明地进行合作并不是一种奢侈！”[6]

在生物圈 2 号中没有匿名动作；没有任何动作太小而无法计算。我们所做的一切都产生了影响。这导致了一种奇妙的生态正念（ecotogical mindfulness），其并非是对自由的一种限制，而是对我们与我们的世界的相互联系和责任的一种赏识。

16.6 人类的新角色

我见过一些人，他们认为人类是地球生物圈中的癌症。[7] 然而，人类是生物圈进化的产物，就像深受喜爱的生态偶像：大象、老虎、熊猫、鲸鱼、珊瑚、红杉及仙人掌。人类拥有一套不寻常的技能，包括高度发达的语言和符号、复杂的文化和技术创新。正如弗里曼 · 戴森（Freeman Dyson。著名的美籍英裔数学物理学家和作家，普林斯顿高等研究院教授。译者注）所说，我们也可能有一种天生的“扰乱宇宙”的冲动。[8]

这些能力可被用来保障和提高生活质量；或者相反，以生物圈恶化为代价而积累个人或国家的财富和权力。我们技术的杰出成就意味着，我们取代自然生物群落并没有确定的人口承载能力或限制。我们可以通过推动当前的趋势并不断扩大直至我们崩溃来找到这些限制。外推法（extrapolation）表明这会发生。

在封闭实验启动几个月后，我减掉了大约 25 磅（约 11.3 kg），那时体重达到了我 18 岁时的水平。如果按照两年的时间来推算，我的体重会减掉 90 磅（约 40.8 kg）！当然，这种推断是荒谬的。它没有预料到我们限制热量饮食所导致的代谢效率提高，也没有预料到饥饿如何提高我们的种植技能和创造力。这与我们面临的全球挑战的情况大致相同。几乎不可能推断当前的趋势，因为它们毫无意义。正如经济学家赫尔伯特·斯坦因（Herbert Stein）所指出的那样："所有无法永远持续的东西终将停下。"[9]

如果我们这个星球上的人类确实处在历史性视角转变的边缘，那么一个更加积极的未来就会展现出来。有迹象表明，人们对生物圈的态度发生了很大的转变。我们生物圈人在其身体中所体验到的联系和连接，是基于我们发自肺腑地对生物圈的依赖。我们也知道我们既不是癌症也不是寄生生物。我们在保持生物圈和自身健康方面发挥了关键作用。盖伊回忆道：

我们所有 8 个人都一次又一次地明确表示，我们认识到生物圈的健康就是我们的健康。如果我们的生物圈是健康的，那么我们就是健康的。而在这里（生物圈 1 号），这种情况是不会发生的。我们并不是每天都这样生活；我们欣赏那种知识，但我们并不那样生活。[10]

马歇尔·麦克卢汉（Marshall McLuhan）说过："在地球宇宙飞船（Spaceship Earth）上没有乘客，我们都是乘员。"作为微型生物圈中的一员并学会做好我们的工作，这令人多么满意啊。例如，这些工种角色包括空气管理者、生物多样性方面的关键捕食者、为生命服务的技术圈的操作者以及健康的农民——他们知道保持我们的食物和水健康是必要的，而不是放纵。这些角色可以激励所有人。这些故事的结局是充实的人和敬畏生命的进化。为了改变我们人类与地球生物圈的互动方式，我们需要结合与正念。

16.7 庆祝我们的世界

我应该强调我们作为生物圈人发挥的另一种作用。我们是这个微型世界的观察者和庆祝者。我们写诗、拍纪录片、作曲和演奏音乐、画画、跳舞和唱歌，以庆祝我们这个世界的美丽、奇迹和礼物。我们通过视频链接举办了前两届“跨生物圈艺术节”（inter biospheric arts festivals），其间与外面的艺术家、诗人和音乐家进行了共同演出。罗伊与表演艺术家芭芭拉·史密斯（Barbara Smith）在她环游世界的过程中进行了多次电子连接。

我们在世界各地文化的智慧和民间故事中看到了这一点。他们庆祝并尊重自然世界和人们的生活方式，从而与大自然的恩赐和谐相处。小说家威廉·巴勒斯（William Burroughs）认为：“杀死一个人或一个国家的方法就是切断他们的梦想和他们的魔法。”[11]

我们有一个梦想。世界领导人在做出影响世界人民和全球生物圈的决定之前，不会在豪华的会议中心开会，也不会住在昂贵的五星级酒店，而是在微型生物圈中待一段时间。很难想象他们会认为保护“环境”是一种奢侈——排在其他优先级之后，或只有当他们觉得足够富裕时才这样去做。在微型生物圈内待几天可能会显著改变他们的世界观！在我们的两年生物圈实验将要结束之前，盖伊和我为太空研究所（Space Studies Institute）写了一篇论文：

> 杰拉德·奥尼尔（Gerard O'Neill）和其他思考太空中人类命运的人的想象力，预见了“宇宙人类”（Homo cosmicus）的进化——人类不再局限于一个星球表面。我们可以从我们对生物圈 2 号的先见之明来看，“生态人类”（Homo ecologicus）也将是一种进化的产物……太空中的人类从一开始就知道我们花了这么长时间才在地球上学到什么——我们自己的命运与生物圈的命运是不可分割的。[12]

参 考 文 献

[1] ALLING A, et al. Experiments on the closed ecological system in the Biosphere 2 test module [M] // BEYERS R J, ODUM H T (Eds.). Ecological

Microcosms. New York: Springer – Verlag, 1993: 463 –469.

[2] HODGES C, FRYE R. Soil bed reactor work of the Environmental Research Lab of the University of Arizona in support of the Biosphere 2 Project [M] // NELSON M, SOFFEN G A. (Eds.) Biological Life Support Technologies – Commercial Opportunities. Tucson, AZ: Synergetic Press, 1990: 33 –40.

[3] ALLEN J P. Biosphere 2: the Human Experiment [M]. New York: Penguin, 1991.

[4] KELLY K. Out of Control: the New Biology of Machines, Social Systems and the Economic World [M]. New York: Addison Wesley Publishing Company, 1994: 154.

[5] WALFORD R L, et al. Physiologic changes in humans subjected to severe, selective calorie restriction for two years in Biosphere 2: health, aging, and toxicological perspectives [J]. Toxicological Sciences, 1999, 52 (1): 61 – 65.

[6] NELSON M. The emerging lifestyle of the biospherian [Z]. 1993.

[7] PAULY D. Homo sapiens: cancer or parasite? [J]. Ethics in Science and Environ mental Politics, 2014 (14): 7 – 10.

[8] DYSON E. Disturbing the Universe [M]. New York: Harper & Row 1979.

[9] KRUGMAN R. This can't go on [EB/OL]. (2003 – 11 – 04). http://www. nytimes. com/2003/ll/04/opinion/this – can – t – go – on. html? mcubz =0.

[10] DECOUST M. Odyssey in two biospheres [EB/OL]. http://biospherefoundation. org/project/odyssey – of¯2 – biospheres/.

[11] BURROUGHS W S. Four horsemen of the apocalypse [C] // Planet Earth Conference of the Institute of Ecotechnics, 1980, in Man, Earth and the Challenges. Santa Fe, NM: Synergetic Press, 1981: 153 – 168.

[12] NELSON M, ALLING A. Biosphere 2 and its lessons for long – duration space habitats [M] // FAUGHNAN B. (Ed.) Space Manufacturing 9: the High Frontier Accession, Development and Utilization. Washington D C.: American Institute of Aeronautics and Astronautics, 1993: 280 –287.

第 17 章
“重返地球生物圈”

17.1 期待一个改变世界的时刻

外面聚集了数千人。一支管弦乐队正在演奏维瓦尔第（Vivaldi）的《四季》（Four Seasons）乐曲。当时，将该活动向全世界多达 10 亿人进行了转播。名人们在讲台上发言。在里面，我们 8 个生物圈人按照与两年前通过气闸舱时相反的顺序排列。我们通过双向无线电收听外面正在进行的活动，并为走出这个世界而进入那个世界的体验做好准备。1993 年 9 月 26 日这一天终于来临了。

我当然有复杂的情绪。尽管我渴望见到亲人，并体验我们封闭世界之外的生活，但我对不再生活在生物圈 2 号中的前景感到难过。在这里，一切都有意义而且具有重要意义。我为我们生活系统的利益而工作，但我与该系统的联系以及在工作中承担的责任明确而直接，并且非常令人满意。我甚至悄悄地告诉项目主管，如果必要的话，我愿意加入第二个封闭实验团队。在经过 5 个月的过渡研究、系统改进和新团队培训后，1994 年 3 月启动了第二次封闭实验。

我们都很兴奋，期待着感受两个生物圈之间的差异。我们一走出气闸舱并第一次呼吸空气，我就感觉到了变化。室外空气稀薄，不如在生物圈 2 号中的空气有味道，并充满了不同的香味。离开了内部反映生活强度的潮湿刺鼻的热带空气，我们现在呼吸到了干燥的高海拔沙漠空气。难怪，当我抬头望着头顶上浩瀚的蓝天而不受间隔框架和玻璃的限制时，我思绪万千。

这是一个非常激动人心的早晨。我们都准备了一些简短发言稿，但我搞了一些即兴创作，因为我想把这一刻融入其中。当轮到我走上讲台时，看着聚集在一起的人们，我顷刻间受到了极大震撼。当你望向地平线时，光质有着微妙的光谱梯度，我已经两年没有看到了。这只是一两秒钟。我看了重返地球的视频，眺望并领略我们世界的美丽，从而可以感受到那一刻十分喜悦的心情。在生物圈 2 号内，我们最多只能看到几百英尺远。啊！很高兴回到地球生物圈，我们的家。

令人惊讶的是，在我们和其他人之间竟然没有障碍。我能感觉到成千上万人的情绪和存在，就像强大的脉冲波包围着我们。这是一次美妙的体验，感受并分享他们的兴奋与支持（图 17－1）。

图 17－1　部分科学家聚在一起庆祝我们“重返地球生物圈 1 号”

右起：约翰·艾伦、西尔维娅·厄尔（Sylvia Earle；海洋生物学家；时任美国国家海洋和大气管理局首席科学家）、罗伯特·哈恩（Robert Hahn；生态技术研究所所长）、珍·古道尔（Jane Goodall；联合国和平使者、世界知名动物学家和海洋探索者）、哈罗德·摩罗威茨（Harold Morowitz。来自 George Mason 大学），以及里奥尼德·兹赫尼亚（Leonid Zhernya）博士和奥列格·加申科博士（Oleg Gazenko。后两位均来自俄罗斯莫斯科生物医学问题研究所）

17.2　“重返地球生物圈”庆祝仪式上的部分动人感言

约翰·艾伦谈到了在生物圈 2 号中发展起来的伦理学（他将其定义为“做你

应该做的事，不一定是我们冲动下想做的事”）：

总之，8名生物圈人在生物圈2号内吃、睡、工作、做梦、享受和受累，与他们的生物圈和谐共存。他们的生物圈以他们的生活方式而蓬勃发展，他们回收食物、废物、水和空气。他们保护生物多样性，并增强景观的美丽。他们自己的身体得到净化，而其生物圈闪闪发光而没有幽灵般的烟雾弥漫。在该生物圈中具有大量高科技仪器和通信设备，但他们却以一种非破坏性的生态技术（eco－technic）方式生活……我赞赏生物圈人的操作技能、他们在研究中的诚实正直以及他们对探索的热情，而且我尊重他们的道德成就——他们付出了不小的代价而得到了即时满足，从而做了他们认为应该做的事情。

再听一遍生物圈人的简短演讲，我被许多人谈论生物圈2号与外面世界之间的显著差异，以及他们在与生活世界如此紧密地联系在一起时所经历的深刻的个人变化所震撼。

盖伊，我们8个人中第一个发言的人，一开始显然有些不知所措。她开始说：“这是一种不同的氛围；这真的是一种非常不同的氛围！两年来，我第一次回顾生物圈2号。两年来，我一直生活在一个不同的世界和一种不同的氛围，并以一种非常不同的方式生活……回过头来看，这是一种伟大美丽的象征，也是生态学与技术融合的象征。在研究生态学的过程中，并没有包括人与人的技术。现在，这一点已经得到根本改变。这是一个重要的新视角。”

罗伊接着说：“在生物圈2号内度过的任何一段时间都会把你带回到地球能够是、应该是及我们希望是壮美自然环境的想法。生物圈人未来的工作之一可能不仅是建造新的生物圈，而且是重建生物圈1号，即地球，我们自己的家园。我们需要很多帮助才能实现这一点。”

琳达：“在过去的两年里，这是一次非同寻常的经历和一次壮丽的旅程。我也在这里瞥见了美好世界，瞥见了美好世界……”

我说：“他们说这是不可能的，但我们在这里，健康而快乐……生物圈2号的运行改变了我运行有机体的方式。生活在一个小世界并意识到它的控制、它的美丽、它的脆弱、它的慷慨和它的局限，则会深刻地改变你。”

接下来是简：“在过去的两年里，我也发生了变化……我负责农业，对食物思考了很多……思考我将拥有的第一块食物。也许是面包，我会想小麦是从哪里来的？杀虫剂是什么？下这个面包中所含蛋的鸡被养在哪里？我不知道所有这些问题的答案。然而，在生物圈 1 号中我当然知道所有这些问题的答案。”

泰伯说：“这是一段美妙的旅程，我们都经历了这段旅程而有着深刻的不同……科学、技术和理解在不断进步，我认为我们正在关注其中的一个进步。这一进步的历史意义在很多年内都不会为人所知。”

莎莉接着说：“我真不敢相信这一切这么快就结束了，我们在生物圈 2 号内的两年……真正困难的是描绘出在生物圈 2 号内的感觉以及回收我们的空气、水和营养的真正感觉是什么。这是学习如何管理一个小生物圈的漫长旅程的开始。”

雷瑟最后发言：“哇！两年前我站在这里想会发生什么事，而今天我站在这里想发生了什么事！我知道发生的一件事是，我们在 1991 年 9 月就开始使用的水至今仍然是生物圈 2 号内的水。水通过整个系统循环，而且未被污染。这些水有时是饮用水，有时是海水，有时是废水或地下水。而且，我们那里的大气没有受到污染。我们在那里种植食物而不污染我们自己的系统。就我个人而言，我发现我们的确掌握着它，即要么摧毁我们的星球，要么让它成为一个美丽的系统——一个迈向深空以探索银河系的平台。”

17.3 欢迎回来

演讲结束后，我们登上一辆高尔夫球车而驱车前往任务控制中心进行述职报告。虽然该项目有一些太阳能高尔夫手推车，但有人没有想过这一点。这辆车有汽油发动机。我们对速度的感觉（骑着一辆无马马车！）报以的灿烂笑容转向厌恶：欢迎回来，像其他人一样吸入有毒废气！

这让我想起了丰田汽车公司（Toyota Car Company）的丰田章男（Akiro Toyoda，他的家族创建了该公司），与其公司的随行人员参观生物圈 2 号时的场面。他告诉我们，他喜欢这个项目，但有一点除外。他说希望他的一辆好车能和我们一起待在里面！我们微笑着继续交谈。并没有人敢告诉丰田章男，若我们把他的车开进去，我们以及生物圈 2 号内的所有其他生物可能都会病入膏肓。

接下来是任务控制中心的自助餐，一系列令人眼花缭乱的食物，在某种程度上很奇怪，因为我们没有种植，也不知道它来自哪里。这些食物包括奶酪、水果、冷切（cold cut），甚至百吉饼（bagel）和熏鲑鱼（lox）：一堆食物。医生们随后进行了包括身体脂肪在内的全面体检。他们担心我们在回来的第一天不能被过度刺激，因为我们不习惯与其他人交往和食用异国食物。由于具有这么多未知因素，因此他们谨慎行事，即让我们这一天三次进入临时医学检查室。人们担心的一个问题是我们吃得太多，因为我们的身体已经能够非常有效地从我们吃的东西中提取到所有营养。另一个担忧是接触新的细菌，因为众所周知小规模孤立群体的人们最终会导致微生物多样性减少。因此，他们没有接触大量微生物的人所发展的免疫力，并且可能对他们没有接触过的细菌敏感。

随后举行了新闻发布会，为乘员拍摄了很多照片。摄影师们左右推搡，这让人感到很有乐趣。我在日记中写道：

记者招待会很有趣——我感到既兴高采烈又头昏眼花，而没有任何心情回答通常的新闻问题——并且带着一种重新被唤醒的幽默感。当被问及与这么多人的接触是否令人迷失方向或感到害怕时，我回答说，这种情感联系是激动人心的，而且在某种程度上要比有玻璃屏障时大得多。即使在一个挤满了记者的帐篷里，我也能感觉到，尽管有这样的职业，但他们仍然是人（这引来了一阵大笑）。最奇怪的问题是，生物圈是否试图通过减少氧气来杀死我们。我回答说，在我看来，这是在试图教我们一些东西。

当天剩下的时间在公共场所和私人场所交替进行。能再次与如此多的朋友和家人在一起真是太棒了。分别两年后，再次抱着我当时 6 岁的儿子马尔斯（Mars）是一件特别开心的事情。在这两年期间，我们交换电子邮件，偶尔打个电话，因为在 Skype 即时通信软件出来之前的那些日子里，打国际电话到澳大利亚相当昂贵（图 17－2）。

莎莉和我带领部分科学家游览了生物圈 2 号。这是在过渡时期的许多经历中的第一次，当时我再次意识到我是多么充分适应生物圈 2 号的环境。当我们的参观结束时，有人评论说，除了莎莉和我外每个人都是大汗淋漓。对我们来说，这仍然比在外面舒服。几个月后，我的重心才慢慢转移，并按照重新加入全球生物圈的学习曲线，在生物圈 2 号之外才感到完全自在。我还注意到，无论是来客还是我都对里面的空气没有任何抱怨：那里潮湿、新鲜并长满了热带生物。

图 17－2 作者在“重返地球生物圈”日见到了他当时只有 6 岁的儿子

17.4 再适应过程

在回家的快乐中，有些事情令人不安。我带我的儿子去了谢伊峡谷和大峡谷，在那里我们徒步下山，在谷底过夜。我和我的儿子马尔斯以及他的母亲罗宾·特雷德威尔（Robyn Tredwell。生态技术研究所董事，曾管理澳大利亚的伯德伍德·当斯畜牧站）一起去了加利福尼亚州。我们去了圣地亚哥，享受了动物园和野生动物园。这座城市的美丽背后隐藏着一些问题。当我们去一家海鲜餐厅时，我天真地问这条鱼是不是本地的。餐厅服务员坦率地回答：“这不是本地的，你最好庆幸它不是！”然后是洛杉矶，在高速公路上行驶，每个方向有 7～8 条车道。我刚刚又开始习惯汽车了。建设这些城市是为了方便人们还是为了让汽车来享用？

我第一次去超市奇怪地迷失了方向。在封闭之前，我曾带着来访的苏联科学家去过他们那里。看到如此少的新鲜食物和如此多的包装——罐头、盒子、纸箱，我感到震惊。但多好啊：我只需要一些现金或一张信用卡，他们就会给我食物。我不需要换上工作服去种植或加工它！同一种东西有如此多几乎相同的版本。你怎么决定？带着恐惧阅读盒子边上的配料清单，一份化学家梦寐以求的清单——当时把购物袋带回家，把糖果卸进冰箱和食品储藏室，然后仔细考虑那一大堆的包装。两年都没有包装或垃圾啦。

之后很长一段时间，每天都在继续进入生物圈 2 号，以帮助进行各种研究项目和帮助培训下一批乘组人员，并思考我该如何帮助我们的全球生物圈？我怎么能意识到我们所做的一切都会产生后果，而且即使这个生物圈如此广阔，那我怎么能与之保持联系呢？

第 18 章
未来发展展望

18.1 “重返地球生物圈”后的思考

封闭实验被启动 6 个月后，墨西哥记者协会的一个小组问当我离开后最怀念的会是什么。我回答说：“我想我会怀念对自己的行为及其对周围生命系统的影响负责的意识。但当我回到生物圈 1 号时，我会尽量保持这种心态。”。

乘组成员与神话学者约瑟夫·坎贝尔（Joseph Campbell）一起观看了在 DVD 上播放的两集美国公共电视网（PBS）纪录片。我们被《英雄之旅》（*Hero's Journey*）震撼了。我们并不认为自己是英雄，但基本的神话主题引起了共鸣。该旅程始于对冒险的呼唤。在该旅途中，痛苦和个人的弱点必须在一种神奇而超凡脱俗的境界中得到克服。如果成功，这将导致精神三生礼，进而达到个人转变。对于再入该平凡的世界，回程是最艰难的。在那里，一个人学习如何分享他们的见解，并为每个人的利益而工作。

我们离开了生物圈 2 号，必须找出如何最好地利用我们在那里学到的东西来回报这个世界。

18.2 废水处理技术推广

在生物圈 2 号封闭实验之后，我决定继续留在生态技术研究所工作。这包括组织会议、协助管理协同农场的果园、澳大利亚伯德伍德·当斯畜牧站的牧草再生以及波多黎各 Las Casas de la Selva 的可持续热带雨林研究。

然而，我也想提升我的知识，并继续开发用于污水处理的人工湿地。这项技术很好地说明了我们需要的范式转换。生物圈 2 号的访客帮助我认识到这种方法是多么新颖。起初不相信，后来当他们了解到花团锦簇的绿色人工湿地（以及照料它们的微笑的人）是我们的污水处理系统时，他们也很高兴（图 18 - 1 和图 18 - 2）。

图 18 - 1　印尼巴厘岛库塔/莱根 Sunrise School 废水园局部外观图

该系统被用于处理 75 名学生和教师产生的污水，并被用作室外教室

图 18 - 2　废水花园运行原理图

主要包含化粪池、人工湿地和最终的底土灌溉

对我来说，这种方法的另一个关键好处是，它将人们与其生态现实（ecological reality）的一部分联系了起来。由于这是在局部范围进行的——从各个房间到社区——它消除了当我们冲厕时废水流向何处的谜团。当人们意识到他们可以参观和享受的美丽湿地因其“垃圾”而繁荣时，是多么令人满意。

这激励我重返学术界（在离开25年之后!）。我的硕士学位是在亚利桑那大学可再生资源学院（School of Renewable Resources, University of Arizona）获得的。在我的论文中，我设计了一个使用速生杨树和柳树的零排放人工湿地。想要与奥德姆教授一起工作，我在他的佛罗里达大学环境工程科学系（Environmental Engineering Sciences Department at the University of Florida）做了博士论文研究。

我受到启发，研究了奥兰多（Orlando）附近被用作休闲公园的两个美丽的千英亩人工湿地。在那里，人们享受着自然的环境，但大多数人并未意识到该湿地正在处理和再利用污水。

我的论文研究，包括与位于墨西哥阿库马尔（Akumal）的生物圈基金会（Biosphere Foundation。www. biospherefoundation. org）下属的星球珊瑚礁基金会（Planetary Coral Reef Foundation）合作建立两个原型人工湿地系统。该基金会是由我的3个生物圈人朋友盖伊、雷瑟、莎莉以及约翰·艾伦，在太空生物圈风险投资公司（Space Biospheres Ventures）的协助下在生物圈2号中创立的。阿库马尔是我们收集大部分珊瑚的地方。因此，它做出了回报（karmic debt），即恢复了该地区的生态系统。我们的人工湿地保护美丽的珊瑚礁免受污水的破坏。我用附近的红树林湿地作为被处理废水的最终生物过滤器（图18－3）。之后，我们在墨西哥尤卡坦海岸又建造了30多个人工湿地。

我把我的系统称为“废水花园”（Wastewater Gardens）。我们通过利用广泛的植物多样性进行创新，包括可以收获的植物及其他美丽的植物。然而，令人遗憾的是，大多数人工湿地都是由工程师设计的，他们对创造微生态系统以提供野生动物栖息地和生物多样性缺乏了解。大多数人工湿地是单一栽培的“芦苇床”，有一个或两个湿地物种。美是一个重要因素，它引发了对生命和生活世界的热爱。人们喜欢绿色植物；在化粪池中，厌氧细菌的存在会使我们很难过。在废水花园里引进植物会让你更加注意不要把有害化学物质冲入下水道。

图 18－3 2014 年时已经运行 18 年的墨西哥阿库马尔生态中心的废水花园局部外观图[1]

博士毕业后，我成为生物圈基金会废水花园部门的负责人。该部门先后在墨西哥、印度尼西亚、波多黎各和澳大利亚等国家承担了许多项目，从而实施了技术推广。后来我成立了一家公司，名为国际废水花园公司（Wastewater Gardens International。www. wastewatergardens. com），继续开展这项工作。我们在全球 13 个国家建成了 150 多个不同规模的废水花园系统。[1,2]

18. 3 生物圈人后来的发展情况

在生物圈 2 号封闭实验结束后，我的 7 名队友继续做着出色的工作，这很大程度上是受到他们在生物圈 2 号中的经历和转变的启发。罗伊回到加州大学洛杉矶分校医学院，开始了他开创性的营养和抗衰老研究。他和同事发表了 10 篇关于生物圈 2 号饮食、低氧和其他生物医学研究结果的科学论文。罗伊拍摄了一部关于生物圈 2 号的纪录片，并承认在封闭实验期间他对科学的狭隘态度是错误的。[3]他于 2004 年死于肌萎缩侧索硬化症（ALS），享年 80 岁。根据他的诊断，他在封闭实验后期的健康下降可能主要是由于 ALS 的早期影响。在去世后，美国老龄研究和抗老龄综合医学治疗联合会（American Federation for Ageing Research and Integration Medical Therapeutics for Anti Ageing）授奖项表彰了他的工作。

1993 年，泰伯和简还在生物圈 2 号里面的时候就成立了完美太空开发公司（Paragon Space Development Corporation，以下简称 Paragon 公司），招聘了国际太空大学的毕业生和其他太空工程师（他们在生物圈 2 号封闭后不久结了婚）。他们的 Paragon 公司从事具有创新性的太空和高空平流层项目研发。他们在俄罗斯和平号空间站和一次美国 NASA 的航天飞机联合飞行中，研究了实验室大小的封闭生态圈。这些系统包括小型甲壳类动物、水生植物、微生物、藻类和水。这是一个里程碑——太空中第一个封闭生态系统。他们的实验也是第一次在太空微重力下成功繁殖了水生动物。

另外，Paragon 公司的平流层探索部门开发了一套独立的宇航服和回收系统。他们创造了一项世界纪录，即从 135 000 英尺（约 41.148 km）跳下，垂直速度可达到每小时 820 英里（约 1 319.66 km）。这些专业知识使他们能够在近太空旅游领域提供一种新的体验——成立了 Worldview Enterprises 公司，致力于为旅游者提供通过氦气球将其带到太空边缘的旅游服务。此外，Paragon 公司还承担了许多与航天器环境控制系统、航天服和太空栖息地研究等相关的项目。简和泰伯继续太空工程师的梦想。他们目前是一家提出绕火星往返载人航天飞行的公司候选者！[4]

琳达在佛罗里达大学与 H. F. 奥德姆（H. T. Odum）合作，获得了生物圈 2 号热带雨林研究方面的博士学位。她教授生态学，是一名环境顾问，并拥有一家有机蚯蚓农场（organic worm farm）。作为亚利桑那中央学院（Central Arizona College）的一名教师，她的理科学生建造了“生物管”（biotubes），他们与植物和土壤一起生活在其中。由木材和塑料薄膜制成的生物管是教授所有生命相互依存的生动方式。琳达说：“很难想象整个世界，也很难让你围绕地球将如何运行来进行思考。如果我把一个生物管放在我的身上，这就是一种新的思维方式。我们把东西分解得足够小，以至于能够开始思考它们。”[5]

最近几年，琳达和她的伙伴在她居住的亚利桑那州甲骨文市创办了朱砂蚯蚓养殖场（Vermillion Wormery）。他们的目标是通过使用蚯蚓堆肥（vermi - composting）来吃掉各种有机“垃圾”，从而实现零有机废物产生。她还举办研讨会和讲座，其中之一是“生物圈 2 号的绿色课程”（Green Lessons of Biosphere 2）。

盖伊、雷瑟和莎莉继续与生物圈基金会合作。受他们在生物圈 2 号中工作的启发，该基金会的使命是“激发对地球生物圈的智能管理”。他们的项目包括以社区为基础的可持续保护项目、旨在激励参与创造有影响力的教育项目，以及提供有关生物圈的无偏见数据。

海洋和珊瑚礁的研究和保护仍然是盖伊和雷瑟的重点。他们在海上工作，也与土著社区合作。10 多年来，通过利用生态技术研究所的赫拉克利特（RV Heraclitus）号研究船，完成了测绘和监测 140 多个地点的珊瑚礁的工作，而且生物圈基金会现在有了自己的和平号远洋船。该船的总基地位于新加坡的莱佛士码头。他们最近的举措之一是启动了印度洋海洋哺乳动物研究单元（Indian Ocean Marine Mammal Research Unit）项目。他们与斯里兰卡的大学合作，开展了评估并减少航运线上的鲸鱼事故数量方法的研究。珊瑚礁保护仍然是他们工作的主要部分。他们最近的一些项目是保护印度尼西亚巴厘岛鹿岛（Menjangan Island）的珊瑚礁，并记录北美洲加勒比海和其他地方珊瑚礁的长期衰退情况。[6]

莎莉专注于可持续农业发展和生态保护。她是生物圈基金会生物圈管理教育项目的协调员。莎莉在印度尼西亚巴厘岛巴拉特国家公园（Bali Barat National Park）工作，为那里和附近农场的国际和当地学生指导沉浸式教育项目。当地社区的需求决定了保护活动的选择类型。她与农民合作社的工作建立在生物圈 2 号中开创性农业工作的基础之上。莎莉开发并演示了节水有机农业技术（water - conserving organic farming technique），以及通过延长生长季（growing season）来增加粮食产量的方法。[6]

所有生物圈人都为生物圈 2 号的遗产做出了贡献，如发表了科学论文、出版了专著、制作了纪录片并发表了演讲。我注意到，没有人在意那时看起来如此严重的分歧或人际摩擦。我们都被鼓励去谈论的是我们是如何在一起生活、如何照顾以及如何逐渐理解我们与生命世界是怎样联系的。我们与外面的团队一起取得的成就减少了对注脚的依靠。罗伊在电影结尾说："我预测生物圈 2 号最终将被公认为是第二十世纪下半叶最具前瞻性、创新性和远见性的项目之一。"[7]

1994 年，我有幸在伦敦皇家地理学会（Royal Geographical Society）就我们在新世界的探险活动发表了演讲。在这两年里，我们在里面自豪地扛起探险家俱乐部（Explorer's Club）的旗帜。我环顾四周，看到大厅里被用纹章装饰着的不朽人物的名字：库克（Cook，英国 18 世纪航海家和探险家）、伯顿（Burton，英国 19 世纪探险家）、萨克里顿（Shackleton，英国 19—20 世纪极地探险家）、斯科特（Scott，英国 19—20 世纪极地探险家）和伯德（Byrd，美国 20 世纪航空先驱者及极地探险家）。我做过的最感人的演讲是在墨西哥恰帕斯的一个偏僻的印第安人小镇上，这里佛罗里达大学的研究生雨果・吉伦・特鲁希略（Hugo Guillen Trujillo）在那里长大。孩子们向我走来："你来这里就像一名宇航员从月球上来探望我们！"我想知道他们是如何在如此偏远的地方看到生物圈 2 号的图像的。这再次证明生物圈 2 号的影响确实是全球性的，尤其是在互联网出现之前的一段时间。

当我想起我的队友时，我再次意识到我们是一支多么了不起的团队。我们取得了如此多的成就，分享了如此独特的经验。1996 年，伦敦林奈学会（Linnean Society of London）主办了第四届密闭生态系统与生物圈科学国际会议（Fourth International Conference on Closed Ecological Systems and Biospherics）。通过 6 场演讲，大家分享了生物圈 2 号封闭两年期间的研究结果。我们的俄罗斯朋友介绍了他们目前的工作，另外还有来自美国 NASA、日本和欧洲航天机构以及伦敦帝国学院（从事 Ecotron 密闭生态系统研究）的技术人员出席了这次会议（图 18-4 和图 18-5）。许多论文被发表在《生命保障与生物圈科学》（*Life Support and Biosphere Science*）杂志的特刊上。[8]

图 18－4 1996 年在伦敦林奈学会举办的第四届密闭生态系统与生物圈国际会议上部分参会者在达尔文的著名画像前合影

在伦敦林奈学会陈列有查尔斯・达尔文（Charles Darwin。合作者为 Alfred Wallace）关于物种进化论的第一篇论文。左起：作者尼尔森、莉迪雅・索莫娃（Lydia Somova，中）和尼古拉・佩丘金（Nicholai Pechurkin，右）。后两位均来自俄罗斯科学院西伯利亚分院生物物理研究所（专门从事受控生态生命保障技术研究）

图 18－5　1996 年在伦敦林奈学会举办的第四届密闭生态系统与生物圈国际会议上部分发言者合影

后排从左到右：马克·米尔斯（Mark Mills）、赫夫林·琼斯（T. Heflin Jones）、克雷格·利顿（Craig Litton）、雷·柯林斯（Ray Collins）、作者尼尔森、约翰·艾伦（John Allen）、加里娜·涅奇泰洛（Galina Nechitailo）、尼古莱·佩丘金（Nicholai Pechurkin）、弗兰克·索尔兹伯里（Frank Salisbury）、莉迪亚·索莫娃（Lydia Somova）、罗杰·比诺（Roger Binot）、甘纳·梅列什科（Ganna Meleshko）、亚历山大·马欣斯基（Alexander Mashinsky）、谢尔盖·朱科夫（Sergei Zhukov）。前排从左到右：木部势至朗（Seishiro Kibe）、岩田努（Tsutomu Iwata）、叶甫根尼·谢佩勒夫（Yevgeny Shepelev）、阿比盖尔·艾林（Abigail Alling）、菲尔·达斯坦（Phil Dustan），莎莉·希尔维斯通（Sally Silverstone）和安德鲁·布瑞藤（Andrew Brittain）。未参加合影的发言者包括：吉兰·普拉斯爵士（Sir Ghillean Prance）、威廉姆·邓普斯特（William Dempster）和威廉姆·查洛纳（William Challoner）

18.4　生物圈 2 号的变化

直到我看到我们离开后的变化，我才完全意识到生物圈 2 号是多么地不同凡响和具有颠覆性（paradigm－shifting）。1996 年，当哥伦比亚大学接管该设施时，他们主要感兴趣的是研究二氧化碳浓度升高对我们建立的复杂生物群落系统的影响。

改变包括排除生活在生物圈 2 号中的人，因为他们想研究一个没有人的生物圈。没有人（作为实验的一部分）参与实验使其更符合当前的研究规范。为了客观，科学家需要保持距离并冷静地研究生物圈。

尤金·奥德姆（Eugene Odum）在给《科学》（*Science*）杂志的一封信中，提出在科学中采取新方法的理由：

科学界并不普遍理解这项冒险的使命。该实验的任务不是传统的、还原论的和以学科为导向的科学，而是一种全新而更为全面的生态系统科学，被称为“生物圈学”（biospherics）。生物圈 2 号封闭实验既是一种科学实验，也是一种人的实验。当你考虑到之前没有人在生物圈 2 号这样的规模上尝试过，而且我们对生物圈 1 号（地球）的工作方式又知之甚少，那么在今年秋天如果生物圈人在隔离 2 年后能够活着并健康地出来，则我们将取得一定成功。当然，这项实验将提高我们对人类 – 生物圈之间相互关系的理解，并有助于回答对于生命保障必须保护多少自然环境的问题，而且它将为下一次的改进设计提供基础。[9]

设计一个与生物圈兼容的技术圈或农业也不符合有价值的研究课题。尽管全球气候变化和温室气体浓度升高对粮食作物的影响令人担忧，但农业系统已被拆除。在农场曾经繁荣的地方，他们测试了不同二氧化碳浓度对棉白杨林地的影响。[10]

然后，为了分别研究每个生物群落，需要在这些生物群落之间安装隔板（如大型塑料板），从而减少它们之间的相互作用。为了便于这些研究，则生物圈 2 号作为一个密闭生态系统的生命就结束了。相反，该设施以“流通”（flow – through）的模式运行；按照所需浓度注入二氧化碳，并相应地排放大气。[11] 我私下哀叹“生物圈 2 号的缩小所造成的破坏”。然而，重要的研究将继续来自生物圈 2 号，而且我需要使自己适应该设施的新化身。

18.5 围绕生物圈 2 号的政治斗争

封闭实验结束之后，生物圈 2 号有几年是肮脏的科学政治的一个迷幻离奇之地。当我 1996 年访问时，展出的唯一照片是 1994 年第二次封闭实验的进驻人员。唯一提到第一次封闭实验的地方是，强调其缺乏食物和氧气并面临诸多生态问题，而没有对取得的任何成就或发现予以承认，并且除了“太空殖民地”之外，没有提到任何目标。几年后，这里出现了一些首批乘员的照片，但只有那些支持更换管理层的 4 个人的照片！这让我想起了历史上苏联曾经在对待宇航员的问题上发生过的一些类似闹剧……。

它变得很奇怪，几乎超出了你想象中的黑色喜剧讽刺作品。生物圈 2 号开放让游客进入里面参观，至少在 1999 年的一段时间里，你可以在没有导游的情况下四处走动。我惊讶地走进了“动物湾”，这是一个位于一楼的“翅膀”，曾经是山羊、鸡和猪的栖息地。这里，有一个关于汽车工业如何应对全球气候变化和其他环境威胁的“教育展览”，在中间，是一辆闪闪发光的汽车！

我起初以为是丰田先生终于实现了他想在生物圈 2 号内看到一辆车的愿望。然而，这不是他的公司的，而是沃尔沃公司的，因为它们给了哥伦比亚大学数百万的奖学金。该公司甚至被允许为待在生物圈 2 号所在地的哥伦比亚大学的学生协助开发“地球学期”（*Earth semester*）的课程。正如你们所料，这一安排引起了争议，因为它太过彰显公司的影响力。[12]

我漫步在栖息地走廊上，还在为生物圈 2 号成为汽车行业的广告而感到困惑。之后，我透过一扇新的橱窗向我住了两年的房间望去。外面的标牌上写着：这是贝恩德·扎波尔（Bernd Zabel）的房间，他是第二次 6 个月封闭实验期的生物圈人。然而，我没有被提及。

在生物圈 2 号书店，他们告诉我，我与盖伊和莎莉合著的关于生物圈 2 号的第一本书《玻璃下的生活：生物圈 2 号的内幕》（*Life under Glass*：*The Inside Story of Biosphere* 2）已经绝版。后来我得知，这本书被美国每家书店召回，约 2 000 册，这是以生物圈 2 号的新管理层为代价的，并被存放在距离生物圈 2 号几百码远的地方。我不得不威胁采取法律行动来控制这本书，以让它能够重新发行，并让外国翻译可以继续下去。在我们离开生物圈 2 号之前，当时有 3 名乘员在那里写下了第一手资料，因此很难改写历史！

哥伦比亚大学发布的新闻稿反映了我们自己的情况，关于生物圈 2 号提供的令人兴奋的潜力。但是，虽然他们自豪地说生物圈 2 号的工程是“世界级的”，但他们声称，在他们到达之前，没有任何值得做的科学。[13] 没有提到约翰·艾伦，也没有提到实际目标和早期封闭实验的结果。我们只是被视为太空疯子（space - nut）—20 世纪 60 年代的激进分子和/或新墨西哥州的演员。奇怪的政治和试图改写生物圈 2 号的历史促使我撰写了这本书。

我在达特茅斯学院（Dartmouth College）的本科学位包括哲学专业。所以，当我看到一种针对个人的错误论点时，我知道它是错误的。人身攻击不会抹杀某个人的工作成就或推理。但在今天的小报新闻文化中，人身攻击往往会取代真正的讨论。这是我决定在生物圈 2 号之后获得博士学位的一个促成因素吗？现在我的对手不得不叫我“尼尔森博士”。

我们是如何创造这个工程奇迹的，而更不用说生物多样的生物群落非常适合研究全球变暖的影响？这与外星人（ET）的传言正好相反：也许生物圈 2 号只是像不明飞行物（UFO）一样抵达亚利桑那州。或者，正如托尼·伯吉斯（Tony Burgess）所说，生物圈 2 号在亚利桑那州的沙漠中像蘑菇一样生长，直到被发现。[7]

18.6 太空生命保障

在生物再生生命保障方面，生物圈 2 号仍然是一条保持开放但尚未被走过的道路。生物圈 2 号创意团队中的部分人员自筹资金并建立了另一个封闭系统，即实验室生物圈（Laboratory Biosphere）。在全球生态技术公司（Global Ecotechnics Corporation）、生态技术研究所和生物圈基金会的联合经营下，我们于 2001 年至 2007 年在位于新墨西哥州的该设施中开展了这方面的研究。

中国在该领域处于世界领先地位，在北京拥有两种非常先进的设施。其中一种在北京航空航天大学，被称为“月宫 1 号”（Lunar Palace。全称为永久性天体基地生命保障人工密闭生态系统。Palace 是 Permanent Astrobase Life - support Artificial Closed Ecosystem 的缩写）。他们成功完成了包含 3 个人且为期 3 个半月的封闭实验，回收了废物，并种植了大部分需要的食物。[14,15] 另一种在中国航天员科研训练中心。这两个团队的目标都非常雄心勃勃，最终将达到与生物圈 2 号相当的规模，以用于长时间的封闭实验。这两个团队都获得了雄厚资金，期望在地球上获得应用以及为地外星球长期居住开辟空间。另外，欧洲航天局（ESA）的项目规模较小，被称为微生态生命保障系统替代方案（Micro – Ecological Life Support System Alternative，MELISSA），总部位于西班牙巴塞罗那自治大学。

18.7　科学方法

围绕生物圈 2 号的政治斗争在一段时间内是如此激烈，以至于当《生态工程》（*Ecological Engineering*）杂志委托将关于在该设施中开展研究的四期特刊以书籍出版时（1999 年，Elsevier 出版了一本书），他们有两位是来自对立阵营的联合编辑。其中一位编辑是布鲁诺·马里诺（Bruno Marino）博士，他是哥伦比亚大学开始管理该设施后的第一位研究主管，另一位是 H. T. 奥德姆（Odum），他支持该设施的初始目标。

奥德姆和马里诺指出了生物圈 2 号的各种用途，尤其提道：作为一种设施，或作为未来实验性生态设施的原型，像生物圈 2 号这样的大规模实验系统的时代已经到来。由于如此大规模设施的复杂性和成本巨大，因此生物圈 2 号可能会成为一个国家实验室，从而为所有研究地球科学的人员运行。[16]

科学的努力是广泛的：了解物质世界、自然和宇宙。然而，学生们通常只被教授一种方法：在实验中测试一种假设，以确定它是真或是假。这只描述了一种科学，而显然不包括观察科学。达尔文在一次环游世界的探险中，在其所到之处仔细观察了他遇到的植物和动物，因此对自然选择和进化有了深刻见解。通过观察的科学包括自然主义生态学、地球系统科学、地质学和天文学。这些和其他科学不可能总是将他们正在研究的东西减少到几个离散变量而进行实验。

生物圈 2 号是基于利用集成而整体的系统方法和大量详细的分析科学而被构建的。早期封闭实验引起的一些争议是由于分析方法与系统科学方法之间的巨大分歧所致。目前，强大得多的派别是分析论或还原论科学家。[7] 通过在非常小的基础水平上对自然的研究，则这种方法取得了巨大进步。但是，许多人质疑，仅此一种方法是否能够完全满足生态学的需要，因为生态学极其复杂，而且组织的多个向量和规模是固有的。分析科学家往往对系统方法不屑一顾，因为他们通常认为针对科学不需要多种方法，因为每种方法都会产生自己的见解和理解。

奥德姆在他的论文《生态工程的尺度》(*Scales of ecological engineering*) 中指出：当记者询问机构科学家（establishment scientist）——其中大多数是认可小尺度的化学家、生物学家和种群生态学家时，他们推崇小尺度的信条，即认为系统尺度的实验不是科学。然而，有些人建议利用生物圈 2 号，因为他们 60 年来一直利用培养室来研究小型植物，这具有很多重复，并将树木与二氧化碳联系起来以研究物种动态等。不过，你如何向致力于有机个体或种群尺度研究的人们解释，在生态中观世界尺度上（ecological mesocosm scale）更为重要的东西是整个自组织过程（whole self - organizing process）？生物圈 1 号和生物圈 2 号的真实世界有几个均共同相互作用的大小尺度。先验地讲，所有科学尺度可能都同等重要，但对于小尺度的研究资金很多，而对于与全球大气相关的足够大尺度的实验资金很少。除了播种和运行中观尺度系统外，没有确定的方法来测试中观尺度自组织的理论和模型。一种尺度上的科学无法验证下一种尺度上的科学。[17]

对分析和小尺度科学以及整体研究的偏见限制了科学与全球生物圈挑战的相关性。不仅如此，实施真正的跨学科研究以了解地球还很困难。盖亚假说（Gaia hypothesis）的共同创始人詹姆斯·洛夫洛克（James Lovelock）博士称之为“学术种族隔离”（*academic apartheid*）——一种阻碍不同学科科学家一起工作的制度障碍。[18]

为了设计生物圈 2 号，我们将科学家和工程师以及来自许多不同科学领域的研究人员聚集在一起。这需要成为一种新的科学范式的一部分，以使其在帮助我们向与生物圈的健康关系过渡方面发挥更大的作用。约翰·艾伦在伦敦林奈学会举办的第四届密闭生态系统与生物圈科学国际会议上的讲话中提出，需要用各种方法来研究复杂的生态系统：

在科学中，了解复杂系统的四种基本方法不易共存：①长期的自然主义观察、所观察到的规律性描述和部分分类。②分析研究对象的组成部分，制定限制性假设，然后尽可能保持所选部分以外的所有其他部分不变，之后测量由被测影响所引起的变化。③将复杂性作为不可再分的元素予以接受，然后寻找有组织的结构，这样能够使我们将实体视为一个整体来对其进行检查，以确定其特定的规律或规则。④将这三种综合后的方法以及工程测试原理一起放入一个操作模型中，以测试现有思维预测能力的有效性，并为新的观察提供坚实的基础。为了测试和扩展我们对生物圈的知识，我们利用观察、分析和构造的充分相互作用来制作一台工作装置（working apparatus），这就是我们创建生物圈 2 号的方法。研究地球生物圈是迄今为止遇到的最复杂的实体，因此需要协同应用这四种科学方法。[19]

就我个人而言，我觉得在 20 世纪 90 年代末访问生物圈 2 号很痛苦，这或许是我仍然与其生命系统有着太多情感联系的原因。我能感受到生物圈 2 号缺乏关心与爱护，它看起来孤独凄凉而疏于照料。一些生物群落看起来很痛苦哀伤。正如罗伊在回顾我们在内部的非凡经历时所指出的：

乘组人员能够以一种被称为“适应性管理”（adaptive management）的方式预防生态灾难。在生物圈 2 号内的两年经历非常符合奥德姆对“生态工程”（ecological engineering）的定义，即“轻管理”（light management），将人类设计和环境自我设计（environmental self - design）结合在一起，这样它们则能够相互共生。乘组人员将生物圈 2 号视为“我们的婴儿”。1993 年当我离开这一封闭系统时，生物圈 2 号是一个繁茂植物的世界，尽管有些物种已经灭绝，但这是一种常见于组织（self - organizing）岛屿的现象。[20]

我受到了一种象征意义的震撼，即在生物圈 2 号时代所进行的一个“流经”（flow - through）实验是测试松树在该设施的容器中死亡需要多长时间。这可能预示着美国西南部变暖的气候变化将带来令人不快的消息——将出现更多的干旱和更少的降雨。树木未被浇水，那么在干热的环境中会较快死亡，而在凉爽而潮湿的热带雨林中死亡则较慢。科学家们仔细测量并研究了树木的死亡情况。[21]

瑞贝卡·里德（Rebecca Reider）从原始团队中找到了约翰·艾伦（John Allen）和其他人，因为她很好奇为什么早期的历史被掩盖了。她在关于生物圈 2 号的书（*Dreaming the Biosphere: The Theater of All Possibilities*）中讨论了“主流科学”（mainstream science）（哥伦比亚大学）是如何在几乎没有关键媒体审查的情况下，从他们接管该设施的那一刻开始就获得了免费通行证的。然而，生物圈 2 号的创始者被视为了局外人（尽管是我们尊敬的咨询科学家和机构），并对突破传统障碍和建制科学（establishment science）的范式而感到不满。

里德简明扼要地分析了生物圈 2 号是如何打破四个不成文的媒体禁忌和科学的流行观的。

“科学”只能由官方科学家来执行，只有合适的高级牧师才能为其他人解释自然。“科学”与艺术是分离的（即思考的头脑与情感的心灵是分离的）。“科学”要求人与自然之间有一定整洁的智力边界；它未必涉及人类学习如何与其周围的世界共处。最后，“科学”必须遵循一种特定的方法：想出一个假设，测试它，并得到一些数字来证明你是对的。[7]

其中一些观念可以追溯到主流现代科学的演变过程中，就像“经验”与“实验”脱离一样。有像奥德姆（H. T. Odum）这样的少数人并未被争议所困扰，他们发表了自己的看法：

许多科学家认为生物圈 2 号的初期管理者由于缺乏科学学位而未得到训练，尽管他们已经从事了十年的预先研究项目，包括与从事封闭系统研究的俄罗斯人等国际社会的科学家进行过互动。科学史上有许多例子表明，非典型背景的人朝着新的方向前进，在这种情况下，用新的假设实施中观世界组织（mesocosm organization）和生态工程。[17]

这种对抗情绪最后总算平息了。2003 年，哥伦比亚大学退出了生物圈 2 号。几年后，在爱德华 · 巴斯（Edward Bass）的慷慨资助下，亚利桑那大学接管了该设施的管理与发展。现在，人们真正承认生物圈 2 号在其早期完成了重要的生态学研究。

18.8 部分重要历史数据缺失

我希望早期封闭实验的所有数据都被转换为现代数字格式，并通过互联网让国际科学界共享。但数据在哪里？亚利桑那大学生物圈 2 号负责人向我和同事保证，他们没有历史数据。

简单地接受这些重要数据已经消失的事实是可耻的。到目前为止，对封闭实验时代的数据只分析和发表了一小部分。在 CO_2 浓度升高的条件下开发了 4 年的粮食作物和生物群落的完整数据应该非常有趣，因为其深入了解了群落层面的反应、生物多样性变化和生态自组织等。与环境传感器数据相关的生物群落的详细演化对于所有类型的生态学研究来说都是前所未有的。尽管有少量关于大型群落的研究，但大多数气候变化研究都是在小型植物栽培室（phytotron）中进行的，其中一般只能包括一棵到几棵植株。[22]

关于受到密集监测的生物圈中观世界（biospheric mesocosm）代谢活动的生物圈 2 号数据仍然是一种重要和独特的资源，但大多数无法获取。我担心，由于忽视、无序状态（entropy）或者是曾经对生物圈 2 号早期工作表现出的政治和蔑视的副作用，该数据的部分或大部分抑或已经丢失。这些数据会很好地反映在与生物圈 2 号相关的每个人身上，并有助于展示利用该设施所开展的工作，这就使得人们很难理解它的消失。

当然，如果能够建立一所历史档案馆来保存和提供这些数据和纪录片（许多目前也没有），以展示该设施是如何创建的，那将是一件好事。亚利桑那大学科学图书馆显然是最合适的候选机构。可以说，从生物圈 2 号尚未开发的丰富数据中仍然可以获得丰富的知识。许多科学家渴望从这一独特而非凡的实验中获得完整的数据集。

当我参加生命保障空间会议时［我主持国际空间研究委员会（Committee on Space Research，COSPAR）大会中的“面向地球与空间应用的密闭生态系统”（Closed Ecological Systems for Earth and Space Applications）和“空间居住的创新方法”（Innovative Approaches to Space Habitation）等两个专题会议］，并向知识渊博的生态学家发表演讲，大家普遍认为生物圈 2 号是具有里程碑意义的开拓性项目。几年前，比尔·登普斯特（Bill Dempster）和我在北京月宫设施（Lunar Palace facility）所在地举行的生物再生生命保障会议上发表了主题演讲，我们被告知我们的工作在中国非常有名。中国的每个孩子都在学校的生态学课本上学习生物圈 2 号。

事实上，在这样一个最多样化的地区，有这么多人还记得生物圈 2 号是一个了不起的项目，这的确令人惊讶。然而，他们除了看到图像以外，很少有人知道详情。这也就激发了我要更加全面地讲述生物圈 2 号故事的愿望——它的目标和结果，以及它与我们的地球生物圈挑战的关联性。这是一个非常重要的故事而需要予以讲述与理解，并希望为将来的大型人工生物圈研究奠定基础。

18.9 生物圈 2 号新时代的重要研究工作

1996 年至 2003 年，在哥伦比亚大学运行生物圈 2 号期间，以及自 2007 年以来在亚利桑那大学的运营下，完成了一些重要研究，尽管该设施不再是一套密闭生态系统，也不再是一座全系统生物圈实验室（total systems biospheric laboratory）。

哥伦比亚大学为学生和研究人员建造了宿舍。在该设施处所开的课程吸引了来自 200 多所国际大学和美国大学的学生。生物圈 2 号的创造者曾梦想有一天在该地建立一所生物圈大学。哥伦比亚大学发起面向学生和公众的教育项目，而亚利桑那大学正在继续这一项目，以使之逐步成为现实。

早期，关于棉铃树对不同高 CO_2 浓度反应的研究取得了重要成果。参与该研究的哥伦比亚大学植物生理学家拉梅什·默西（Ramesh Murthy）教授，提出了在生物圈 2 号内进行这项研究的理由："我们可以测量进入和离开栽培室的物质。我们可以利用这些棉铃树来开发模型，从而预测二氧化碳和其他大气化合物的去向。与在真正的森林中不同，我们可以控制这里的条件。这意味着我们可以做在真实森林或一般实验室中无法完成的实验，因为它们缺乏控制。"[10] 令人惊讶的是，该实验使在整个树林而不是单个树木或甚至是单片叶子的水平上开展研究成为可能。[23]

另外，甚至更为重要的研究结果来自生物圈 2 号生物群落区的研究，其利用了生物多样性和可能的载体进行操作。这项研究中的许多方面出色地结合了分析与整体系统科学。他们没有因为专注于一棵树或甚至是树上的一片叶子而失去森林。这些研究以及亚利桑那大学目前正在进行的研究均表明，生物圈 2 号的确有助于使生态学在更大程度上成为一门实验科学。

几年来，关于生物圈 2 号的海洋研究证明了持续全球气候变化将导致大气 CO_2 浓度升高和酸化，并由此所带来的恶劣影响。在大气 CO_2 浓度分别为 200 ppm、350 ppm、700 ppm 和 1 200 ppm 条件下对珊瑚礁分别开展了研究。研究结果表明，与 20 世纪 90 年代地球大气中的 350 ppm 浓度相比，珊瑚在最低浓度（200 ppm。可能与末次冰期的地球的大气 CO_2 浓度相似）下的生长速度提高了一倍。700 ppm 的浓度可能在 2100 年或更早时达到，珊瑚生长又下降了 20% 至 40%，这可能使珊瑚礁更容易受到其他降解作用的影响。在大气 CO_2 浓度为 1 200 ppm时，珊瑚生长下降了 90%。[24,25]

美国国家科学院（National Academy of Sciences）前院长弗兰克·普莱斯（Frank Press），利用生物圈 2 号中高度可控的海洋中观世界（ocean mesocosm）而描述了大气和海洋之间的这些相互作用："这是人类对地球影响的第一次明确的实验确认。"[26]

同样，关于生物圈 2 号陆地生物群落的研究表明，随着大气 CO_2 浓度升高，植被生长会达到饱和点，如浓度再进一步升高则植被无法吸收更多。生物圈 2 号中热带雨林和沙漠生物群落在整个系统响应方面的显著差异，"说明了大规模实验探索在复杂全球变化问题研究中的重要性"。[27]

另一组实验批判性地检验了热带雨林随着大气 CO_2 浓度的增加将继续吸收 CO_2 的假设。研究人员对生物圈 2 号热带雨林中的大气 CO_2 浓度进行了控制，因此在长达两年的时间内可以在 400 ppm、700 ppm 和 1 200 ppm 的浓度下研究其光合作用和呼吸作用。结果表明，如平常那样简单地测量树叶会大大高估森林吸收 CO_2 的能力。整个生态系统表现不同。研究结果表明，即使在几十年内，热带森林吸收 CO_2 的速率将开始下降。但如果大气浓度继续上升，则这种减速将加快。[28,29]

哥伦比亚大学离开生物圈 2 号后，有一段时间，看似该设施可能会被拆除而用于高端住宅开发。事实比小说更离奇，它们被称为"生物圈庄园"（Biosphere Estates）。从某种意义上说，此后该计划运行 100 年的生物圈 2 号实验仍在运行，该设施仍在给我们上课。这种前景为我们的全球生态危机提供了一个黯淡的注释。我看到了头条新闻："生物圈被认为是一个令人头痛和不便的地方。""拆除生物圈以改善富人住宅的视野"。而且，《纽约时报》刊登的头条新闻甚至更能说明问题："无计划地逃离亚利桑那州的生物圈"（Sprawl Outruns Arizona Biosphere）。[30]

18.10 亚利桑那大学针对生物圈 2 号的研究

亚利桑那大学大胆介入，以确保生物圈 2 号将继续成为教学场所。它自 2007

年以来一直在管理该设施，其间开发了新的研究和教育项目。2011 年，该大学拥有全部所有权。正像在早些时候协助哥伦比亚大学的管理层时一样，爱德华·巴斯（Edward Bass）通过向亚利桑那大学提供大量捐赠和捐款，再次证明了他对该设施的支持。

生物圈 2 号进入一个全新的时代。亚利桑那大学开发了一个强大的研究项目，即利用了一些现有的生物群落，并开发了雄心勃勃的新项目。其中心项目是建立景观演变观测站（Landscape Evolution Observatory，LEO）。该项目占据了研究农业的空间，因此是世界上最大且最跨学科的地球科学实验。3 个人工景观的复制品将允许对土壤、地质学和生物群落的演变进行研究。LEO 将深入了解全球气候变化对水资源和干旱生态系统的影响。随着系统的成熟，由 1 800 支传感器和采样点组成的令人印象深刻的阵列将实现精确监测。[31]

在生物圈 2 号热带雨林研究方面，持续产生了重要的科学成果。反映气候变化下预期外部变化的干旱、高温和高 CO_2 浓度实验，将测试整个热带雨林和单个树木如何改变其水循环和碳动态。将这些研究与关于自然热带雨林中的研究进行了比较，如巴西和秘鲁的亚马孙河流域。[32]

亚利桑那大学正计划将生物圈 2 号的海洋转变为基于沙漠海（Desert Sea，墨西哥科特斯海，也被称为加利福尼亚湾）模式的海洋。原始珊瑚礁在哥伦比亚大学离开和亚利桑那大学占有期之间遭遇了忽视。沙漠海可能是一种更容易得到维护的生物群落，而且其丰富的生物多样性包括亚热带而非热带珊瑚礁。新的海洋设计将包括潮下带和潮间带。目前，正在进行的准备工作包括将当前的海洋化学与天然海洋化学相结合，以去除过量的藻类。[33]

目前，正在对生物圈 2 号及其相关的宿舍和其他建筑开展研究，以测试降低能源成本和用水的新方法。这包括测试在具有挑战性的陡坡地形上的太阳能电池板，开发新型微电网以最大限度地提高可再生能源发电机的效率，并安装绿色屋顶以减少建筑和城市的能源成本。[34,35]

亚利桑那大学的微量气体实验室正在开发温室气体测量的新方法。关于临界区（critical zone。地球表面被形成的地方）的研究正在生物圈 2 号生物群落和 LEO 内以及附近区域外进行，该区域是国家临界区天文台网络的一部分。[36,37]

亚利桑那大学自豪地支持一个重要的“生物圈 2 号驻地艺术家”计划。由此产生的艺术、照片、视频和表演装置等扩大了该设施的影响，包括雕塑、令人惊叹的建筑、图标、象征、神话和奥秘等。

当我们建造生物圈 2 号时，人们告诉我们，我们比它的时代早了 50 年。那可能还是没错，但 20 多年后的今天，人们意识到我们现在有多么需要利用它来开展研究。自该设施被设计和运行以来，人们的生态意识发生了迅速的变化。然而，对全球生物圈的攻击也是如此。可以毫不夸张地说，我们是在进行一场比赛，这对我们的健康和我们生物圈的健康来说是前所未有的。

看到生物圈 2 号在亚利桑那大学的领导下蓬勃发展，着实令人感到欣慰。看到那里正在进行的研究，以及宏伟的建筑不断给游客带来的灵感，则完全可以说生物圈 2 号仍在继续发挥着唤醒我们的作用。

参 考 文 献

[1] NELSON M. The Wastewater Gardener: Preserving the Planet One Flush at a Time [M]. Santa Fe, NM: Synergetic Press, 2014.

[2] NELSON M, et al. Worldwide applications of wastewater gardens and ecoscaping: decentralised systems which transform sewage from problem to productive, sustainable resource [M]//MATHEW K, DALLAS S, HO G. (Eds.) Water and Wastewater Systems. London: IWA Publications, 2008: 63 – 73.

[3] ALLEN J, SNYDER D, and GRAY K. Relating a conversation with R. Walford, personal communication [Z]. 1998.

[4] POPPICK L. Meet the couple who could be the first humans to travel to Mars [EB/OL]. (2014 – 07 – 10). https://www.wired.com/2014/07/paragon – profile/.

[5] A biospherian's work is never done[EB/OL]. (2005 – 06 – 29). http://www.tucsonlocalmedia.com/iniport/aiticle _ ed9bf835 – f7c4 – 5d5c – albl – abe4e0a42cf2. html.

[6] Current conservation and research projects[EB/OL]. (2017 – 06 – 10). http://biospherefbundation.org/current – conservation – projects/.

[7] REIDER R. Dreaming the Biosphere [M]. Albuquerque: University of New Mexico Press, 2009.

[8] Special issue on Fourth International Symposium on Closed Ecological Systems: Biospherics and Life Support [J]. Life Support and Biosphere Science, 1999, 4 (3-4): 87-181.

[9] E. P. Odum. Biosphere 2: a new kind of science. Science, May 14, 1993, 878-879.

[10] COHN J P. Biosphere 2: turning an experiment into a research station [J]. BioScience, 2002, 52 (3): 218-223.

[11] MARINO B D V, ODUM H T. Biosphere 2: introduction and research progress [J]. Ecological Engineering, 1999, 13 (1999): 3-14.

[12] ARENSON K. On campus, a gift Volvo spotlights questions about the Company's involvement in columbias environmental education programs[EB/OL]. (1999-04-21). http://www. nytimes. com/1999/04/21/nyregion/campus-gift-volvo-spotlights-questions-about-company-s-involvement-Columbia-s. html.

[13] BROECKER W. The Biosphere and me[EB/OL]. http://www. geosociety. org/gsatoday/archive/6/7/pdf-il052-5173-6-7-sci. pdf.

[14] Second batch of volunteers enter China's Lunar Palace [N/OL]. China Daily, 2017-07-10. http://www-chinadaily. com. cn/china/2017-07/10/content_30058251. htm.

[15] DAVID L. China's Lunar Palace for space research tested on earth[EB/OL]. (2014-06-16). http://www. space. com/26267-china-lunar-palace-space-research-mission. html.

[16] ODUM H T, MARINO B V D. Biosphere 2 Research, Past and Present [M]. 2nd ed. Netherlands: Elsevier Science, 1999.

[17] ODUM H T. Scales of ecological engineering [J]. Ecological Engineering, 1996 (6): 7-19.

[18] LOVELOCK J. Gaia: a New Look at Life on Earth [M]. Oxford: Oxford University Press, 1979.

[19] ALLEN J. Biospheric theory and report on overall Biosphere 2, design and performance during mission one (1991 – 1993)[J]. Life Support and Biosphere Science, 1997, 4 (3 – 4): 95 – 108.

[20] WALFORD R L. Biosphere 2 as voyage of discovery: the serendipity from inside [J]. BioScience, 2002, 52 (3): 259 – 263.

[21] ADAMS H D, et al. Temperature sensitivity of drought – induced tree mortality portends increased regional die – off under global – change – type drought [J]. Proceedings of the National Academy of Sciences, 2009, 106 (17): 7063 – 7066.

[22] ELLSWORTH D S, et al. Photosynthesis, carboxylation and leaf nitrogen responses of 16 species to elevated pCO_2 across four free – air CO_2 enrichment experiments in forest, grassland and desert [J]. Global Change Biology, 2004 (10): 2121 – 2138.

[23] GRIFFIN K L, et al. Leaf respiration is differentially affected by leaf vs. stand – level nighttime warming [J]. Global Change Biology, 2002, 8 (5): 479 – 485.

[24] LANGDON C, et al. Effect of calcium carbonate saturation state on the calcification rate of an experimental coral reef [J]. Global Biogeochemical Cycles, 2000, 14 (2): 639 – 654.

[25] LANGDON C, et al. Effect of elevated CO_2 on the community metabolism of an experimental coral reef [J]. Global Biogeochemical Cycles, 2003, 17 (1): 1011.

[26] HARRIS W C, GRAUMLICH L J. Biosphere 2: sustainable research for a sustainable planet[EB/OL]. [2017 – 06 – 12]. http://www.columbia.edu/cu/21stC/issue – 4.1/harris.html.

[27] LIN G, et al. Ecosystem carbon exchange in two terrestrial ecosystem mesocosms under changing atmospheric CO_2 concentrations [J]. Oecologia, 1999, 119 (1): 97 – 108.

[28] LIN G, et al. An experimental and model study of the responses in ecosystem exchanges to increasing CO_2 concentrations using a tropical rainforest mesocosm [J]. Australian Journal of Plant Physiology, 1998, 25 (5): 547 – 556.

[29] LIN G, et al. Sensitivity of photosynthesis and carbon sinks in world tropical rainforests to projected atmospheric CO_2 and associated climate changes [C] // Proceedings of 12th International Congress on Photosynthesis, 2001.

[30] BERNSTEIN E A. Sprawl outruns Arizona's biosphere[EB/OL]. (2006 - 05 - 28). http://www.nytimes.com/2006/05/28/realestate/28nation.html? oref = slogin.

[31] Landscape evolution observatory[EB/OL]. [2017 - 06 - 15]. http://biosphere 2. org/research/projects/landscape - evolution - observatory.

[32] Rainforest drought [EB/OL]. [2017 - 06 - 15]. http://biosphere2. org/research/proj ects/rainforest - drought.

[33] Desert sea [EB/OL]. [2017 - 06 - 15]. http://biosphere2, org/research/projects/desert - sea.

[34] Rockubators[EB/OL]. [2017 - 06 - 16]. http://biosphere2. org/research/projects/rockubators.

[35] Model city: Biosphere 2 serves as a model city for energy and water management innovations[EB/OL]. [2017 - 06 - 17]. http://biosphere2. org/research/model - system/model - city.

[36] Trace Gas Laboratory[EB/OL]. [2017 - 06 - 16]. http://biosphere 2. org/research/laboratory/trace - gas - laboratory.

[37] Critical Zone [EB/OL]. [2017 - 06 - 12]. http://biosphere2. org/research/themes/critical - zone.

结语 一个巨大变革的时代

1. 重大时刻

我们是在一个非常令人不安的时刻开始了解地球生物圈的。在不到300年的时间里，工业革命愈演愈烈，并在全世界蔓延，已在各地产生了意想不到的后果。

显然需要采取一些行动。我们需要减缓、停止并最终扭转温室气体对我们大气层的影响。否则，对生态系统的影响、我们海洋的酸化和变暖、极端天气事件的增加，以及人类对我们生物圈的其他影响，将导致一种真正可怕甚至不可预测的近期和远期未来。

我们的未来并非是被预先决定的。现在当然还不晚。我们不能等待未来，而是必须创造未来。并非一切都是阴郁和厄运。许多早期的积极趋势和变化可以扭转对我们生物圈未来的威胁。也许比技术进步更重要的是意识的变化，即如何理解我们与自然的关系。

2. 范式正在改变

托马斯·库恩（Thomas Kuhn）在他的《科学革命的结构》（*The Structure of Scientific Revolutions*）一书中指出，真正的突破并不是通过对理解世界的现有方式进行符合逻辑并循序渐进的改进来实现的。当新范式取代不充分的旧范式时，突破会以阵发性的方式出现。[1]范式是模型，是“一组假设、概念、价值观和实践，其构成了共享它们的社会看待现实的方式”。[2]

关于我们生物圈关系的现代主流范式是功能失调和错误的。当我们知道整个地球都是我们的家时，“不在我家后院”的想法就会扩大。加拿大魁北克液压破裂法（fracking）的反对者说“pas ici，pas ailleurs!”——不在这里，不在任何地方![3]我们共有一个大气层和全球水循环，所以一个地区发生的事情影响着我们所有人。

由于工业的力量、不断增长的人口、对更好生活条件的需求以及导致生态和人类健康危机不可被忽视的技术圈，因此迫切需要新的范式。千年生态系统评估机构（Millennium Ecosystem Assessment）发现，全球60%的生态系统服务呈现退化或使用超过了替代率。[4]哈佛大学生物学家威尔森（E. O. Wilson），大胆呼吁地球上一半的生态系统应被保持原状，并在必要时使之恢复健康，以便我们保护生物多样性，而不要去冒破坏关键生物圈功能的风险。[5]

3. *在人类世中成长*

在人类世（Anthropocene）的早期，人类的行为就像一个有着新玩具的孩子。那些逐渐转向煤炭、石油和天然气而为我们的工业和生活提供动力的人几乎没有意识到，他们所做的远不止是使我们摆脱了水车、风车和帆船的局限性。大烟囱喷出这些化石燃料的黑色副产品，当初这被视为是进步和富裕的象征。

马克斯·普朗克（Max Planck）发明了量子理论而彻底改变了物理学。他指出：“一个新的科学真理并不是通过说服对手并让他们看到光明而取得胜利，而是因为它的对手最终会死去，而新一代熟悉它的人会长大。”[6]

世界各地的年轻人比他们的长辈更明白需要新的方法。他们并不认为我们的技术圈必须依赖不可再生和破坏生态的资源、我们的粮食必须采用化肥和杀虫剂来种植或者我们必须忍受污染的空气和水。在做出这一决定的国家，转向风能和太阳能的进程相当迅速。然而，在其他国家，进展要慢得多，因为在这些国家，大公司及其政府盟友的强大利益关系极力否认气候变化等现实，并夸大了向无污染可再生能源转变的经济成本和扰乱程度。

生物圈范式的转变与源于“新自由主义”（neoliberalism）和自由市场经济的强大思想体系背道而驰。[7]他们认为市场力量将解决任何环境问题的前提并不成立，而且没有理由相信它在未来会奏效。

范式转变的例证是关于人类与生物圈之间新关系的相关术语。代际正义（intergenerational justice）强调在不损害后代满足其需求能力的情况下满足当前需求。[8]令人鼓舞的是，“可持续发展”这一术语被广泛使用，尽管人们对其含义感到困惑。“可持续”在20世纪90年代初并没有被人们谈论或思考得太多，否则，我们对在生物圈2号中种植作物、循环水和设计保障生命的技术圈的方法进行解释时会提到它。

虽然我们可能并不确切知道什么是可持续的，但很明显，“一切照常”的许多方面是不可持续的，并让我们的世界变得更糟。我们需要新的经济范式，因为传统经济学仍然将共享资源和环境视为“外部效应”（externality。又被称为溢出效应）——由于处于外部环境，因此其不被包括在经济分析中。除非要求污染者为清理和破坏生物圈买单，否则他们没有改变经济的动机。

生态经济学（ecological economics）强调生态系统与人类经济的相互依存和协同发展。这一扩展的思考方法重视“自然资本”（natural capital），即我们生物圈的健康，它提供了如此多的关键免费服务，并维持其生命保障的能力。[9-11]

4. 获得财富与福祉的真正措施

真正的财富和人类福祉不是用国民生产总值来衡量的。由于金钱易手，因此每一次事故、疾病和污染都会导致国民生产总值的增长。是真正的财富，而不是金钱，能够使我们在重建世界的同时过上充实的生活。地球上的每个人都可以分享这种真正的财富，因为我们生活在一个丰富的星球上，我们刚刚学会与之成功融合。新的健康和财富指标包括经济合作与发展组织（OECD）的“美好生活指数”[12]和联合国/世界银行的“包容性财富”，将当前的经济矩阵（economic matrix）扩大而包含了自然资本。[13]有的国家领导人声称，他对国家的国民幸福总值比对国民生产总值更感兴趣。[14]

我们必须在健康的经济和健康的环境与生物圈之间做出选择，这是一个错误和危险的假设。开拓性的“成长上限模式”（Limits to Growth）研究指出，在一个有限系统（地球生物圈）中指数增长的环境不可能性。[15]在1992年出版的《超越极限》（*Beyond the Limits*）一书中，他们认为，尽管世界在某些领域已经达到“过调量”（overshoot），但在恢复环境健康的同时，为每个人提供福利是可能的。要做到这一点，需要成熟、同情和正义。提高我们的生活质量必须取代生产的物理扩张。[16]

生态学和经济学这两个词源于古希腊语“*oikos*”，意思是房子或家庭。在新范式中，它们是互补的。任何摧毁其房屋和自然资本的经济体系都是自我毁灭的，因此是短命的。可以说很难将生物圈的某些方面转化为货币。

估计大自然每年为我们免费提供 33 万亿~140 万亿美元的服务。这使得自然界大约相当于或 3 倍于传统确定的世界国民生产总值。这些研究有助于改变我们的世界观。他们强调了以前被忽视的自然资产和服务——是人类福祉的基础，并强调了我们与生物圈健康的相互依存关系。[17]

对生物圈的虐待已经产生了可怕的后果，如果再不改变我们的行为，后果将更加严重。当时在生物圈 2 号中，我看到了对 20 世纪 90 年代早期非洲撒哈拉沙漠的撒黑尔（Sahel）饥荒的广泛报道，但没有提及环境退化是罪魁祸首。同样，很少将难民危机与根本原因联系在一起。[18] 与气候变化相关的多年严重干旱和水资源短缺促成了叙利亚内战。[19] 1995 年时的 2 500 万环境难民到 2020 年可能会增加到 5 000 万，如果气候变化不减缓，到 2050 年可能会有 1.5 亿环境难民[20]。

5. 技术圈再设计

目前使用的技术通常既没有效率也没有强制性。工业革命大大提高了世界大部分地区的生活水平和预期寿命。但在经济和范式的驱动下，其自然资源被认为即使不是无限的也是丰富的，因此许多行业选择了相对粗糙的方法。污染和废物未被考虑在内，因为它们都被释放到我们的公共用地。

我嘲笑“解决污染的办法是稀释”这一工程口号，认为它早已过时。其他研究生告诉我，从环境工程科学大楼内的系统生态工程角走下大厅，教授们仍在教用那个口号。有污染问题吗？有一个简单的解决办法，把烟囱建得更高，并把污水管再伸进海里几英里。这推迟了对技术圈的重新设计，因此刚开始时不会造成污染。

许多工程师和科学家认为，资源的利用效率可被提高 5 ~ 10 倍，从而减少 80%~90% 的资源消耗。[21] 这将极大地改变自然资源的使用与商品生产和服务之间的关系。

由于工程师们已经应对了在生物圈 2 号中设计生命保障技术圈的挑战，因此这可以在我们的全球生物圈中实现。而且，向“循环经济”（circular economy）的转变强调零废物和零排放技术正在显示出经济效益。设计工业生态系统的范式转变——其中一个制造过程中的废物（任何副产品）是对另一个过程的输入物，也被正在付诸实践。[22]

关于小规模、有机和更自然的食品生产方式无法养活世界的农业经济争论日益受到质疑。联合国贸易与发展会议（UNCTD）呼吁凭借其能源和资本密集型的方法，使“生态集约化”（ecological intensification）范式转变而取代绿色革命。世界农业问题不会仅仅通过调整当前的生产方式而得到解决。世界上70%的营养不良人口是贫穷的农民和农业工人，这使他们能够在传统做法的启发下整合新的方法，包括农林复合经营、整合作物与动物饲养、纳入野生植被区域并更好地利用有机和传统肥料（包括在生物圈2号中实行的封闭营养循环），这被视为给全世界带来粮食安全的最佳途径。[23]

农业家庭和社区必须获得社会尊重并赚取足够的钱，以提高其生活水平和受教育的机会，特别是对女性而言。这对减少人口也至关重要。[24]加强健康而生态密集型农业反映了对无化学品和当地农产品的快速增长需求。虽然全球有机农业目前只占总耕地的1%，但其增长很快。农民看到了化学农业的高成本正在转向少耕和更自然的耕作方式。有机认证系统在160多个国家运作，其中有10个国家的有机生产率每年增加10%以上。[25]

6. 照顾地球号宇宙飞船上的每个人

在生态运动开始之际，巴克明斯特·富勒（Buckminster Fuller）将地球及其生物圈强烈地想象为“地球号宇宙飞船”（Spaceship Earth）。他预见到“少费多用”（ephemeralization）——少花钱多办事——至关重要的是进行全面而具有前瞻性的设计、智能地重组我们的技术圈并摒弃过时的思维，从而支持新的范式。

尽管地球确实是由生命组成的，但我们人类还没有弄清楚如何管理自己。地球号宇宙飞船既没有操作手册也没有保修单。因此，在我们这个联系越来越紧密的世界里，我们必须采取行动，以便让所有人都受益。富勒预言：“必须是每个人或没有人。”[26]

如果我们勇敢地迎接挑战，发达国家和富裕国家将帮助贫穷国家使用生态上合适且碳中和度更高的可再生能源来提高他们的生活水平。这是我们的气候债务（climate debt）——让贫穷国家因气候变化而受苦是不公平的，因为它们并没有造成气候变化。[27]当然，也不能要求它们放弃发展而有助于生物圈健康。

由于风力发电和太阳能发电成本的急剧下降，因此与经济产出相关的CO_2排放量正在以高于预期的速度减少。2014年标志着世界经济首次在没有增加温室气体排放的情况下出现增长。尽管这远未达到所需的大幅度下降，但这是一种充满希望的趋势。[28]

一些新的太阳能设施在经济上与化石燃料具有竞争力，并可能在 10 年内完全具有竞争力。[29] 发展中的贫穷国家可能在很大程度上绕开化石燃料驱动发电的这一情况，即使按底线计算，现在看来也是可能发生的。[30] 这将反映出有多少这样的国家直接使用手机，从而绕开了更昂贵和消耗资源的固定电话线。碳税将更准确地为我们目前使用的化石燃料定价，因为化石燃料对生物圈的破坏仍然是一种未交代清楚的“外部效应”（externality）。

我们需要一项马歇尔计划规模的援助计划，以帮助更贫穷的发展中国家向可再生经济过渡。这是一个优先问题：在 2008 年紧急财政救助后，发现了数万亿美元来支撑华尔街的大银行。2012 年，世界年度军费支出超过 1.7 万亿美元，约占世界国民生产总值的 2.5%。[31]

2006 年，提交给英国政府的斯特恩报告预测，如果气候变化得不到遏制，则全球将遭受巨大的经济损失。他们得出的结论是，每年的支出将达到 1 万亿～2 万亿美元（占世界国民生产总值的 1%～2%），其中包括从富裕国家转移到发展中国家的费用，这即使从纯经济分析来看也是有道理的。[32] 鉴于此，迫切需要尽快投资以向后化石燃料经济过渡。我们等待的时间越长，损害就越严重，且投资就越昂贵。但是，当社会认定某件事真正重要时，那是可以做到的[33]。

7. 自然缺失症

与生物圈建立再生和愈合关系的转变将改善我们的福祉。在我们日益城市化的世界中，“自然缺陷障碍”（nature deficit disorder）也许可以解释为什么如此多的人发现他们的生活不令人满意，即总觉得缺少一些东西。[34] 这种与自然的分离可能会导致许多精神和身体障碍。城市中公园、绿地和粮食生产的扩大，是一种多赢局面。城市公园和城市农业使人们更容易获得大自然的乐趣、提高空气质量、减少温室气体并提供新鲜食物。[35]

我在澳大利亚珀斯默多克大学举办的题为“城市是可持续生态系统”（Cities as Sustainable Ecosystems）的一次联合国会议上，提交了一篇关于人工湿地生态污水处理技术的论文。研讨会帮助我掌握了城市作为世界经济的主要驱动力的力量，包括它们的食品、水、能源、交通和通信需求。虽然城市面积只占地球土地面积的2%，但却占到人类温室气体排放量的78%，木材使用量的76%以及用水量的60%。

通过环境友好型建筑、可再生能源发电、良好的公共交通、就地和附近的食品生产以及污水的生态处理来绿化我们的城市，这对他们自身来说是有益的，同时也减少了负面的环境影响。

另外，当我写的一篇科学论文的审稿人向我提出挑战，要我证明生活在一个美丽的绿色世界对生物圈人的心理有益时，我发现了许多支持这一常识的证据。[36]例如，园艺疗法（horti - therapy）是一个新兴领域，其应用人类一直知道的——照顾绿色植物和在花园里花时间可获得健康与幸福。[37]因此，治愈和绿化我们的世界将帮助我们治愈自己。

8. 进人实验

我对“进人实验”的前景仍持乐观态度。人类造成的问题也可以由人类解决。我的乐观在很大程度上来自我的生物圈2号经历，它让我懂得每一个行动，即便很小，都是重要的。如果我们放弃希望，我们就不再激励自己采取积极的行动。这不是“愚蠢的乐观主义”，后者忽视了支持现有事物秩序的力量和惯性。我的乐观不仅仅是寻求避免生物圈崩溃。

我们生物圈人在生物圈2号中所面临和克服的挑战也给了我希望。我们没有为了种植更多的食物而破坏我们的荒野生物群落。我们没有相互破坏，也没有对内部的生命即我们的生命保障系统造成伤害。无论发生什么事情，我们都继续完美地合作。我们知道，有更高的价值观和必需品使我们团结在一起。

在项目实施的早期，卡尔·霍奇斯（Carl Hodges）帮助发明了“生物圈人”（biospherian）一词，这比“生物航天员”（bionaut）或“生态航天员”（econaut）要好多了。他说，生物圈人不仅是生活在生物圈中的人，而且是完全了解生物圈的人。[38]我怀疑人们是否能够完全理解任何生物圈，但我同意我们应该通过增加理解及塑造我们的行为来称自己为地球生物圈人（Earth biospherian）。

马丁·路德·金（Martin Luther King）曾经说过：“我们可能是分船来的，但现在我们都在同一条船上。”[39]我们知道在生物圈2号中，它就是我们的生命之舟，它把我们团结成了一个工作组，即一个团队。我看到全世界越来越欣赏我们人类在一条共享的生命船上，无论我们的出身和环境如何。当我们意识到与彼此和我们的全球生物圈共同生活的必要性时，则最终可能会推动我们人类集体智慧的进一步发展。

永远记住我们有盟友。正如我们在生物圈2号中令人难忘地学到的那样，我们是生物圈的一部分，无论是身体还是精神都是如此。该生物圈就在我们这边。[40]

参考文献

[1] KUHN T S. The Structure of Scientific Revolutions [M]. Chicago: University of Chicago Press, 1970.

[2] American Heritage® Dictionary of the English Language [M/OL]5th ed. New York: Houghton Mifflin Harcourt, 2011. http://www. thefreedictionary. com/paradigm.

[3] International press release to support citizens in the fight against fracking in In Salah (southern Algeria) [EB/OL]. (2015 - 03 - 27). http://www. amisdelaterre. org/Coinmunique - international - de. html.

[4] BARBIER E. Account for depreciation of natural capital [J]. Nature, 2014, 515: 32 -33.

[5] WILSON E O. Half - Earth: Our Planet's Fight for Life [M]. New York: Liverlight, 2016.

[6] Max Planck[EB/OL]. [2017 - 08 - 05]. http://en. wikiquote. org/wiki/Max_Planck.

[7] SPRINGER S, BIRCH K, MACLEAVY J. The Handbook of Neoliberalism [M]. New York: Routledge, 2016.

[8] World Commission on the Environment and Development. Our Common Future [M]. Oxford: Oxford University Press, 1987.

[9] JEROEN C J, VAN DEN BERGH M. Ecological economics: themes, approaches, and differences with environmental economics [J]. Regional Environmental

Change, 2001, 2 (1): 13 –23.

[10] JUNIPER T. What has Nature ever Done for Us: How Money Really Grows on Trees [M]. Santa Fe, NM: Synergetic Press, 2013.

[11] HAWKEN B, LOVINS A, LOVINS H. Natural Capital: Creating the Next Industrial Revolution [M]. New York: Simon and Schuster, 1999.

[12] OECD Better Life Index[EB/OL]. http://www. oecdbetterlifeindex. org/.

[13] UnU – iHDP and UNEP inclusive wealth report 2012: measuring progress toward sustainability [R]. Cambridge, MA: Cambridge University Press, 2012.

[14] Bhutan's gross national happiness index[EB/OL]. [2017 – 09 – 13]. http://www. ophi. org. uk/policy/national – policy/gross – national – happiness – index/.

[15] MEADOWS D H. The limits to growth: a report for the club of Romes Project on the predicament of mankind [M]. New York: Universe Books, 1972.

[16] MEADOWS D H, MEADOWS D L, RANDERS J. Beyond the limits: confronting global collapse, envisioning a sustainable future [M]. Post, VT: Chelsea Green Books, 1992.

[17] COSTANZA R, et al. Changes in the global value of ecosystem services [J]. Global Environmental Change, 2014, 26: 152 –158.

[18] GLEICK P H. Water, drought, climate change, and conflict in Syria [J]. Weather Climate and Society, 2014, 6 (3): 331 –340.

[19] MEYERS N. Environmental refugees: a growing phenomenon of the 21st century [J/OL]. Royal Society, 2002, 357 (1420): 609 – 613. http://www. ncbi. nlm. nih. gov/pmc/articles/PMC1692964/pdf712028796. pdf.

[20] VIDAL J. Global warming could create 150 million 'climate refugees' by 2050 [EB/OL]. (2009 – 11 – 02). https://www. theguardian. com/environment/2009/nov/03/global – warming – climate – refugees.

[21] VON WEIZSACKER E U, HARGROVES C, SMITH M H, et al. Factor Five: Transforming the Global Economy through 80% Improvements in resource productivity [M]. New York: Routledge, 2009.

[22] Industrial ecology[EB/OL]. [2017 – 09 – 03]. http://www. gdrc. org/sustdev/

concepts/16 - 1 - eco. html.

[23] UNCTAD. Trade and environment review 2013, wake up before it's too late: make agriculture truly sustainable now for food security in a changing climate [EB/OL]. http://unctad. org/en/PublicationsLibrary/ditcted2012d3_en. pdf.

[24] GHOSE T. The secret to curbing population growth[EB/OL]. (2013 - 04 - 29). http://www. livescience. com/29131 - economics - drives - birth - rate - declines. html.

[25] Research Institute of Organic Agriculture. The world of organic agriculture, statistics and emerging trends 2014[EB/OL]. https://www; fibl. org/fileadmin/documents/shop/1636 - organic - world - 2014. pdf.

[26] FULLER R B. Operating Manual for Spaceship Earth [M]. New York: Simon and Schuster, 1969.

[27] ClimateDebt. org[EB/OL]. [2017 - 09 - 03]. http://www. climate - debt. org.

[28] Solar electricity costs[EB/OL]. [2017 - 09 - 04]. http://solarcellcentral . com/cost_page. html.

[29] GUERRINI F. Solar power to become cheapest source of energy in many regions by 2025, german experts say[EB/OL]. (2015 - 03 - 31). http://www. forbes. com/sites/federicoguerrini/2015/03/31/solar - power - to - become - cheapest - source - of - energy - in - many - regions - by - 2025 - german - experts - say/.

[30] CHAIT C. The year humans finally got serious about saving themselves from themselves [EB/OL]. (2015 - 09 - 07). http://nymag. com/daily/inteUigencer/2015/09/sunniest - dimate - change - story - ever - read. htmL.

[31] ANUP S. World military spending [EB/OL]. http://www. globalissues. org/article/75/world - military - spending.

[32] Stern review: the economics of climate change [EB/OL]. http://mudan-casclimaticas. cptec. inpe. br/ - rmclima/pdfs/destaques/sternreview _ report _ complete. pdf.

[33] KLEIN N. This Changes Everything: Capitalism vs. the Climate [M]. New York: Simon and Shuster, 2014.

[34] LOUV R. Last Child in the Woods [M]. Chapel Hill, NC: Algonquin Books, 2005.

[35] United Nations Environment Program. Cities as sustainable ecosystems[EB/OL]. http://www:unep. or. jp/ietc/Publications/Freshwater/FMS7/9. asp.

[36] CLAY R A. Green is good for you, monitor on psychology [J]. American Psychological Association, 2001, 32 (4): 40.

[37] GORSKA - KLEK L, ADAMCZYK K, KRZYSZTOF S. Hortitherapy—complementary method in physiotherapy [J]. Fizjoterapia, 2009, 17 (4): 71 - 77.

[38] BURROUGHS W S. William S. burroughs on censorships [EB/OL]. https://beatpatrol. wordpress. com/2008/11/23/william - s - burroughs - on - censorship - 1962/.

[39] The history philosophy and practice of buddhism[EB/OL]. [2017 - 09 - 02]. http://www. buddhal01. com/p_path. htm.

[40] GOULD S J. Eight Little Piggies [M]. New York: W W Norton, 1993.

关键词索引

biome	生物群落
bioregenerative life support：space life support，CELSS	生物再生生命保障：空间生命保障，受控生态生命保障系统缩写
biosphere	生物圈
Biosphere Foundation	生物圈基金会
Global Ecology Laboratory	全球生态学实验室
lungs（variable volume chambers）	肺（可变容积室）
technosphere	技术圈
Biosphere 2 Test Module	生物圈 2 号试验舱
workload	工作量，工作负荷
group dynamics	群体动力学
cabin fever（irrational antagonism）	幽居病（非理性对抗症）
Biospheric Research and Development Complex	生物圈研究与开发综合体
Birdwood Downs（West Australia）	伯德伍德当斯（澳大利亚西部）
bushfires	丛林大火
carbonation（concrete）	碳酸化作用（混凝土）
carbon sequestering	碳螯合
Controlled Environmental Life Support Systems（CELSS）	受控环境生命保障系统
Chitwan National Park，Nepal	尼泊尔奇旺国家公园
circular economy	循环经济
climate debt	气候债务
closing the loop	封闭环路
comparative planetology	比较星球学
compost	堆肥
condensation（condensate water）	凝结（冷凝水）
constructed wetlands	人工湿地
International Committee on Space Research，COSPAR	国际空间研究委员会

Commonwealth Scientific and Industrial Research Organization，CSIRO	澳大利亚联邦科学与工业研究组织
cyclotron for the life sciences	生命科学回旋加速器
desalinator (reverse osmosis)	海水淡化器（反渗透）
desertification	沙漠化
ecological economics	生态经济学
ecological engineering	生态工程
ecological intensification	生态强化
ecological restoration	生态恢复
ecological – self organization	生态自组织
economic valuation of ecosystems and biodiversity	生态系统和生物多样性的经济评估
environmental refugees	环境难民
Environmental Research Laboratory，ERL	环境研究实验室
ephemeralization	少费多用
etiolation	黄化（植物）
evolution of the biosphere	生物圈进化
extinction	灭绝
fossil fuel	化石燃料
galagos	夜猴
Gaia hypothesis	盖亚假说
Global Ecotechnics Corporation	全球生态技术公司
gray water irrigation	污水灌溉
Great Barrier Reef (Australia)	大堡礁（澳大利亚）
group therapy	群体疗法
group dynamics	群体动力学
holistic management	整体管理
human experiment	人体实验
human habitat	人类生活环境

precautionary principle	预防性原则
post – traumatic stress disorder，PTSD	创伤后应激障碍
quarantine	检疫隔离期
ecozones	生态带，生态环境脆弱区
renewable energy	可再生能源
restoration ecology	修复生态学
salination	盐化作用
Scientific Advisory Committee，SAC	科学咨询委员会
secondary forest	再生林
self – fulfilling prophecy	自我实现的预言
sick building syndrome	病态建筑综合征
slash – and – burn agriculture	刀耕火种农业
sleep apnea	睡眠呼吸暂停
soil biofiltration	土壤生物过滤
solastalgia	乡痛症
Space Studies Institute	太空研究院
species – packing	物种包装
stress wood	应力木
subsistence farming	自给农业
sustainable	可持续的
systems ecology	系统生态学
techno – fix	技术维修
trace gas	微量气体
UV（ultraviolet）	紫外线
vacuum pump	真空泵
wastewater garden	废水花园
wilderness biomes	野生生物群落

作者简介

马克·尼尔森博士，是生态技术研究所（Institute of Ecotechnics）所长、全球生态技术公司副总裁以及国际废水花园项目负责人，在密闭生态系统研究、生态工程、受损生态系统修复、沙漠农业、果园和废水回收等领域工作了几十年。

他于 1995 年获得亚利桑那大学硕士学位，1998 年获得佛罗里达大学环境工程科学博士学位。1991 年到 1993 年，他是生物圈 2 号为期两年的首次密闭实验的 8 名生物圈人成员之一。著作包括《废水园丁：一次一冲保护地球》（“*The Wastewater Gardener*：*Preserving the Planet One Flush at a Time*”，Synergetic Press，2014），他还与人合著了《玻璃下的生命：生物圈 2 内幕》（“*Life under Glass*：*Inside Biosphere* 2”，Synergetic Press，1993）。尼尔森的研究论文发表在《生命保障与生物圈科学》（*Life Support and Biosphere Science*）、《生物科学》（*BioScience*）、《生态工程》（*Ecological Engineering*）和《空间研究进展》（*Advances in Space Research*）等多种期刊上共发表上百篇了。

他 1993 年到 2002 年担任《生命保障和生物圈科学》杂志特约编辑，2000 年到 2013 年担任《Advances in Space Research》（空间研究进展）杂志特约编辑，目前是《Life Sciences in Space Research》（空间研究中的生命科学）杂志副主编。1993 年，尼尔森被俄罗斯宇航员联合会授予尤里·加加林纪念勋章；另外被选为美国探险者俱乐部会员（1994 年）和英国皇家地理学会会员（2001 年）。

作者于 2014 年底与俄罗斯科学院西伯利亚分院生物物理学研究院的专家一起，访问过北京航空航天大学生物与医学工程学院的“月宫一号”试验基地和中国航天员科研训练中心的受控生态生命保障技术实验室，并进行了很好的学术交流。

作者致谢

致生物圈队友——阿比盖尔·阿林（Abigail Alling，以下称盖伊）、琳达·利（Linda Leigh，以下称琳达）、泰伯·麦卡勒姆（Taber MacCallum，以下称泰伯）、简·波因特（Jane Poynter，以下称简）、莎莉·西尔弗斯通（Sally Silverstone，以下称莎莉）、马克·范·蒂略（Mark Van Thillo，以下称雷瑟）和已故的罗伊·沃尔福德（Roy Walford，以下称罗伊）。很荣幸能与你们分享这段旅程，以此书庆贺我们取得的成就。

感谢约翰·艾伦（John Allen）的远大梦想，感谢他的远见卓识和实现梦想的勇气。

感谢爱德华·巴斯（Edward Bass）对生物圈 2 号几个阶段的慷慨资助，以及他对环境持续的卓越奉献精神。

感谢玛格丽特·奥古斯丁（Margaret Augustine）从一开始就坚定不移地指导项目，并取得成功。

感谢生态技术研究所同事们几十年的热情、奉献和创造力。感谢他们解决难题，并在过程中获得乐趣，即“荣誉、美丽、纪律和友谊”。

此书以生活在生物圈 2 号的 8 个人为中心，但是，如果没有任务控制、项目领导、管理人员，以及许多科学家和工程师的协力帮助，我们是不可能成功的。他们都贡献了自己的专业知识和创新思维来解决出现的问题，因此丰富了研究项目。

感谢亚利桑那大学赋予生物圈 2 号新的生命，以此确保它能够继续在公共教育和前沿科学领域继续发挥作用。

索　引

A～Z（英文）

A～B

C

H

J

N

P～Q

R

S

Z

（王彦祥、毋栋 编制）

附图 -1　位于亚利桑那州南部的生物圈 2 号

图右下角白色的圆顶结构是两个“肺”（膨胀室）之一，通过大气隧道被连接到主建筑物。远处是生物圈研究与开发综合设施，在那里进行了许多初步的系统研究、生物圈人的训练以及植物、动物和昆虫的饲养。生物圈 2 号总体情况：土壤约 3 万吨，动植物约 3 800 种，人员 8 位

附图 -2　1991—1993 年在生物圈 2 号中开展第一次封闭实验时的 8 名进舱人员

（也叫生物圈人或乘员）

后排从左到右：琳达、泰伯、莎莉、和雷瑟；前排从左到右：作者、简、盖伊和罗伊

附图－3　生物圈 2 号技术圈管理人员雷瑟在地下室进行相关技术操作

附图－4　琳达正在生物圈 2 号热带雨林的云林中进行植树

位于琳达下面的低地热带雨林生长茂盛

附图 –5　生物圈 2 号中草原植被从底部到顶部的分布情况

远处为荆棘丛林

附图 –6　在生物圈 2 号农场中乘员们进行水稻秧苗种植

近处的是泰伯，左后面的是简，而右后靠近窗户的分别是盖伊和雷瑟

附图 -7　生物圈 2 号主农场区中的部分种植区

在主农场区共有 16 个种植区。在这里也会种植小银合欢树以生产高蛋白饲料。种植床盖住了两个通风口

附图 -8　生物圈 2 号内乘员们高兴地站在一张堆满食物（包含烤猪）的餐桌前

附图 -9　乘员对生物圈2号中的珊瑚礁海洋实施照料和除草

盖伊在检查珊瑚礁并清除海藻。每周清除掉11磅（约5 kg）海藻，

以帮助珊瑚获得进行光合作用所需要的光线

附图 -10　乘员们在生物圈2号中心

指挥室兼做他们的公共中心办公室。在大的生日蛋糕上面放了几块香蕉，泰伯拿起一块正要吃

附图 – 11　作者隔着生物圈 2 号玻璃与俄罗斯科学家奥列格·加申科（**Oleg Gazenko**）和生物圈 2 号项目负责人约翰·艾伦进行交谈

加申科是俄罗斯生物医学问题研究所的所长，是俄罗斯几代宇航员的非正式密友和心理学家。他的观点是，他看到了俄罗斯宇航员之间更严重的冲突！他的观察表明生物圈人已经完全适应了自身所处的环境

附图 – 12　琳达和作者在生物圈 2 号内对植物进行了反复测量以跟踪所有野生群落的植物生长率及生物量增加率

附图 –13　1996 年作者陪同著名生态学家 H. T. 奥德姆博士参观位于墨西哥阿库马尔（Akumal）海滩小镇的首批废水花园（Wastewater Gardens）项目示范基地

附图 –14　莎莉在其曾经负责经营过的位于波多黎各 Las Casas de la Selva 地区的废水花园中检查某些开花植物

附图－15　在两年封闭试验结束时生物圈2号沼泽中的植物生长惊人

附图－16　1993年9月26日由盖伊带队的生物圈人高兴地走出了生物圈2号

与进舱时的顺序相反。在右后角处是生物圈2号系统工程主管

比尔·登普斯特（Bill Dempster），他站在气闸舱的旁边

附图－17　在夜晚下被照亮的生物圈 2 号全景圈